［増補改訂第3版］

Swift実践入門

直感的な文法と安全性を兼ね備えた言語

Ishikawa Yosuke
石川洋資
Nishiyama Yusei
西山勇世
［著］

技術評論社

はじめに

本書は、Swiftの言語仕様と実践的な利用方法を解説した入門書です。ほかの言語の経験はあるがSwiftの経験はない方や、Swiftの知識をより深めたい方を対象としています。

Swiftは、iOS、macOS向けアプリケーションの開発言語として2014年に登場しました。現在では、以前の開発言語であるObjective-Cからの移行は着実に進んでおり、これからiOS、macOS向けアプリケーションを開発するのであれば、開発言語にはSwiftを選択するべきです。また、2015年12月のオープンソース化と同時にLinuxのサポートを開始し、今後はより広い範囲での利用が予想されます。

Swiftの最大の特徴は安全性です。バグを招きやすいあいまいな記述は許されず、多くのプログラムの誤りは実行前に検出されます。安全性に次ぐ特徴は、高い表現力です。モダンな言語が持つ先進的な機能を取り入れながらも、それらを直感的に利用できるようにデザインされています。

Swiftは簡潔な言語ですが、その言語仕様を理解し、正しく使うことはけっして容易ではありません。Appleの公式ドキュメントをはじめとして、どんな(*what*)言語仕様があり、それらをどのように(*how*)使うかに関しては豊富な情報源があります。しかし、それらがなぜ(*why*)存在し、いつ(*when*)使うべきかについてまとまった情報があるとは言えません。本書は、読者のみなさんの「なぜ」や「いつ」を解消することにも主眼を置いています。

本書では、はじめにSwiftの標準的な機能を一通り解説し、続いて型の設計指針や非同期処理、エラー処理などの実装パターンを説明します。最後に、実践的なSwiftアプリケーションの開発を通じて、それまでに説明した機能と実装パターンの具体的な活用方法を示します。

本書が対象とするバージョンはSwift 5です。また、説明に使用する開発環境はXcode 11です。執筆時点での両者の最新バージョンはSwift 5.1.3とXcode 11.3です。

2020年3月
石川 洋資
西山 勇世

謝辞

本書の執筆にあたり、多くの方に助けていただきました。

レビューに参加していただいた岸川克己さん、池田翔さん、三木康暉さんには、本書全体に渡って技術的ミスや不明瞭な箇所をご指摘いただきました。レビュアーのみなさんのおかげで、混乱しやすい箇所を最小限にとどめることができたと思います。本当にありがとうございました。

また、編集者の稲尾尚徳さんには、執筆の機会をくださったこと、思うように筆が進まない著者2人を根気強くリードしてくださったことに感謝しています。稲尾さんがいなければ、本書を書き上げることはできなかったと思います。

すばらしい言語を開発したSwiftの開発チーム、言語の特性を活かすプラクティスを磨き上げてきたSwiftの開発者コミュニティ、執筆を支えてくれた妻の遥に感謝します。本書を通じて、少しでもSwiftの発展に貢献できれば幸いです。

石川 洋資

これまで関わることのできた、すべての開発者の方々に感謝します。日々のディスカッションから多くの着想を得ることができました。

また、妻の真理子のサポートがなければ、本書を完遂することはできませんでした。いつも、本当にありがとう。娘の友理佳・知世にも感謝します。その成長を楽しみにする気持ちが、執筆の糧になりました。

西山 勇世

増補改訂第3版での更新点

本書の初版は2016年にリリースされたSwift 3に、改訂新版は2017年にリリースされたSwift 4に対応していましたが、増補改訂第3版では2019年にリリースされたSwift 5に対応しました。Swift 4とSwift 5の間にそれほど大きな変化はありませんが、プログラミングの小さな問題を解決する改善が数多く取り込まれています。増補改訂第3版では、これらの改善を説明に反映しています。

また、言語のアップデートとは関係ありませんが、実践入門という趣旨に合わせて、第16章「Webサービスとの連携」と第17章「ユニットテスト」を新設しました。第16章「Webサービスとの連携」の内容は、これまでの版では第18章「実践的なSwiftアプリケーション —— Web APIクライアントを作ろう」の中で説明していましたが、汎用的に使えるものであるため、独立した章に格上げしました。第17章「ユニットテスト」では、ユニットテストの書き方や実行方法などの基礎を説明しています。ユニットテストの実践的な例を示すため、第18章「実践的なSwiftアプリケーション —— Web APIクライアントを作ろう」のサンプルコードにもユニットテストを追加しています。ユニットテストの手法は、より良いプログラムを書くうえで必ず役に立つので、ぜひ身に付けてください。

さらに今回の改訂では、章構成の見なおしも行いました。標準ライブラリの型やプロトコルの説明を序盤の章に寄せて再構築し、Swiftにおける実装パターンに早い段階で触れられるようにしました。また、`map(_:)`メソッドや`filter(_:)`メソッドなどの、関数型のプログラミングパターンについても説明を追加しました。

サポートページ

本書のサンプルコードは、下記サポートサイトからダウンロードできます。正誤情報なども掲載します。

```
https://gihyo.jp/book/2020/978-4-297-11213-4/support
```

[増補改訂第3版]Swift実践入門 ── 直感的な文法と安全性を兼ね備えた言語　目次

第13章

イベント通知 287

第14章

非同期処理

第15章

エラー処理 327

第17章
ユニットテスト

第18章 実践的なSwiftアプリケーション

第1章

Swiftはどのような言語か

Swift注1は、iOS、macOS向けアプリケーションの開発言語としてAppleが2014年に発表したプログラミング言語です。Swiftの発表後に登場したwatchOS、tvOS、iPadOS向けのアプリケーションにも対応しています。当初はApple社内で開発されていましたが、2015年12月にオープンソース化され、Linuxでの実行環境も提供されました。ライセンスはApache License 2.0です。

本章では、まずSwiftというプログラミング言語の特徴を説明します。続いて、開発環境のセットアップ手順や、開発環境に含まれるツールやライブラリの概要を説明します。

1.1 言語の特徴

本節では、Swiftが持つ特徴を説明し、それらがプログラミングにどのような変化をもたらしているかを解説します。

静的型付き言語

静的型付き言語とは、コンパイル時など実行前の段階で、変数や定数の型(*type*)の情報を決定するプログラミング言語のことです。静的型付き言語では誤った型の値の代入などがコンパイルエラーとして検出されるため、プログラムの誤りに起因する実行時エラーの一部を未然に防げます。コンパイルエラーは実行前に判明するエラーであり、コンパイルエラーがある限りはプログラムを実行できません。一方、実行時エラーは実行中に判明するエラーであり、実行時エラーが発生するとプログラムは強制終了します。つまり、静的型付き言語は動的型付き言語と比べて、実行前により広い範囲でプログラムの妥当性を検証します。そのため、より安全性が高く、大規模なプログラムの開発に向いています。

Swiftは静的型付き言語であり、すべての変数と定数の型はコンパイル時に決定されます。一度決定された変数や定数の型は変更できず、ほかの型の値

注1 https://swift.org/

を代入することはできません。たとえば次のプログラムでは、整数を表すInt型として宣言された変数aにInt型の値456を代入することはできますが、文字列を表すString型の値"abc"はコンパイルエラーとなり代入できません。

```
var a: Int // 変数はInt型

a = 456 // Int型の代入はOK
a = "abc" // String型の代入はコンパイルエラー
```

このように、Swiftは型の誤りをコンパイル時に検出するため、実行時には予期せぬ型による不正な動作が起こらないという安全性が保証されます。Swiftでは、この安全性のことを型安全性(*type safety*)と言います。

nilの許容性をコントロール可能

nilとは、値が存在しないことを示すものです[注2]。多くのプログラミング言語で、変数や定数の初期化が済んでいない状態や、参照先が存在しない状態を表す値として活用されてきました。一方で、初期化されていない値や参照先が存在しない値へのアクセスによる実行時エラーを招いてしまうという問題もありました。

そのような問題を回避するため、Swiftでは基本的に変数や定数にnilを代入できない仕様となっています。nilを許容する特別な型の変数や定数へのみ、nilを代入できます。このような仕様にすることで、想定外の箇所ではnilが使用されない、ということを実現しています。

Swiftでnilを許容する代表的な型はOptional<Wrapped>型です。Optional<Wrapped>型はWrappedにIntなどの具体的な型を入れてOptional<Int>のようにして使用します。Int型がnilを許容しない型であるのに対し、Optional<Int>型はnilとInt型の値の両方を許容する型となっています。たとえば次のプログラムでは、Optional<Int>型の定数aにはnilを代入できますが、Int型の定数bにnilを代入するとコンパイルエラーとなります。

```
let a: Optional<Int> // aはOptional<Int>型 (nilを代入できる)
let b: Int // bはInt型 (nilを代入できない)
```

注2　プログラミング言語によっては、nullやnoneといった別の名前で存在することもあります。

```
a = nil // OK
b = nil // コンパイルエラー
```

Swiftの変数や定数が基本的にnilを許容しないという仕様によって、型だけでなく値の有無までコンパイル時に決定しています。このことは、Swiftの安全性をさらに強化しています。

型推論による簡潔な記述

Swiftの変数や定数には型がありますが、Swiftには型推論というしくみが導入されているため、代入する値などからコンパイラが型を推測できる場合は、宣言時にその型を明示する必要はありません。

たとえば次のように、定数aにInt型の値123を代入すれば定数aはInt型になり、定数bにString型の値"abc"を代入すれば定数bはString型になります。

```
let a = 123 // aはInt型
let b = "abc" // bはString型
```

型推論を活用すると多くの変数や定数の型宣言が省略できるため、プログラムが簡潔になります。このように、Swiftは安全性を重視しているだけでなく、記述の簡潔さも兼ねそろえています。

ジェネリクスによる汎用的な記述

ジェネリクスとは、特定の型に制限されない汎用的なプログラムを記述するための機能です。通常のプログラミングでは、関数などの引数はStringやIntといった具体的な型となっており、あらかじめ決められた型以外の引数を渡すことはできません。それに対してジェネリクスを使用したプログラミングでは、引数の型は抽象的なものとなっており、さまざまな型の引数を渡せます。ジェネリクスはプログラムを汎用的にしますが、型の安全性が失われるわけではありません。

標準ライブラリのmax(_:_:)関数を例に、ジェネリクスの特徴を簡単に確認してみましょう。その前にmax(_:_:)といった表記について説明すると、関数を名前で参照する場合、関数名、引数名、:(コロン)を用いて関数名(引数名:)というように記述します。また、_(アンダースコア)というキーワードは引数名がないという特別な意味を表します。つまりmax(_:_:)関数は、名前がない引数を2つ受け取ります。

max(_:_:)関数は、比較可能な2つの引数を受け取り、大きいほうを戻り値として返します。max(_:_:)関数の宣言は次のようになっています。

```
func max<T>(_ x: T, _ y: T) -> T where T : Comparable
```

宣言にあるTは型引数と言い、引数のxとyに応じて具体的な型に置き換えられます。T : ComparableはTがComparableプロトコルに準拠している必要があることを意味します。プロトコルとは型のインタフェースを定義するものであり、Comparableプロトコルに準拠するということは、値どうしの比較のためのインタフェースが用意されていることを意味します。また、xとyのどちらもTという型になっていることから、xとyの型が一致する必要もあります。これらの条件によって、max(_:_:)関数に大小関係を比較できない型の引数が渡されることや、互いに異なる型の引数が渡されることはあり得ません。

次の例では、max(_:_:)関数は123と456を比較し、大きいほうの456を返しています。このときmax(_:_:)関数の型引数Tは、その引数の型であるInt型に置き換えられています。

```
let x = 123
let y = 456
let z = max(x, y) // 456
```

型引数Tは引数に応じて置き換えられるため、さまざまな型の引数をmax(_:_:)関数に渡すことができます。先ほどはInt型の引数を与えましたが、String型もComparableプロトコルに準拠しているため、max(_:_:)関数の引数に与えることができます。次の例では、max(_:_:)関数はString型の"abc"と"def"を比較し、文字列として順序があとになる"def"を返しています。

```
let x = "abc"
let y = "def"
let z = max(x, y) // "def"
```

このように、max(_:_:)関数はジェネリクスによってさまざまな型の引数に対応しているため、具体的な型ごとに次のような関数を定義する必要はありません。

```
func max(_ x: Int, _ y: Int) -> Int

func max(_ x: String, _ y: String) -> String
```

ジェネリクスは安全性と再利用性を両立したプログラムを書くための土台となっていて、Swiftの標準ライブラリでもうまく活用されています。

Objective-Cと連携可能

iOS、macOS向けのアプリケーションの開発には、従来はObjective-Cが採用されてきました。アプリケーションを構築するためのフレームワークはmacOS向けのCocoa、iOS、tvOS、watchOS向けのCocoa Touchが提供されています。両方を総称してCocoaと呼ぶこともあり、本書でも単にCocoaと書いた場合は、この総称を意味します。Cocoaの大部分はObjective-Cで書かれていますが、SwiftはObjective-Cと高い互換性を持っているため、Cocoaの資産も利用可能となっています[注3]。

次の例では、Objective-Cで実装されたObjcClassクラスを、Swiftから利用しています。

ObjcClass.h

```
#import <Foundation/Foundation.h>

@interface ObjcClass : NSObject

@property(nonatomic, strong) NSString *name;

- (void)printName;

@end
```

ObjcClass.m

```
#import "ObjcClass.h"

@implementation ObjcClass

- (void)printName {
    NSLog(@"My name is %@", _name);
}
```

注3　本書はSwiftの言語そのものを扱うので、Cocoa、Cocoa Touch固有の仕様については扱いません。

```
@end

Bridging-Header.h
#import "ObjcClass.h"

main.swift
let objcClass = ObjcClass()
objcClass.name = "Yusei Nishiyama"
objcClass.printName()
```

これまで使用してきたObjective-CのコードはほぼすべてSwiftから利用できるため、Objective-CからSwiftへの段階的な移行も容易となっています。

なお、本書ではSwiftの説明に集中するため、SwiftとObjective-Cの連携方法は説明しません。Objective-Cとの連携については、Appleが提供しているドキュメント[注4]を参照してください。

1.2 開発環境

本節では、Swiftのツールチェインのインストール方法と、Swiftに含まれるライブラリやツールについて説明します。

ツールチェインのインストール

ツールチェインとは、コンパイラやデバッガなどの開発に必要なツールを一通りまとめたものです。本項では、macOSとLinuxにおけるSwiftのツールチェインのインストール方法を説明します。

macOS

macOSでは、XcodeというIDE(*Integrated Development Environment*、統合開発環境)をインストールします。Swiftのツールチェインは、Xcodeに含まれます。

注4　https://developer.apple.com/documentation/swift/imported_c_and_objective-c_apis

Xcodeのインストールは、Mac App Storeから行ってください。

インストールしたXcodeを起動すると、**図1.1**のような画面が表示されます。この画面にはアプリケーション開発のプロジェクトやPlaygroundファイルの作成などのメニューが用意されています。

また、Xcodeをインストールするとコマンドラインで`swift`コマンドが使用できます。macOSでコマンドラインを使用するには、プリインストールされているターミナルというアプリケーションを起動します。ターミナルを起動するには、Finderの左カラムから「アプリケーション」を選択し、「ユーティリティ」➡「ターミナル」を選択します。`swift`コマンドが利用可能であることを確認するには、`swift -version`を実行します。

```
$ swift -version
Apple Swift version 5.1.3 (swiftlang-1100.0.282.1 clang-1100.0.33.15)
Target: x86_64-apple-darwin19.0.0
```

上記のようにSwiftのバージョン情報が出力されていれば、`swift`コマンドは利用可能です。

Linux

LinuxではXcodeを使用できないため、Swiftのツールチェインを単独でインストールします。

はじめに、ツールチェインが依存しているツールをインストールします。

図1.1 Xcodeの起動画面

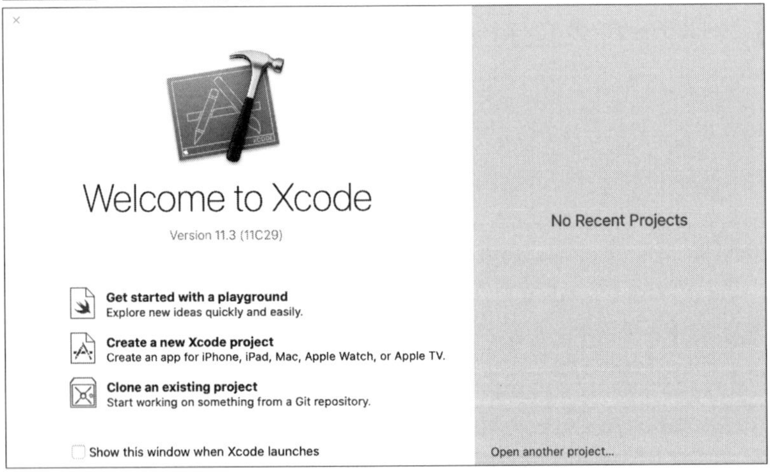

```
$ sudo apt-get update
$ sudo apt-get install clang libicu-dev
```

続いて、ツールチェインをダウンロードします。ツールチェインのダウンロードURLはインストールする環境やバージョンによって異なり、これらはSwiftのダウンロードページから確認できます。次の例では、Ubuntu 18.04用のSwift 5とその署名ファイルをダウンロードしています。

```
$ wget https://swift.org/builds/swift-5.1.3-release/ubuntu1804/swift-5.1.3-RE
LEASE/swift-5.1.3-RELEASE-ubuntu18.04.tar.gz
$ wget https://swift.org/builds/swift-5.1.3-release/ubuntu1804/swift-5.1.3-RE
LEASE/swift-5.1.3-RELEASE-ubuntu18.04.tar.gz.sig
```

続いて、ダウンロードしたツールチェインが改ざんされていないことを確認するため、PGP(*Pretty Good Privacy*)署名を検証します。次のコマンドを実行し、最終的に`gpg: Good signature from "Swift Automatic Signing Key #2 <swift-infrastructure@swift.org>"`と表示されることを確認してください。

```
$ wget -q -O - https://swift.org/keys/all-keys.asc | gpg --import -
$ gpg --keyserver hkp://pool.sks-keyservers.net --refresh-keys Swift
$ gpg --verify swift-5.1.3-RELEASE-ubuntu18.04.tar.gz.sig
(中略)
gpg: Good signature from "Swift Automatic Signing Key #2 <swift-infrastructur
e@swift.org>"
```

ツールチェインが正しいことを確認できたら、ファイルを展開します。

```
$ tar xzf swift-5.1.3-RELEASE-ubuntu18.04.tar.gz
```

ツールチェインの`usr/bin`以下に実行ファイルが一通りそろっているので、そこにパスを通します。次の例の`/path/to/swift-5.1.3-RELEASE-ubuntu18.04`を、ツールチェインが展開されたパスに置き換えてコマンドを実行してください。

```
$ export PATH=/path/to/swift-5.1.3-RELEASE-ubuntu18.04/usr/bin:"${PATH}"
```

以上の手順が完了したら、Swiftが利用可能となります。`swift -version`を実行すると、現在使用しているSwiftのバージョン情報が出力されます。

```
$ swift -version
Swift version 5.1 (swift-5.1.3-RELEASE)
```

```
Target: x86_64-unknown-linux-gnu
```

ライブラリ

Swiftは、汎用的な機能を持ったプログラムをライブラリ群として提供しています。これらのライブラリは、標準ライブラリとコアライブラリに分類されます。

標準ライブラリ —— 言語の一部となるライブラリ

標準ライブラリは、言語の一部として基本的な機能を提供するライブラリです。標準ライブラリには、数値、文字列、配列、辞書などのデータを表す型が提供されています。Swiftでプログラムを書くとき、標準ライブラリに含まれているものは常に利用可能であり、インポートなどの手続きは不要です。

コアライブラリ —— 高機能な汎用ライブラリ

コアライブラリは、非同期処理や通信、ファイル操作といったより高いレベルの機能を提供するものです。現在、コアライブラリとしては次の3つが提供されています。

- **Foundation**
  多くのアプリケーションに必要となる機能を提供するライブラリ
- **libdispatch**
  マルチコアハードウェア上の並列処理を抽象化するライブラリ
- **XCTest**
  ユニットテストのためのライブラリ

Swiftにはモジュールというプログラムの再利用のしくみがあり、コアライブラリはモジュールとしてインポートすることによって利用可能となります。

本書では、Foundation、libdispatch、XCTestの詳細には触れず、扱うテーマの解説に必要な箇所だけを選んで説明します。

開発ツール

Swiftのツールチェインには、開発を円滑に進めるためのツールも同梱されています。本項では、Swift Package ManagerとLLDBを簡単に紹介します。

Swift Package Manager —— パッケージ管理ツール

Swift Package Managerは、Swiftのパッケージを管理するツールです。パッケージとはソースコードとマニフェストファイルをまとめたもので、Swift Package Managerは、これらをもとにプログラムのビルドを行います。マニフェストファイルは、パッケージ名や依存パッケージなどを記述するファイルです。たとえば、マニフェストファイルに記述された外部のパッケージは、ビルド時にダウンロードされプログラムから利用可能になります。

ビルドの成果物には、主にライブラリと実行ファイルの2種類があります。ライブラリはほかのプログラムから利用可能なプログラムで、実行ファイルは単体で実行可能なプログラムです。

Swift Package Managerの基本的な使い方は、本章で後述します。

LLDB —— デバッグツール

デバッガとは、デバッグを支援するためのツールです。具体的にはプログラムのインタラクティブな実行や、変数やコールスタックのダンプなどの機能があります。LLDBはオープンソースのデバッガで、Swiftプロジェクトでは Swiftに対応したバージョンのLLDBの開発を行っています。

デバッグは本書のテーマの対象外なので、LLDBについては扱いません。

1.3 プログラムの実行方法

本節では、コマンドラインによるプログラムの実行方法と、統合開発環境であるXcodeによるプログラムの実行方法を説明します。

コマンドラインによる実行方法

コマンドラインによるSwiftの実行には、`swift`コマンドを使用します。`swift`コマンドにはさまざまな実行方法があり、本項では主となる次の3つを説明します。

- REPLによるインタラクティブな実行
- 単一ファイルのプログラムの実行
- 複数のファイルから構成されるプログラムの実行

REPLによるインタラクティブな実行

REPLとはRead-Eval-Print Loopの略語で、プログラムを1行書くごとに実行されるインタラクティブな実行環境を指します。

swiftコマンドに引数を与えずに実行するとREPLが起動し、次のようなメッセージが表示されます。

```
$ swift
Welcome to Apple Swift version 5.1.3 (swiftlang-1100.0.282.1 clang-1100.0.33.15).
Type :help for assistance.
```

REPLではプログラムを1行入力するごとに結果を出力します。次の例では、aという変数に123という値を代入し、a: Int = 123という結果を得ています。

```
$ swift
Welcome to Apple Swift version 5.1.3 (swiftlang-1100.0.282.1 clang-1100.0.33.15).
Type :help for assistance.
  1> var a = 123
a: Int = 123
```

コンパイルエラーとなるプログラムを入力した場合は、その場でエラーが出力されます。次の例では、先ほどのInt型の変数aにString型の値"abc"を代入しているため、エラーが出力されています。

```
  2> a = "abc"
repl.swift:2:5: error: cannot assign value of type 'String' to type 'Int'
a = "abc"
    ^~~~~
```

SwiftのREPLでは、行の先頭に:を付けるとREPLのコマンドとして認識されます。REPLを終了するにはexitコマンドを実行します。

```
  2> :exit
```

exitコマンド以外にもさまざまなコマンドが用意されており、helpコマンドでその一覧と説明を確認できます。

単一ファイルのプログラムの実行

Swiftのプログラムをテキストファイルとして保存する場合、.swiftという拡張子を用います。swiftコマンドは、単一の.swiftファイルを引数に取ってプログラムを実行することができます。

たとえば、次のようなプログラムをhello.swiftとして保存したとします。

```
print("Hello, world!")
```

このプログラムを実行するには、swift hello.swiftを実行します。

```
$ swift hello.swift
Hello, world!
```

Hello, world!が出力されていることから、プログラムが実行されていることがわかります。上記の例のように単一のファイルをswiftコマンドに渡す場合、プログラムはファイルの先頭から実行が開始されます。このようなプログラムの実行開始位置のことをエントリポイントと言います。

複数のファイルから構成されるプログラムの実行

複数のファイルからなるプログラムを開発する場合は、Swift Package Managerを使用します。パッケージを記述するマニフェストファイルや所定のディレクトリを用意しておくと、Swift Package Managerはこれらを組み合わせてプログラムを実行します。Swift Package Managerにはパッケージをセットアップするコマンドがあるため、簡単に使い始めることができます。

例として、demoという名前のパッケージを作成してみましょう。

まず、demoという名前のディレクトリを作成し、その中でswift package init --type executableを実行し、実行ファイルのパッケージに必要なディレクトリやファイルを生成します。

```
$ mkdir demo
$ cd demo
$ swift package init --type executable
```

上記のコマンドを実行すると、次のようなディレクトリやファイルが生成されます。Package.swiftはパッケージ名や依存パッケージなどを記述するマニフェストファイルで、Sources/demo以下のファイルはビルドされる実行ファイルのソースコード、Tests/demoTests以下のファイルはテストのソースコードです。

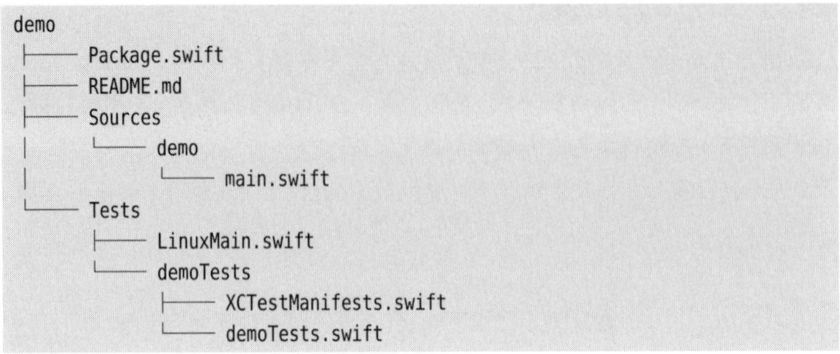

```
demo
├── Package.swift
├── README.md
├── Sources
│   └── demo
│       └── main.swift
└── Tests
    ├── LinuxMain.swift
    └── demoTests
        ├── XCTestManifests.swift
        └── demoTests.swift
```

プログラムのエントリポイントはSources/demo/main.swiftです。ファイルの内容は次のようになっています。

```
print("Hello, world!")
```

プログラムをビルドするには、swift buildを実行します。

```
$ swift build
```

コマンドを実行すると、.buildディレクトリ以下にさまざまなファイルが出力されます。.build/debugディレクトリの中にパッケージ名と同名であるdemoファイルがあり、これがビルドされた実行ファイルです。このファイルを実行すると、Hello, world!が出力されます。

```
$ .build/debug/demo
Hello, world!
```

ビルドを行い、生成された実行ファイルを実行するという一連の流れは、swift runでも実行できます。ビルドと実行を分ける必要がない場合は、こちらを使うとよいでしょう。

```
$ swift run
Hello, world!
```

Xcodeにおける実行方法

Xcodeには、コード補完やデバッグ機能など開発を円滑に進めるための機能が多数ありますが、本項では次の2つを説明します。

- **Playgroundによるインタラクティブな実行**
- **複数のファイルから構成されるプログラムの実行**

なお、XcodeはiOSやmacOS向けのアプリケーションも実行できますが、本書のテーマの対象外であるため扱いません。

Playgroundによるインタラクティブな実行

Xcodeには、Playgroundというインタラクティブな実行環境が用意されています。`swift`コマンドのREPLは1行ずつプログラムを入力する形式でしたが、Playgroundではファイルを編集しながら各行の結果を確認できます。Playgroundは柔軟な実行環境ですので、プログラム片の動作確認やユーザーインタフェースのプロトタイピングに役立ちます。

PlaygroundはXcodeのメニューの「File」➡「New」➡「Playground...」（command + shift + option + N キー）から作成できます。メニューを選択すると**図1.2**のダイアログが立ち上がりますので、そこから「macOS」➡「Playground」➡「Blank」を選択し、「Next」を押下します。ファイル名を入力して作成を完了させると、**図1.3**のようなPlaygroundの画面が表示され、初期状態で次のようなプログラムが用意されます。このプログラムは、本書の

図1.2　Playgroundファイルの作成画面

サンプルコードを試すうえでは不要ですので削除しても問題ありません。

```
import Cocoa

var str = "Hello, playground"
```

Playgroundでは、プログラムの実行結果が行ごとに右側のエリアに表示されます。たとえば上記のプログラムでは、変数strに代入された値"Hello, playground"が図1.3の右側のエリアに表示されています。

また、print(_:)関数などによる標準出力への出力結果は、後述するコンソールに表示されます。

プログラムにコンパイルエラーや警告があった場合は、**図1.4**のようにエディタ上に直接表示されます。また、メニューから「View」➡「Debug Area」➡「Show Debug Area」(command + shift + Y キー)を選択すると、**図1.5**のようなコンソールが表示され、そこにもエラーの内容が表示されます。

Playground上で実行時エラーが発生した場合は、**図1.6**のように右側のエリアに赤いエラーマークが表示されます。

図1.3 Playgroundの画面

図1.4 Playgroundのエディタに表示されるコンパイルエラー

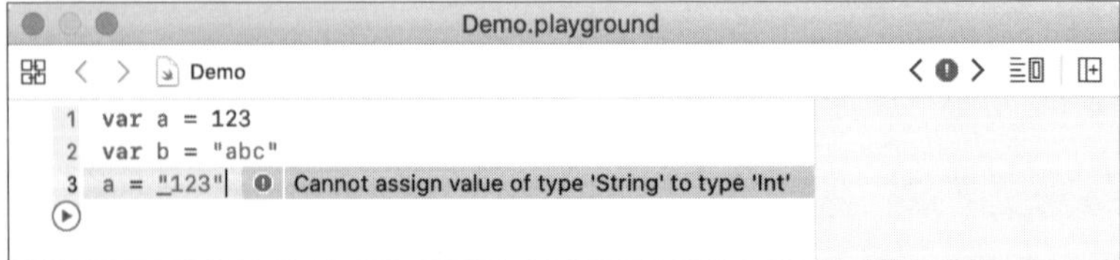

複数のファイルから構成されるプログラムの実行

複数ファイルのプログラムを実行する場合は、コマンドラインによる実行と同様にSwift Package Managerを使用します。Xcodeは、Swift Package Managerのマニフェストファイルを自動的に認識し、プログラムの実行を行うことも可能です。

XcodeでSwift Package Managerのパッケージを開くには、Xcodeのメニューの「File」➡「Open...」(command + O キー)からパッケージのディレクトリを指定します。プログラムを実行するには、Xcodeのメニューの「Product」➡「Run」(command + R キー)を選択します。実行結果は、**図1.7**のようにデバッグコンソールに表示されます。

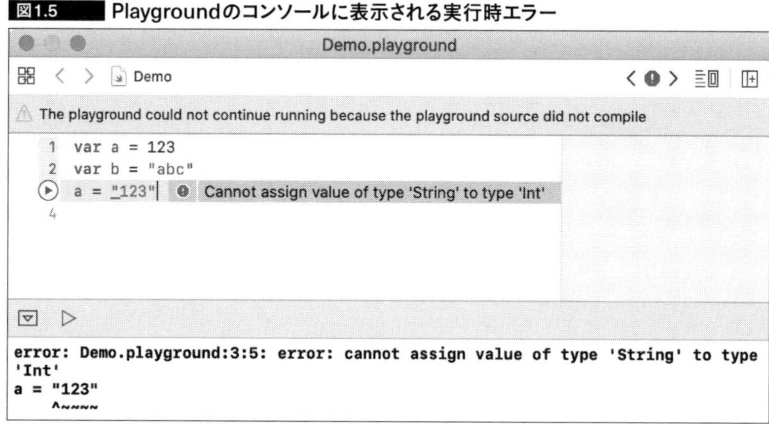

図1.5 Playgroundのコンソールに表示される実行時エラー

図1.6 Playgroundの実行時エラー

Demo.playground
Demo
The operation couldn't be completed. Operation not permitted
Report a Bug
var a = 123
var b = "abc"
a = "123" as! Int
error: Execution was interrupted, r...
error

図1.7 Xcodeの実行結果の表示

1.4 本書のサンプルコードの実行方法

本書に登場するサンプルコードは、基本的にPlaygroundでの実行を前提としています。行の結果やそれに対する補足は、次のように行の右側にコメントとして記述します。

```
let a = 1 + 1 // 2
let b = "a" + "b" // "ab"
```

実行結果の表示に標準出力を使用する場合は、次のようにコードとは別に記載します。

```
print("Hello.")
```

実行結果

```
Hello.
```

ただし、第17章と第18章の一部のコードはパッケージを使用するため、Playgroundでは動かせません。それぞれの実行方法は、登場の都度説明します。

1.5 命名規則

コードのさまざまな要素に適切な名前を付けると、コードが読みやすくなります。適切な名前の共通認識を作るための公式のガイドラインが、「API Design Guidelines」[注5]として定められています。

ここではガイドラインの中で規定されている、変数や定数の命名規則を紹介します。

名前に使用可能な文字

変数や定数の名前は、英語の名詞として読めるものが推奨されています。Swiftの変数や定数の名前には、アルファベットや数字だけでなく、ひらがなや漢字、さらには🍣や🍺といった絵文字も使用できますが、実際にはアルファベットや数字だけを使用するのが現実的でしょう。

単語の区切り方

変数や定数の名前には、`camelCase`のように小文字のアルファベットを始まりとして、単語ごとに大文字にするロワーキャメルケース(*lower camel case*)を使用します。たとえば、変数`someVariable`、定数`someConstant`などのように命名します。

一方、型は`CamelCase`のように大文字のアルファベットを始まりとするアッパーキャメルケース(*upper camel case*)を使用して、`SomeType`型のように命名します。これまでにも登場した`Int`型や`String`型がそうであるように、標準ライブラリの型もこの命名規則に従っています。

単語の選び方

Swiftの命名では、簡潔さよりも明確さを重視するため、単語の選び方に次のような指針があります。

注5　https://swift.org/documentation/api-design-guidelines/

- **あいまいさの解消に必要な単語はすべて含める**
  - 悪い例：findUser(_:)関数は、どのようにユーザーを検索するのかあいまい
  - 良い例：findUser(byID:)関数は、ユーザーIDで検索することが明確
- **一般的でない単語の使用を避ける**
  - 悪い例：epidermisは、一般的な単語ではない
  - 良い例：skinは、一般的かつepidermisと同様の意味の単語
- **略語を避ける**
  - 悪い例：stmtは、statementの略語だと解釈する必要がある
  - 良い例：statementは、そのまま理解できる

なお、本書に登場する単純なサンプルコードではaやbなどの意味のない名前を使いますが、実際の開発では一つ一つの要素に適切な意味の名前を付けるべきでしょう。

1.6 本書の構成

本書の構成は**表1.1**のようになっています。

第1章ではSwiftの概要を把握するため、言語の特徴、ライブラリ群、ツールチェインについて説明しました。

続いてSwiftの基礎を理解するため、第2章では変数と定数と式、第3章では基本的な型、第4章ではコレクションを表す型、第5章では制御構文、第6章では関数とクロージャについて説明します。

第7章から第10章では、型について説明します。前半は型を構成する要素や型の種類などの基本的な仕様を解説し、後半はプロトコルやジェネリクスを利用した安全かつ汎用的なプログラムの実装方法を解説します。

第11章では、モジュールについて説明します。モジュールとは、汎用的なプログラムをパッケージ化して再利用するためのしくみです。モジュールに関する知識は、モジュールを提供するときだけでなく、利用するときにも役立つでしょう。

第12章から第18章では、Swiftの実践的な設計や実装のパターンについて説明します。型の設計、イベント通知、非同期処理、エラー処理、Webサービスとの連携、ユニットテストなどのプログラムを書くうえでは欠かせない

ものを、Swiftではどのように行うかを解説します。第18章では、これらのパターンを組み合わせた例題としてWeb APIのクライアントを実装します。

1.7 まとめ

本章では、Swiftの概要を説明しました。

Swiftは、スクリプト言語のように簡潔な文法を持ちながら、静的型付けによる型安全性を持った言語です。次章以降ではSwiftの言語仕様について説明しますが、型安全性が考慮された仕様が随所に登場します。型安全というSwiftの特徴を活かしたプログラミングを実践するには、これらの仕様を正確に理解することが重要です。

表1.1 本書の構成

目的	章
言語の概要を把握する	第1章：Swiftはどのような言語か
言語の基礎を理解する	第2章：変数と定数と式
	第3章：基本的な型
	第4章：コレクションを表す型
	第5章：制御構文
	第6章：関数とクロージャ
型を理解する	第7章：型の構成要素 ── プロパティ、イニシャライザ、メソッド
	第8章：型の種類 ── 構造体、クラス、列挙型
	第9章：プロトコル ── 型のインタフェースの定義
	第10章：ジェネリクス ── 汎用的な関数と型
モジュールを作成する	第11章：モジュール ── 配布可能なプログラムの単位
実践的なパターンを身に付ける	第12章：型の設計指針
	第13章：イベント通知
	第14章：非同期処理
	第15章：エラー処理
	第16章：Webサービスとの連携
	第17章：ユニットテスト
	第18章：実践的なSwiftアプリケーション ── Web APIクライアントを作ろう

第2章

変数と定数と式

変数と定数は、プログラムに登場する値を記憶する入れ物です。変数と定数は一定の範囲内のプログラムから参照可能で、必要に応じて値を再利用できます。変数や定数への値の保存や、変数や定数からの値の取り出しは、式を通じて行います。

本章では、Swiftにおける変数と定数の扱い方と、式の組み立て方を説明します。

2.1 変数と定数による値の管理

変数と定数は、値の一時的な保存に使います。ある処理の結果を変数や定数に保存すると、後続の処理でその結果を再利用できます。

変数や定数に値を入れることを代入と言います。変数と定数の違いは代入できる回数にあり、変数には何度でも値を代入できますが、定数には一度だけしか値を代入できません。変数と定数を適切に使い分け、値が変化する可能性を明示することは、安全で可読性の高いプログラムの実現につながります。

Swiftのすべての変数と定数は、代入できる値の種類を表す型を持ちます。本章では代表的な型を用いて変数や定数と型の関係を説明しますが、それぞれ型の機能については説明しません。標準ライブラリで提供されているさまざまな型は第3章と第4章で、独自の型の定義方法は第7章で説明します。

2.2 変数と定数の基本

本節では、変数と定数の宣言方法、変数と定数への値の代入方法、変数や定数の値の利用方法を説明します。

宣言方法

変数や定数の宣言とは、新たな変数や定数を定義することです。変数と定数は、それぞれvar、letキーワードを用いて次の形式で宣言します。

```
変数の宣言
var 変数名: 型名

定数の宣言
let 定数名: 型名
```

次の例では、1行目はaという名前のInt型の変数を宣言し、2行目はbという名前のInt型の定数を宣言しています。

```
var a: Int // Int型の変数
let b: Int // Int型の定数
```

変数と定数の宣言の形式がvar、letの違いしかないことからもわかるとおり、Swiftでは変数と定数が対等な存在となっています。文法上は、変数が使用できる箇所の多くで定数も使用できます。

変数や定数宣言時の型名を表す部分を、型アノテーション(*type annotation*)と言い、上記の例では: Intがそれにあたります。アノテーションは注釈を意味し、型アノテーションは変数や定数の型を明示的に決定する役割を果たします。

値の代入方法

変数や定数に値を代入するには、=演算子の左辺に代入先の変数名または定数名を書き、右辺に代入する値を書きます。

```
変数名または定数名 = 代入する値
```

次の例では、Int型の変数aを宣言し、値1を代入しています。

```
var a: Int
a = 1
```

上記のa = 1のように、変数や定数、演算子などを組み合わせたものを式(*expression*)と言います。式は値の変更、値の返却、もしくはその両方を行います。たとえば、a = 1は変数の値を変更する式で、1 + 2は値を返す式です。式の内部に登場する変数のaや数値の1も、それぞれが値を返す式であり、a = 1や1 + 2はこうした式の組み合わせによって作られた式です。

変数や定数は、宣言と同時に値を代入することもできます。次の例では、Int型の定数aを宣言すると同時に123を代入しています。

```
let a: Int = 123
```

代入可能な値

変数や定数に代入可能な値は、変数や定数の型と一致しているものだけです。

たとえば、型アノテーションで指定した型と代入する値の型が一致しない場合、コンパイルエラーとなります。次の例では、1行目はInt型の型アノテーションが付いた定数aにInt型の値123を代入しているのでコンパイルできますが、2行目はInt型の型アノテーションが付いた定数bにString型の値"abc"を代入しているためコンパイルエラーとなります。

```
let a: Int = 123 // OK
let b: Int = "abc" // コンパイルエラー
```

式が返す値の型が変数や定数の型と一致する場合、変数や定数に代入できます。次の例では、Int型とInt型の演算結果であるInt型の値を、Int型の定数に代入しています。

```
let a: Int = 1 + 2 // 3
```

代入による型推論

変数や定数の宣言と同時に値を代入する場合、変数や定数の型は代入する値から推論できます。

たとえば次の例では、123はInt型であるため、型アノテーションなしでも定数aの型がInt型であると推論できます。

```
let a: Int = 123
```

このように代入する値から型が推論できる場合は、型アノテーションを省略できます。型アノテーションを省略した場合、変数や定数の型は代入する値に応じて変わります。たとえば、宣言時にInt型の値を代入すればInt型となり、String型の値を代入すればString型となります。

```
let a = 123 // Int型の定数
let b = "abc" // String型の定数
```

このように、プログラムの文脈から暗黙的に型を決定するしくみを型推論と言います。通常、型推論が利用できるケースでは型アノテーションは省略し、型アノテーションがなければ変数や定数の型を決定できない場合にのみ型アノテーションを追加します。

定数への再代入

本章の冒頭でも説明したとおり、変数と定数の違いは代入できる回数にあります。変数には何度でも値を代入できる一方で、定数には一度だけしか値を代入できません。コンパイラは定数への再代入を検出し、コンパイルエラーとします。

次の例では、値を代入済みの定数aに値を代入しているため、コンパイルエラーとなります。

```
let a = 1
a = 2 // 2度目の代入はコンパイルエラー
```

上記の例では、定数の宣言と同時に値を代入していました。定数の宣言のみを行った場合も、コンパイラは再代入を検出します。次の例では、それぞれの行で定数aの宣言、定数aへの1度目の代入、定数aへの2度目の代入を行っています。コンパイルエラーとなるのは、3行目の2度目の代入です。

```
let a: Int
a = 1 // 1度目の代入はOK
a = 2 // 2度目の代入はコンパイルエラー
```

このように、定数への再代入はコンパイラが自動的に検出するため、定数が意図せず変更されることはありません。

値の利用方法

変数や定数の値を利用するには、値を使用する箇所に変数名や定数名を記述します。変数名や定数名は、実行時にその値を返す式として解釈されます。

次の例では、定数aに1を代入し、定数bに定数aの値を代入しています。代入式let b = aが実行されるとき、定数aの値である1が取り出され、最終的には定数bに1が代入されます。

```
let a = 1
let b = a // 1
```

初期化前の変数や定数の利用

変数や定数への最初の代入を初期化と言います。初期化されていない変数や定数は値を持っていないため、変数や定数の値を参照する式では値を取り出すことはできません。Swiftのコンパイラはそのような式を自動的に検出し、コンパイルエラーとします。

次の例では、Int型の変数aが初期化される前に式aが評価されるので、コンパイルエラーとなります。

```
let a: Int
let b = a + 1 // aが初期化されていないためコンパイルエラー
```

このように初期化されていない変数や定数の使用はコンパイルエラーとなるため、未初期化状態の変数と定数への実行時のアクセスについて心配する必要はありません。

型の確認方法

型アノテーションや型推論によって決定された変数や定数の型を確認するには、type(of:)関数を利用します。type(of:)関数は実行時の型を返す関数で、次のように利用します。

```
type(of: 式)
```

123によって型推論された定数aの型を確認するには、次のように書きます。type(of: a)の結果がInt.Typeとなっており、定数aの型がInt型であることが確認できます。

```
let a = 123
type(of: a) // Int.Type
```

また、XcodeにはプログラムCの編集中に変数や定数の型を表示するQuick Helpという機能があります。型を知りたい変数や定数にカーソルを合わせてからXcodeのメニューの「Help」➡「Show Quick Help for Selected Item」 （control + command + ? キー）を選択すると、**図2.1**のように変数や定数の型などの情報がポップアップで表示されます。また、Xcodeのメニューの「View」➡「Inspectors」➡「Show Quick Help Inspector」（option + command + 3 キー）を選択すると、**図2.2**のようにQuick Helpが右ペインに表示され、変数や定数にカーソルを合わせるとその変数や定数の型が表示されます。

図2.1 Quick Helpのポップアップ表示

図2.2 Quick Helpのペイン表示

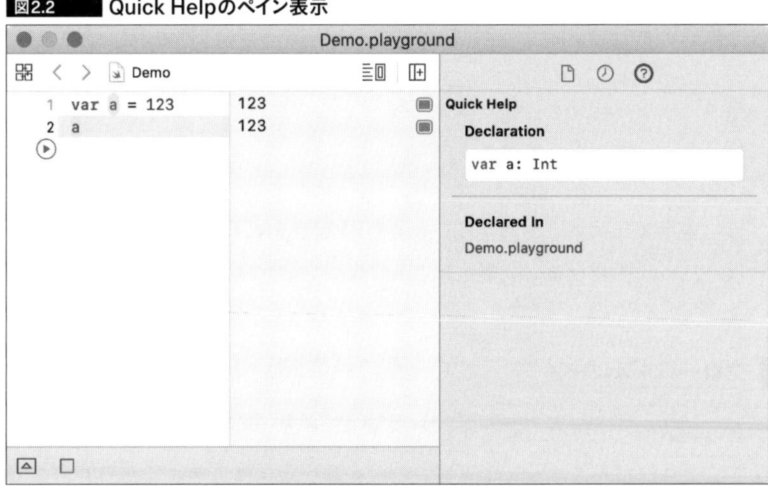

2.3 スコープ
名前の有効範囲

スコープとは、変数、定数、関数、型の名前の有効範囲を表すものです。スコープはその範囲に応じて、グローバルスコープとローカルスコープの2種類に分類できます。同じスコープ内には同じ名前を複数存在させることはできず、変数、定数、関数、型の種類が異なっていても名前は一意である必要があります。

なお、本節では変数や定数を例にスコープを説明しますが、関数や型のスコープも同様です。

ローカルスコープ ―― 局所的に定義されるスコープ

関数や制御構文によって定義されるスコープをローカルスコープと言います。ローカルスコープで宣言された変数や定数は、関数や制御構文が持つ実行文の内部のみで有効で、スコープの外部からは参照できません。

次の例では、関数someFunction()内で定数aを宣言しています。関数someFunction()内はスコープ内であるため定数aを参照できますが、関数の外はスコープ外となるため定数aを参照できません。

```
func someFunction() {
    let a = "a"
    print(a) // OK
}

print(a) // コンパイルエラー

someFunction()
```

ローカルスコープで宣言された変数や定数は限られた範囲からしか参照されないため、意図しない変更が起こりにくいというメリットがあります。

グローバルスコープ ―― プログラム全体から参照できるスコープ

どの関数にも型宣言にも含まれないスコープをグローバルスコープと言います。グローバルスコープで宣言された変数や定数は、ファイル外も含めてどこからでも参照できます。

次の例では、グローバルスコープに定数globalAを定義し、関数someFunction()の内部と外部から参照しています。

```
let globalA = "a"

func someFunction() {
    print(globalA) // OK
}

print(globalA) // OK

someFunction()
```

実行結果

```
a
a
```

グローバルスコープで宣言された変数や定数はどこからでも同じ名前で参照でき、意図しない変更を招きやすいため、ローカルスコープで宣言された変数や定数よりも説明的な命名が必要となります。

スコープの優先順位

同じスコープ内に同じ名前を複数存在させることはできませんが、異なるスコープには同じ名前を存在させることができます。異なるスコープに同一の名前が存在する場合、名前を参照するスコープから最も近い祖先のスコープにあるものが優先されます。たとえば、あるローカルスコープとグローバルスコープの両方に同名の定数が宣言されていた場合、ローカルスコープの中ではローカルスコープのほうの定数への参照が優先されます。

次の例では、グローバルスコープと関数someFunction()のローカルスコープの両方に定数aを宣言し、それぞれのスコープから定数aを参照しています。

```
let a = 1

func someFunction() {
    let a = 2
    print("local a:", a)
}
```

```
someFunction()
print("global a:", a)
```

実行結果

```
local a: 2
global a: 1
```

実行結果から、関数someFunction()のローカルスコープでは同一スコープ内で宣言された定数aを参照し、グローバルスコープではグローバルスコープで宣言された定数aを参照していることがわかります。

2.4 式の組み立て

すでに説明したとおり、式は値の変更、値の返却、もしくはその両方を行います。式はプログラムの処理を記述するための基本的な要素であり、あらゆる処理は式の組み合わせによって構成されています。

本節では、式を次の3種類に分類し、それぞれの基本的な使い方や、式の組み立て方を説明します。

- **値の返却のみを行う式**
- **演算を行う式**
- **処理を呼び出す式**

値の返却のみを行う式

値の返却のみを行う式は、式を構成する最も基本的な要素です。ここでは、変数や定数の値を返却する式、リテラル式、メンバー式、クロージャ式の4つを説明します。

変数や定数の値を返却する式

変数や定数の値を返却する式は、変数名や定数名のみで構成され、式の評価時に変数や定数に入っている値を返します。

次の例では、2行目の式aが定数の値を返却する式に該当し、定数aに入っている値1を取り出しています。

```
let a = 1 // 1
let b = a + 1 // 2
```

リテラル式 —— 値をプログラムに直接表記する式

リテラルとは、1や"abc"などの値をプログラムに直接表記する書式です。Swiftには、1のように整数を表す整数リテラルや、"abc"のように文字列を表す文字列リテラルなど、さまざまなリテラルが用意されています[注1]。リテラルで構成される式をリテラル式と言い、リテラル式はリテラルが表す値を返します。

次の例では、代入式の中の1がリテラル式に該当し、1を式の値として返しています。

```
let a = 1
```

基本的な値を表すリテラルはデフォルトの型を持ち、リテラルに対する型推論がされない箇所ではデフォルトの型の値を返します。たとえば、整数リテラルはデフォルトのInt型の値を返し、文字列リテラルはデフォルトのString型の値を返します。

```
let a = 123
type(of: a) // Int.Type

let b = "abc"
type(of: b) // String.Type
```

リテラル式は型推論によって、互換性のある別の型の値を返すこともできます。たとえば、リテラル式の代入先の定数が型アノテーションで明示されている場合、リテラル式が返す値は代入先と同じ型であると推論されます。このとき、推論された型がリテラル式と互換性がある場合、リテラル式はその型の値を返します。次の例では、定数aの型アノテーションによって、リテラル式1の型も64ビットの整数を表すInt64型と推論され、結果としてリテラル式1はInt64型の値を返しています。

```
let a: Int64 = 1
type(of: a) // Int64.Type
```

注1　個々のリテラルについて詳しくは、第3章と第4章で説明します。

一方、推論された型がリテラル式と互換性がない場合はコンパイルエラーとなります。次の例では、定数aの型であるString型と整数リテラルに互換性がないため、コンパイルエラーとなります。

```
let a: String = 1 // コンパイルエラー
```

また、配列リテラル、辞書リテラル、nilリテラルのように、デフォルトの型を持たないリテラルもあります。これらのリテラルの使い方については、第3章と第4章でそれぞれ説明します。

メンバー式 —— 型のメンバーにアクセスする式

型のメンバーとは、型の値や型自身に紐付く変数、定数、関数、型などのことです。値に紐付く変数や定数のことをプロパティと言い、型に紐付く関数のことをメソッドと言います[注2]。メンバー式は、プロパティやメソッドを使用するための式です。式の値は、そのプロパティやメソッドが返す値となります。

```
式.メンバー名
```

多くの型にはプロパティやメソッドが定義されています。たとえば、String型には文字数を表すcountプロパティや、指定した文字で始まるかを判定するstarts(with:)メソッドが定義されています。

```
let a = "Hello, World!"
a.count // 13
a.starts(with: "Hello") // true
```

定義されているメンバーは型によって異なります。Int型には整数を使った処理に必要なメンバーが用意されていますし、Bool型には真理値を使った処理に必要なメンバーが用意されています。

クロージャ式 —— 呼び出し可能な処理を定義する式

クロージャとは、処理をまとめて呼び出し可能にしたものです。クロージャの入力値を引数と言い、出力値を戻り値と言います[注3]。クロージャ式はクロージャを定義する式で、主に処理を即席的に定義してほかの処理に渡す際に使

注2　プロパティやメソッドについて詳しくは、第7章で説明します。
注3　クロージャについて詳しくは、6.3節で説明します。

います。式の値は、定義したクロージャとなります。

クロージャ式にはさまざまな書き方がありますが、代表的なのは次のような形式です。{}内のinキーワードに引数名を書き、inキーワードのあとに戻り値を返す式を書きます。

```
{ 引数 in 戻り値を返す式 }
```

次の例では、配列の要素を変換するmap(_:)メソッドに、各要素を2倍するクロージャ式を渡しています。

```
let original = [1, 2, 3]
let doubled = original.map({ value in value * 2 })
doubled // [2, 4, 6]
```

演算を行う式

演算を行う式は、演算子の種類に応じた演算を行い、演算結果の値を返す式です。演算子は、配置位置によって前置演算子と中置演算子と後置演算子の3つに分かれます。前置演算子は-aのように変数や定数の前に、中置演算子はa + bのように変数や定数どうしの間に、後置演算子はa!のように変数や定数のあとに配置する演算子です。

演算子には、それぞれ演算に対応した型が定義されています。たとえば乗算を行う*演算子は、整数を表すInt型や、浮動小数点数を表すDouble型に対応していますが、String型には対応していません。したがって、String型の式に対する*演算子による演算は、コンパイルエラーとなります。

```
27 * 13 // 351
4.5 * 8.1 // 36.45
"abc" * "b" // コンパイルエラー
```

ここでは、基本的な演算子である算術演算子、符合演算子、否定演算子を説明します。

算術演算子 ―― 算術を行う演算子

算術演算子は、演算子に応じた算術を行う中置演算子です。算術演算子には、四則演算を行う演算子である+演算子、-演算子、*演算子、/演算子と、剰余演算を行う%演算子があります。

書式は次のようになっており、左辺と右辺に演算の対象となる式を指定します。

```
左辺 演算子 右辺
```

次の例では、9 * 2が算術演算子による演算を行う式に該当します。左辺と右辺は整数リテラルのリテラル式、演算子は乗算を行う*演算子となっています。式が返す値は演算結果の18となり、この値が定数aに代入されます。

```
let a = 9 * 2 // 18
```

算術演算子の両辺の式の型は、一致していなければなりません。演算子に対応した型どうしであっても、同じ型でなければコンパイルエラーとなります。次の例では、Int型の値とDouble型の値を*演算子によって演算しようとしているため、コンパイルエラーとなっています。

```
let int = 27
let double = 0.3
int * double // コンパイルエラー
```

異なる型の値に対する演算を行うためには、どちらか一方の値をもう一方の値の型に変換します[注4]。次の例では、Int型の値intをDouble型に変換することで、Double型との演算ができるようになっています。

```
let int = 27
let double = 0.3
Double(int) * double // 8.1
```

このような仕様を煩わしく感じるかもしれませんが、暗黙的な型変換による想定外の桁の損失を防ぐというメリットがあります。型の安全性を重視した、Swiftらしい仕様であると言えるでしょう。

符号演算子 ―― 数値の符号を指定する演算子

符号演算子-は、数値のプラスとマイナスの符号を反転する前置演算子です。-演算子の演算対象は、Int型やDouble型などの数値を表す型です。次の例では、定数aに値7を入れ、定数aの値の符号を反転した値-7を取得しています。

```
let a = 7 // 7
-a // -7
```

注4　数値を表す型の変換について詳しくは、3.3節で説明します。

否定演算子 ―― 論理値の反転を行う演算子

否定演算子!は、真理値を反転する前置演算子です。真理値とは命題が真であるか偽であるかを表す値であり、Bool型で表現されます。Bool型の値は真理値リテラルで生成でき、trueで真、falseで偽を表します。否定演算子!が演算対象にできるのは、Bool型の値の式のみです。

否定演算子!の式は、演算の対象となる式がtrueを返す場合はfalseを、falseを返す場合はtrueを返します。

```
let a = false
!a // true

let b = true
!b // false
```

処理を呼び出す式

関数などの処理の呼び出しも、式で構成されます。本項での説明は、関数を呼び出す式とイニシャライザを呼び出す式の概要にとどめ、詳細は第6章と第7章で説明します。

関数を呼び出す式

関数とは、処理をまとめて呼び出し可能にしたものです。関数の入力値を引数と言い、出力値を戻り値と言います。関数の呼び出しは式であり、式が返す値は関数の戻り値となります。

関数を呼び出す式は、関数名に()(丸括弧)を付けて関数名()と書きます。関数が引数を取る場合は、()内に引数を,(カンマ)区切りで並べます。

```
関数名(引数名1: 引数1, 引数名2: 引数2...)
```

次の例では、max(_:_:)関数にInt型の値2と7を引数として渡して呼び出し、戻り値の7が式の値として評価されています。

```
max(2, 7) // 7
```

イニシャライザを呼び出す式

イニシャライザは、型のインスタンスを生成するための処理をまとめたものです注5。型のインスタンスとは、型の実体です。型は整数や文字列といった値の種類を表すもので、インスタンスは3や"hello"といった具体的な値を表すものです。イニシャライザの呼び出しは式であり、式が返す値は生成したインスタンスとなります。

イニシャライザを呼び出す式は、型名に()を付けて型名()と書きます。イニシャライザの引数の仕様は関数と同様で、()内に引数を,区切りで並べます。

```
型名(引数名1: 引数1, 引数名2: 引数2...)
```

次の例では、String型のイニシャライザにInt型の値4を渡して呼び出し、Int型をString型に変換した結果である"4"を式の値として返しています。

```
String(4) // "4"
```

2.5 まとめ

本章では、Swiftの変数と定数、それらの有効範囲であるスコープ、そして式の組み立て方について説明しました。

変数や定数への代入や式の組み立て時など、Swiftはさまざまな箇所で値の型を検査し、不正な処理をコンパイルエラーとして検出します。Swiftに慣れないうちは、少しコードを書くだけでコンパイルエラーが発生し、コードを書きづらいと思うかもしれません。しかし、これは潜在的なエラーの発見が前倒しになっているだけです。エラーの発見が遅れて手戻りが大きくなるよりも、効率的に開発を進められています。はじめのうちはコンパイルエラーをよく読み、何がコンパイル時に検証されるのかを意識すると、Swiftとうまく付き合えるようになるでしょう。

注5　イニシャライザについて詳しくは、第7章で説明します。

第3章

基本的な型

一般的なプログラムには、数値や文字列などのさまざまな種類の値が登場します。そうした値を扱えるようにするため、Swiftの標準ライブラリには、基本的な値の種類に対応した型が用意されています。

本章では、基本的な値を表す型の使い方を説明します。

3.1 型による値の表現

型は、値の特性と値への操作を表現したものです。たとえば、Int型は整数を表現し、整数を操作するための四則演算などの機能を持っています。一方、String型は文字列を表現し、基本的な文字列操作の機能を持っています。

基本的な型には、真理値を表すBool型、整数を表すInt型、浮動小数点数を表すFloat型とDouble型、文字列を表すString型があります。また、それらすべてに関連する型として、値があるか空かのいずれかを表すOptional<Wrapped>型、任意の値を表すAny型、複数の型をまとめるタプル型があります。本章では、これらについて説明します。

3.2 Bool型
真理値を表す型

本節では、真理値を表すBool型について説明します。真理値とは、ある命題が真であるか偽であるかを表す値です。

真理値リテラル

真理値を表すリテラルを真理値リテラルと言い、真理値リテラルには真を表すtrueと偽を表すfalseがあります。

真理値リテラルのデフォルトの型はBool型であり、式が型推論されない場合はBool型の値を返します。

```
let a = true // Bool型
let b = false // Bool型
```

論理演算

論理演算とは、真理値に対する演算です。Bool型には否定、論理積、論理和の3つの論理演算子が用意されています。

否定

否定とは、真理値の真偽を逆にする論理演算です。

Bool型の値の否定を求めるには、!演算子を使用します。

次の例では、定数aにtrueを代入し、定数bに定数aの否定である!a、すなわちfalseを代入しています。

```
let a = true // true
let b = !a // false
```

論理積

論理積とは、与えられた複数の真理値がいずれも真であれば、真となる論理演算です。

2つのBool型の値の論理積を求めるには、&&演算子を使用します。

次の例では、2つのBool型の値の組み合わせの論理積を網羅して、それぞれ定数a、b、c、dに代入しています。結果は、両方の値がtrueとなっている定数dだけがtrueとなり、そのほかはfalseとなります。

```
let a = false && false // false
let b = false && true // false
let c = true && false // false
let d = true && true // true
```

論理和

論理和とは、与えられた複数の真理値の少なくともどれか1つが真であれば、真となる論理演算です。

2つのBool型の値の論理和を求めるには、||演算子を使用します。

次の例では、2つのBool型の値の組み合わせの論理和を網羅して、それぞれ定数a、b、c、dに代入しています。結果は、両方の値がfalseとなっている定数aだけがfalseとなり、そのほかはtrueとなります。

```
let a = false || false // false
let b = false || true // true
let c = true || false // true
let d = true || true // true
```

3.3 数値型
数値を表す型

本節では、数値を表す数値型について説明します。これまでの説明にも整数を表すInt型が登場しましたが、SwiftにはInt型以外にも多数の数値型があります。

数値リテラル

数値を表すリテラルを数値リテラルと言い、数値リテラルには整数リテラルと浮動小数点リテラルがあります。123といった整数リテラルは整数型の値を表し、1.0といった浮動小数点リテラルは浮動小数点型の値を表します。

整数リテラルのデフォルトの型はInt型です。式がほかの型として型推論されない場合は、Int型の値を返します。

```
let a = 123 // Int型
```

浮動小数点リテラルのデフォルトの型はDouble型です。同様に、式がほかの型として型推論されない場合は、Double型の値を返します。

```
let a = 1.0 // Double型
```

数値型の種類

Swiftの数値型は大きく分類すると、整数型と浮動小数点型の2つに分けられます。

整数型

整数型とは、整数を表す型です。整数型は、保持できる値のビット数などによってさまざまな型に分類されます。代表的な整数型はInt型です。

Int型のビット数は、32ビットのプラットフォーム上では32ビット、64ビットのプラットフォーム上では64ビットとなります。固定ビット数の整数型はInt8型、Int16型、Int32型、Int64型が用意されており、それぞれ8ビット、16ビット、32ビット、64ビットです。それぞれの型の最小値と最大値は**表3.1**のようになっています。

整数型の最小値や最大値は、スタティックプロパティmin、maxからアクセスできます。スタティックプロパティとは型に紐付いたプロパティであり、型名に.(ドット)を付けて型名.スタティックプロパティ名という書式でアクセスします[注1]。次の例では、Int8のスタティックプロパティmin、maxにアクセスすることで、Int8の最小値-128と最大値127を取得しています。

```
let a = Int8.min // -128
let b = Int8.max //  127
```

浮動小数点型

浮動小数点型とは、浮動小数点方式で小数を表す数値型です。浮動小数点方式とは、ビットを桁の並びを表す仮数部と小数点の位置を表す指数部の2つに分け、これらを掛けて小数を表す方式です。Swiftの主な浮動小数点型にはFloat型とDouble型の2種類があり、それぞれ32ビットと64ビットの固定のビット数を持ちます。

浮動小数点型には最小値や最大値を表すスタティックプロパティは用意されていませんが、Float型はおよそ10の38乗の正負の値まで表すことができ、Double型はおよそ10の308乗の正負の値まで表すことができます。

浮動小数点型はビット数によって、表現できる値の範囲だけでなく、値の精度も異なる点に注意してください。64ビットであるDouble型は最小でも15桁の精度を持ちますが、Float型は最小で6桁の精度しか持ちません。次の例

注1　スタティックプロパティなどプロパティについて詳しくは、7.3節で説明します。

表3.1　整数型の最小値と最大値

型	最小値	最大値
Int8	-128	127
Int16	-32,768	32,767
Int32	-2,147,483,648	2,147,483,647
Int64	-9,223,372,036,854,775,808	9,223,372,036,854,775,807

では、Doubleは12345678.9の9桁を正しく表現できていますが、Float型は精度が足りないため上位6桁までしか合っていません。

```
let a: Double = 12345678.9 // 12345678.9
let b: Float  = 12345678.9 // 1.234568e+07 (1.234568 * 10000000)
```

このような精度の違いがあることから、Float型とDouble型はCocoaでも用途によって明確に使い分けられています。たとえば、画面上の座標に使用されるCocoaのCGFloat型は、32ビットのプラットフォーム上ではFloat型、64ビットのプラットフォーム上ではDouble型になります。一方、地球上の座標を示すCLLocationDegrees型は、より高い精度が求められるためプラットフォームによらずDouble型となっています。

なお、CGFloat型やCLLocationDegrees型はFloat型やDouble型の別名であり、これを型エイリアスと言います。型エイリアスはtypealiasキーワードを用いてtypealias 新しい型名 = 型名という書式で定義できます。たとえばCLLocationDegrees型は、次のようにしてDouble型の型エイリアスとして定義されています。

```
typealias CLLocationDegrees = Double
```

浮動小数点型はスタティックプロパティとして、無限大を表すinfinityを持っています。浮動小数点型に対する演算結果が無限大となった場合、その値はinfinityとなります。このとき、値が無限大かどうかを表すisInfiniteプロパティはtrueを返します。

```
let a: Double = 1.0 / 0.0
a.isInfinite // true

let b: Double = Double.infinity
b.isInfinite // true
```

浮動小数点型はスタティックプロパティとして、NaN(*Not a Number*、非数)を表すnanも持っています。NaNは、演算として不正な値が渡されてしまい、演算できなかったことを表します。浮動小数点型に対して不正な演算を行った場合、値はnanとなります。このとき、値がNaNかどうかを表すisNaNプロパティはtrueを返します。

```
let a: Double = 0.0 / 0.0
a.isNaN // true

let b: Double = Double.nan
b.isNaN // true
```

数値型どうしの相互変換

Swiftでは、整数型どうしや浮動小数点型どうしであっても型が異なれば代入できません。たとえば次のように、Int64型の定数bにInt型の定数aの値を代入することや、Double型の定数dにFloat型の定数cの値を代入することはできません。

```
let a: Int = 123
let b: Int64 = a // コンパイルエラー

let c: Float = 1.0
let d: Double = c // コンパイルエラー
```

数値型をほかの数値型に変換するには、イニシャライザを使用します。数値型には、ほかの数値型の値から自分の型の値を生成するイニシャライザが用意されており、これらを使用することで数値型どうしの変換を行えます。次の例では、上記の例で代入できなかった値を、イニシャライザを使用することで代入可能な型の値へと変換しています。

```
let a: Int = 123
let b: Int64 = Int64(a) // OK

let c: Float = 1.0
let d: Double = Double(c) // OK
```

生成したい型よりも精度の高い型から初期化すると、生成した型の精度に合わせて端数処理が行われます。

```
let c: Float = 1.99
let d: Int = Int(c) // 1

let e: Double = 1.23456789
let f: Float = Float(e) // 1.234568
```

数値型の操作

本項では、演算子や数学関数を使用した数値の操作方法について説明します。基本的な操作は演算子を通じて行い、より高度な操作は数学関数を通じて行います。

比較

比較演算とは、数値どうしの大小関係を導き出す演算です。

比較演算は**表3.2**の6つの中置演算子によって行います。

```
123 == 456 // false
123 != 456 // true
123 > 456 // false
123 >= 456 // false
123 < 456 // true
123 <= 456 // true
```

比較演算では両辺の型を一致させる必要があり、型が一致しない場合はコンパイルエラーとなります。異なる型の数値どうしを比較するには、明示的な型変換を行い型を一致させる必要があります。

```
let a: Float = 123
let b: Double = 123
a == b // コンパイルエラー
a == Float(b) // true
```

このような仕様を煩わしく感じるかもしれませんが、暗黙的な型変換による想定外の桁の損失を防ぐという長所があります。

表3.2 比較演算子の種類

演算子	trueを返す条件
==	左辺と右辺が一致する
!=	左辺と右辺が一致しない
>	左辺が右辺より大きい
>=	左辺が右辺以上
<	左辺が右辺より小さい
<=	左辺が右辺以下

算術

算術演算子には、四則演算子と剰余演算子の5つがあります。

```
// 加算
1 + 1 // 2

// 減算
5 - 2 // 3

// 乗算
2 * 4 // 8

// 除算
9 / 3 // 3

// 剰余
7 % 3 // 1
```

比較演算子と同様に、両辺の型が一致する場合にのみ利用でき、型が一致しない場合はコンパイルエラーとなります。異なる型の数値どうしに対して算術演算を行うには、明示的な型変換を行い型を一致させる必要があります。

```
let a: Int = 123
let b: Float = 123.0
a + b // コンパイルエラー
a + Int(b) // 246
```

数値型の変数に対しては、これらの演算子と代入演算子=を組み合わせた複合代入演算子という中置演算子を使用することもできます。複合代入演算子は算術と代入の両方を同時に行うものであり、左辺の変数に算術結果が代入されます。複合代入演算子を利用すると、変数に対する演算の結果を同じ変数に代入する処理を簡単に書くことができます。

```
// 加算
var a = 1
a += 6 // 7

// 減算
var b = 1
b -= 4 // -3

// 乗算
var c = 1
c *= 2 // 2
```

```
// 除算
var d = 6
d /= 2 // 3

// 剰余
var e = 5
e %= 2 // 1
```

Foundationによる高度な操作

Swiftの標準ライブラリには、三角関数などの高度な操作は用意されていません。コアライブラリのFoundationでC言語のmath.h相当の数学関数が用意されており、sin(_:)などの三角関数やlog(_:)などの対数関数を利用できます。また、円周率はFloat型のスタティックプロパティpiとして定義されています。

```
import Foundation // Foundationを利用できるようにする

sin(Float.pi / 2.0) // 1
log(1.0) // 0
```

3.4 String型 文字列を表す型

本節では、"alphabet"のような文字列を表すString型について説明します。String型は、Unicodeで定義された任意の文字を扱えます。

文字列リテラル

文字列を表すリテラルを文字列リテラルと言い、"abc"のように"(ダブルクオート)で文字列を囲むと文字列リテラルと解釈されます。文字列リテラルは、文字列を表すString型の値を生成します。

文字列リテラルのデフォルトの型はString型です。したがって次の例では、定数aの型はString型となります。

```
let a = "ここに文字列を入れる" // String型
```

特殊文字の表現

文字列リテラルは表記の都合上、"や改行などの文字をそのまま表現できません。Swiftでは、これらの特殊文字を文字列リテラル上で表現できるようにするため、\(バックスラッシュ)を特別な文字として扱い、\から始まる文字列によって特殊文字を表現します。このような表現方法を一般にエスケープシーケンスと呼びます。

Swiftの代表的なエスケープシーケンスには次のようなものがあります。

- \n：**ラインフィード**
- \r：**キャリッジリターン**
- \"：**ダブルクオート**
- \'：**シングルクオート**
- \\：**バックスラッシュ**
- \0：**null文字**

改行には通常ラインフィードの\nが用いられ、複数行の文字列を表現するには次のように表記します。

```
let a = "1\n2\n3"
print(a)
```

```
実行結果
1
2
3
```

文字列リテラル内での値の展開

\()というエスケープシーケンスを用いて、値を文字列リテラル内で展開できます。

この記法を使用すると、式の評価結果を文字列リテラルに差し込めます。次の例では、Int型の7 + 9の演算結果を文字列リテラルに差し込んでいます。

```
let result = 7 + 9
let output = "結果: \(result)" // 結果: 16
```

同様に、String型の値を文字列リテラルに差し込むこともできます。次の例では、String型の"優勝"を文字列リテラルに差し込んでいます。

```
let result = "優勝"
let output = "結果: \(result)" // 結果: 優勝
```

複数行の文字列リテラル

複数行にまたがる文字列を生成する場合は、複数行の文字列リテラルを使用します。複数行の文字列リテラルは、次のように複数行の文字列を"""(スリーダブルクオート)で囲んで書きます。

```
let haiku = """
五月雨を
あつめて早し
最上川
"""

print(haiku)
```

```
実行結果
五月雨を
あつめて早し
最上川
```

複数行の文字列リテラル内のインデントは、終了の"""の位置が基準となります。終了の"""よりも浅い位置のスペースはコードのインデントと見なされ、リテラルから生成される文字列には含まれません。一方、終了の"""よりも深いスペースは文字列と見なされ、リテラルから生成される文字列にも含まれます。

```
let haiku = """
    五月雨を
      あつめて早し // この行のインデントはスペース2つ分
    最上川
    """
//  ^ここよりも浅い位置のスペースは文字列に含まれない

print(haiku)
```

```
実行結果
五月雨を
  あつめて早し // この行のインデントはスペース2つ分
最上川
```

文字列内のスペースとコードのインデントの区別を明確にするため、"""と文字列の位置関係には制限が2つあります。

1つ目の制限は、文字列は"""とは別の行に書くというものです。開始の

"""や終了の"""と同じ行に文字列が書かれている場合はコンパイルエラーとなります。

```
// 開始の"""と同じ行に中身が書かれているためコンパイルエラー
let haiku1 = """五月雨を
あつめて早し
最上川
"""

// 終了の"""と同じ行に中身が書かれているためコンパイルエラー
let haiku2 = """
五月雨を
あつめて早し
最上川"""
```

2つ目の制限は、文字列は終了の"""と同じか、それよりも深い位置に書くというものです。終了の"""よりもインデントが浅い行はコンパイルエラーとなります。

```
let haiku = """
    五月雨を
  あつめて早し // コンパイルエラー
    最上川
    """
//  ^この位置よりもインデントが浅い行はコンパイルエラー
```

数値型との相互変換

String型と数値型の相互変換にはイニシャライザを使用します。

Int型の値をString型に変換する場合は、String型のイニシャライザを使用します。

```
let i = 123
let s = String(i) // "123"
```

String型の値をInt型に変換する場合は、Int型のイニシャライザを使用します。文字列は必ずしも数値のフォーマットになっているとは限らないので、String型から数値型への変換は失敗する可能性があります。そのため、Int型のイニシャライザはnilとなり得るOptional<Int>型の値を返却します[注2]。

注2　Optional<Wrapped>型について詳しくは、次節で説明します。

数値への変換が不可能な文字列を渡された場合、結果はnilとなります。

```
let s1 = "123"
let i1 = Int(s1) // 123

let s2 = "abc"
let i2 = Int(s2) // nil
```

String型の操作

本項では、String型の操作方法を説明します。

比較

String型の比較には==演算子を使用します。一致の基準はUnicodeの正準等価に基づいています。正準等価では、視覚面、機能面から等価性を判断します。

```
let string1 = "abc"
let string2 = "def"
string1 == string2 // false
```

結合

Swiftでは、String型どうしの結合に+演算子を使用できます。

```
let a = "abc"
let b = "def"
let c = a + b // "abcdef"
```

append(_:)メソッドを利用することで、String型どうしを結合できます。また、append(_:)メソッドは+演算子で代替することもできます。

```
var c: String = "abc"
let d: String = "def"
c.append(d) // "abcdef"

let e: String = "abc"
let f: String = "def"
e + f // "abcdef"
```

Foundationによる高度な操作

Swiftの標準ライブラリには、大文字と小文字を区別しない比較や文字列探索などの高度な操作は用意されていません。高度な操作は、コアライブラリのFoundationで提供されています。

```
import Foundation

// 2つの文字列間の順序の比較
let options = String.CompareOptions.caseInsensitive
let order = "abc".compare("ABC", options: options)
order == ComparisonResult.orderedSame // true

// 文字列の探索
"abc".range(of: "bc") // 1から2の範囲を示す値
```

上記のコードの「2つの文字列間の順序の比較」部分では、compare(_:options:)メソッドで2つの文字列間の順序を検証しています。引数optionsに.caseInsensitiveを与えているので、大文字と小文字は区別されません。大文字と小文字を区別しなければ"abc"と"ABC"は同じ文字列であり、その順序は同じであるため、結果として順序が同じであることを意味する.orderedSameという値を得ています。

「文字列の探索」部分では、range(of:)メソッドで"abc"という文字列の中に"bc"がどの範囲に含まれているかを検証しています。"abc"の中で"a"を0番目の文字とすると"bc"は1番目から2番目に位置するので、1から2の範囲を示す値を返します。

3.5 Optional<Wrapped>型
値があるか空のいずれかを表す型

Optional<Wrapped>型とは、値があるか空かのいずれかを表す型です。Swiftの変数や定数は基本的にnilを許容しないことは先述しましたが、nilを許容する必要がある場合はOptional<Wrapped>型を使用します。

Optional<Wrapped>型のWrappedはプレースホルダ型と言い、実際にはWrapped型を具体的な型で置き換えて、Optioanl<Int>型やOptional<String>型のように使用します。Optional<Wrapped>型のように、<>（山括弧）内にプレースホルダ型を持つ型をジェネリック型と言います[注3]。

注3　ジェネリック型について詳しくは、10.4節で説明します。

Optional<Wrapped>型には、Wrapped?と表記する糖衣構文(シンタックスシュガー)が用意されています。たとえばOptional<Int>は、Int?と表記できます。

Optional<Wrapped>型の2つのケース ── 値の不在を表す.noneと、値の存在を表す.some

Optional<Wrapped>型は、Wrapped型の値の存在と不在の2通りを表すことができ、この2つは列挙型として次のように定義されています。

```
enum Optional<Wrapped> {
    case none
    case some(Wrapped)
}
```

列挙型とは複数の識別子をまとめる型で、それぞれの識別子をケースと言います。Optional<Wrapped>型は、.noneと.someの2つのケースを定義しています。.noneが値の不在、すなわちnilと等しいケースで、.someがWrapped型の値の存在を表すケースです。なお、本書で列挙型のケースを指す場合、.noneや.someのようにその名前に.を前置します[注4]。

値が存在しないことを表すケース.noneはOptional<Wrapped>.noneで生成し、値が存在することを表すケース.someはOptional<Wrapped>.some(値)で生成します。また、これらの値には簡略化された表記が存在し、Optional<Wrapped>.noneはnilと表記でき、Optional<Wrapped>.some(値)はOptional(値)と表記できます。String型のイニシャライザString(describing:)を使用して、Optional<Wrapped>型の文字列表現を取得すると、これらの表記が使用されていることがわかります。

```
let none = Optional<Int>.none
print(".none: \(String(describing: none))")

let some = Optional<Int>.some(1)
print(".some: \(String(describing: some))")
```

実行結果

```
.none: nil
.some: Optional(1)
```

なお、Optional<Wrapped>型の.noneとnilリテラルが対応付けられていることから、Optional<Wrapped>型の値が.noneであることをnilであるとも言

注4 列挙型について詳しくは、8.5節で説明します。

います。

型推論

列挙型のケースとしてOptional<Wrapped>型の.someの値を生成する場合、Wrapped型は.someに持たせる値から型推論できます。型推論を利用すると、.someの生成は<Wrapped>を省略して次のように書けます。

```
let some = Optional.some(1) // Optional<Int>型
```

一方、.noneを生成する場合は型推論のもととなる値が存在しないため、そのままでは<Wrapped>を省略できません。.noneの生成で<Wrapped>を省略するには、型アノテーションなどを用いて代入先の型を決定する必要があります。

```
let none: Int? = Optional.none // Optional<Int>型
```

このように、.someの生成では値から型推論ができる一方で、.noneの生成では型を明示する必要があります。

Optional<Wrapped>型の値の生成

Optional<Wrapped>型の値の生成方法は、前項の列挙型のケースとして生成する方法以外に次のものがあります。

```
var a: Int?

a = nil // nilリテラルの代入による.noneの生成
a = Optional(1) // イニシャライザによる.someの生成
a = 1 // 値の代入による.someの生成
```

列挙型のケースとして生成する方法よりもシンプルに記述できるため、一般的にはこれらの生成方法が使われます。

nilリテラルの代入による.noneの生成

Optional<Wrapped>型の.noneは、nilリテラルの代入によって生成できます。

次の例では、Int?型の定数とString?型の定数にnilリテラルを代入し、それぞれInt?型とString?型の.noneを生成しています。

```
let optionalInt: Int? = nil
let optionalString: String? = nil

print(type(of: optionalInt), String(describing: optionalInt))
print(type(of: optionalString), String(describing: optionalString))
```

実行結果

```
Optional<Int> nil
Optional<String> nil
```

nilリテラルにはデフォルトの型が存在しないため、nilリテラルの代入先の変数や定数の型は型アノテーションなどで先に決めておく必要があります。

```
let a: Int? = nil // OK
let b = nil // 定数の型が決まらないためコンパイルエラー
```

イニシャライザによる.someの生成

Optional<Wrapped>型の.someは、値を引数に取るイニシャライザOptional(_:)を使用して生成できます。プレースホルダ型Wrappedはイニシャライザに渡された引数から型推論されます。

次の例では、Int型の値を引数に渡した場合にはInt?型の.someが生成され、String型の値を引数に渡した場合にはString?型の.someが生成されています。

```
let optionalInt = Optional(1)
let optionalString = Optional("a")

print(type(of: optionalInt), String(describing: optionalInt))
print(type(of: optionalString), String(describing: optionalString))
```

実行結果

```
Optional<Int> Optional(1)
Optional<String> Optional("a")
```

値の代入による.someの生成

変数や定数の型が型アノテーションなどによってOptional<Wrapped>型と決まっている場合、Wrapped型の値の代入による.someの生成も可能です。

次の例では、Int?型の定数optionalIntに対してInt型の値1を代入することによって、Int?型の.someを生成しています。

```
let optionalInt: Int? = 1
print(type(of: optionalInt), String(describing: optionalInt))
```

実行結果

```
Optional<Int> Optional(1)
```

上記の例で定数optionalIntに型アノテーションを付けなかった場合はInt型として型推論されるため、定数optionalIntはInt?型ではなくなります。

Optional<Wrapped>型のアンラップ ―― 値の取り出し

Optional<Wrapped>型は値を持っていない可能性があるため、Wrapped型の変数や定数と同じように扱うことはできません。たとえばInt?型どうしの四則演算はコンパイルエラーとなります。

```
let a: Int? = 1
let b: Int? = 1
a + b // コンパイルエラー
```

Optional<Wrapped>型の値が持つWrapped型の値に対する操作を行うには、Optional<Wrapped>型の値からWrapped型の値を取り出す必要があります。このWrapped型の値を取り出す操作をアンラップと言います。ここでは、次の3つのアンラップの方法を説明します。

- **オプショナルバインディング**
- **??演算子**
- **強制アンラップ**

オプショナルバインディング ―― if文による値の取り出し

オプショナルバインディング(*optional binding*)では、条件分岐文や繰り返し文の条件にOptional<Wrapped>型の値を指定します。値の存在が保証されている分岐内では、Wrapped型の値に直接アクセスすることができます。オプショナルバインディングはif-let文を用いて行います。

if-let文は次のようなフォーマットになっており、代入式の右辺にOptional<Wrapped>型の値を指定します。Optional<Wrapped>型がWrapped型の値を持つ場合は、左辺の定数にWrapped型の値が代入され、if文に続く{}(波括弧)内の実行文が実行されます。値を持っていない場合、{}内の実行文はスキップされます。

```
if let 定数名 = Optional<Wrapped>型の値 {
    値が存在する場合に実行される文
}
```

次の例では、定数optionalAに値が存在するため、String型の定数aに値が代入され、if文の実行文が実行されます。

```
let optionalA = Optional("a") // String?型

if let a = optionalA {
    print(type(of: a)) // optionalAに値がある場合のみ実行される
}
```

実行結果
```
String
```

if-let文のより詳しい仕様については、5.2節であらためて説明します。

??演算子 ── 値が存在しない場合のデフォルト値を指定する演算子

Optional<Wrapped>型に値が存在しない場合のデフォルト値を指定するには、中値演算子??を使います。??演算子の式は、左辺にOptional<Wrapped>型の値、右辺にWrapped型の値を取ります。左辺のOptional<Wrapped>型が値を持っていればアンラップしたWrapped型の値を返し、値を持っていなければ右辺のWrapped型の値を返します。

次の例では、??演算子の左辺にInt型の値1を持ったInt?型の定数optionalIntを、右辺にInt型の値3を指定し、結果として左辺の値1を取得しています。

```
let optionalInt: Int? = 1
let int = optionalInt ?? 3 // 1
```

左辺のInt?型の定数optionalIntにnilが入っている場合は、結果として右辺のInt型の値3を取得します。

```
let optionalInt: Int? = nil
let int = optionalInt ?? 3 // 3
```

強制アンラップ ── !演算子によるOptional<Wrapped>型の値の取り出し

強制アンラップ(*forced unwrapping*)は、Optional<Wrapped>型からWrapped型の値を強制的に取り出す方法です。強制的というのは、値が存在しなければ実行時エラーになることを意味します。

強制アンラップを行うには、!演算子を使用します。

次の例では、Int?型の2つの定数からInt型の値を強制的に取り出して、それらを足しています。

```
let a: Int? = 1
let b: Int? = 1

a! + b! // 2
```

強制アンラップは値がないケースを無視したシンプルなコードを可能にしますが、一方で実行時エラーの危険性をはらんでいます。Swiftは、プログラムの誤りをできるだけコンパイル時に検出することによって安全性を高める、という設計思想を持つ言語です。強制アンラップを多用することは、その思想に反してエラーの検出を実行時まで先延ばしにすることを意味します。したがって、値の存在がよほど明らかな箇所や、値が存在しなければプログラムを終了させたい箇所以外では、強制アンラップの使用は避けましょう。

オプショナルチェイン
——アンラップを伴わずに値のプロパティやメソッドにアクセス

オプショナルチェイン(*optional chaining*)とは、アンラップを伴わずにWrapped型のメンバーにアクセスする記法です。

Optional<Wrapped>型からWrapped型のプロパティにアクセスするには、いったんオプショナルバインディングなどによってアンラップする必要があります。次の例ではOptional<Double>型からDouble型のisInfiniteプロパティにアクセスするために、オプショナルバインディングを行っています。

```
let optionalDouble = Optional(1.0) // 1
let optionalIsInfinite: Bool?
if let double = optionalDouble {
    optionalIsInfinite = double.isInfinite
} else {
    optionalIsInfinite = nil
}

print(String(describing: optionalIsInfinite))
```

実行結果

```
Optional(false)
```

オプショナルチェインを用いれば、アンラップを伴わずにWrapped型のプロパティやメソッドにアクセスできます。オプショナルチェインを利用するには、Optional<Wrapped>型の式のあと、?に続けてWrapped型のプロパティ名やメソッド名を記述します。たとえば上記の例と同様の処理は、optionalDouble?.isInfiniteと表現できます。

オプショナルチェインでは、Optional<Wrapped>型の変数や定数がnilだった場合、?以降に記述されたプロパティやメソッドへのアクセスは行わずに、nilが返却されます。もとのOptional<Wrapped>型の式が値を持っていないということは、アクセス対象のプロパティやメソッドも存在しないということであり、返すべき値が存在しないためです。

次の例は、前述のコードをオプショナルチェインを使って書き換えたものです。結果はBool?型の値となっています。

```
let optionalDouble = Optional(1.0) // Optional(1.0)
let optionalIsInfinite = optionalDouble?.isInfinite

print(String(describing: optionalIsInfinite))
```

実行結果

```
Optional(false)
```

次の例では、オプショナルチェインを利用してcontains(_:)メソッドを呼び出し、CountableRange<Int>?型の定数optionalRangeの範囲に指定した値が含まれるかどうかを判定しています。同じく、結果はBool?型の値です。

```
let optionalRange = Optional(0..<10)
let containsSeven = optionalRange?.contains(7)

print(String(describing: containsSeven))
```

実行結果

```
Optional(true)
```

map(_:)メソッドとflatMap(_:)メソッド
——アンラップを伴わずに値の変換を行うメソッド

map(_:)メソッドとflatMap(_:)メソッドは、アンラップを伴わずに値の変換を行うメソッドです。

map(_:)メソッドの引数には、値を変換するクロージャを渡します。Wrapped型の値が存在すればクロージャを実行して値を変換し、値が存在しなければ何も行いません。次の例では、Int?型の定数aに対して値を2倍にするクロージャを実行し、結果としてInt?型の値Optional(34)を受け取っています。

```
let a = Optional(17)
let b = a.map({ value in value * 2 }) // 34
type(of: b) // Optional<Int>.Type
```

また、map(_:)メソッドを用いて、別の型に変換することもできます。次の例では、Int?型の定数aに対してInt型をString型に変換するクロージャを実行し、結果としてString?型の値"17"を受け取っています。

```
let a = Optional(17)
let b = a.map({ value in String(value) }) // "17"
type(of: b) // Optional<String>.Type
```

flatMap(_:)メソッドもmap(_:)型と同様に値を変換するクロージャを引数に取りますが、クロージャの戻り値はOptional<Wrapped>型です。次の例では、String?型の定数aに対してString型をInt?型に変換するクロージャを実行し、結果としてInt?型の値Optional(17)を受け取っています。

```
let a = Optional("17")
let b = a.flatMap({ value in Int(value) }) // 17
type(of: b) // Optional<Int>.Type
```

ここでのポイントは、値の有無が不確かな定数に対し、さらに値を返すか定かでない操作を行っている点です。もし、ここでflatMap(_:)メソッドではなくmap(_:)メソッドを使用してしまうと、最終的な結果は二重にOptional<Wrap>型に包まれたInt??型となってしまいます。

```
let a = Optional("17")
let b = a.map({ value in Int(value) }) // 17
type(of: b) // Optional<Optional<Int>>.Type
```

この「二重」に不確かな状態を1つにまとめてくれるのがflatMap(_:)メソッドです。

暗黙的にアンラップされたOptional<Wrapped>型

Optional<Wrapped>型にはWrapped?と表記する糖衣構文がありました。Optional<Wrapped>型にはもう一つ、Wrapped!と表記する糖衣構文が用意されています。この糖衣構文によって生成されたOptional<Wrapped>型の値は、値へのアクセス時に自動的に強制アンラップを行うため、暗黙的にアンラップされたOptional<Wrapped>型と言います。

通常のOptional<Wrapped>型であるWrapped?型も、暗黙的にアンラップされたOptional<Wrapped>型であるWrapped!型も、同じOptional<Wrapped>型であるため、どちらで宣言された変数や定数にも互いの値を代入できます。

```
var a: String? = "a"
var b: String! = "b"

print(type(of: a))
print(type(of: b))

var c: String! = a
var d: String? = b
```

実行結果

```
Optional<String>
Optional<String>
```

暗黙的にアンラップされたOptional<Wrapped>型は、アクセス時に毎回強制アンラップが行われるため、Wrapped型と同様に扱えますが、アクセス時にnilであった場合は実行時エラーが発生します。次の例では、Int!型の値とInt型の値の間で演算を行っています。定数aには値が存在するため演算が成功しますが、変数bには値が存在しないため実行時エラーとなります。

```
let a: Int! = 1
a + 1 // Int型と同様に演算が可能

var b: Int! = nil
b + 1 // 値が入っていないため実行時エラー
```

Optional<Wrapped>型の強制アンラップと同様の理由で危険な側面を持っており、乱用するべきではありません。

値の取り出し方法の使い分け

これまでに説明してきたとおり、Optional<Wrapped>型にはさまざまな扱い方が用意されています。

通常は、オプショナルバインディング、??演算子、map(_:)メソッド、flatMap(_:)メソッドを組み合わせて値を取り出すのがよいでしょう。これらを組み合わせたコードでは、値が存在しないケースを考慮したコードを必ずどこかで書かなければWrapped型の値を取得できないため、安全です。

強制アンラップや暗黙的にアンラップされたOptional<Wrapped>型を利用した場合、値が存在しないことを考慮せずに済むため、コードはシンプルになります。一方で、値が存在しなかった場合には実行時エラーが発生するため、危険です。強制アンラップや暗黙的にアンラップされたOptional<Wrapped>型は、値の存在が明らかな箇所や、値が存在しなければプログラムを終了させたい箇所のみで使用するべきでしょう。

強制アンラップや暗黙的にアンラップされたOptional<Wrapped>型を利用するには!を用いる必要があり、危険なコードは!を目印に探し出せます。!を使用するたびに、その用法が適切かどうかを常に意識するとよいでしょう。

3.6 Any型 任意の型を表す型

本節では、任意の型を表すAny型について説明します。Any型は、すべての型が暗黙的に準拠している特別なプロトコルとして実装されています。Any型の変数や定数にはどのような型の値も代入できるため、代入する値の型が決まっていない場合に使用します。

次の例では、Any型の定数にString型の値やInt型の値を代入しています。

```
let string: Any = "abc"
let int: Any = 123
```

Any型は、これまでの型のようにリテラルやイニシャライザによって値を生成するものではありません。上記の例のように、ほかの型の値をAny型として扱います。

Any型への代入による型の損失

Any型の変数や定数に代入すると、もとの型の情報は失われてしまうため、もとの型では可能だった操作ができなくなってしまいます。たとえば、Int型では四則演算が定義されていましたが、Any型には定義されていません。したがって、Int型の値をAny型に代入した場合は四則演算ができなくなります。

```
let a: Any = 1
let b: Any = 2
a + b // コンパイルエラー
```

このように、Any型への代入は値に対する操作の幅を狭めてしまうため、可能な限りAny型への代入は避け、型の情報を保つことが望ましいでしょう。

3.7 タプル型
複数の型をまとめる型

本節では、複数の型をまとめて1つの型として扱うタプル型について説明します。タプル型を定義するには、要素となる型を()内に,区切りで(型名1, 型名2, 型名3)のように列挙します。タプル型の要素にはどのような型も指定でき、要素数にも制限はありません。次の例では、Int型とString型をまとめた(Int, String)型の変数tupleを定義しています。

```
var tuple: (Int, String)
```

タプル型の値はタプルと言い、タプルを生成するには、要素となる値を()内に,区切りで(要素1, 要素2, 要素3)のように列挙します。次の例では、先ほどの(Int, String)型の変数tupleに、タプル(1, "a")を代入しています。

```
var tuple: (Int, String)
tuple = (1, "a")
```

要素へのアクセス

タプルの要素へのアクセス方法には、インデックスによるアクセス、要素名によるアクセス、代入によるアクセスの3つがあります。本項では、これらについて説明します。

インデックスによるアクセス

タプルの要素にはインデックスを通じてアクセスできます。変数や定数に.を付けて、変数名.インデックスという書式でアクセスします。最初の要素のインデックスは0で、1、2と続きます。

次の例では、(Int, String)型のタプル(1, "a")の各要素にインデックスでアクセスしています。tuple.0は1つ目の要素1を返し、tuple.1は2つ目の要素"a"を返します。

```
let tuple = (1, "a")
let int = tuple.0 // 1
let string = tuple.1 // "a"
```

要素名によるアクセス

タプルの定義時に各要素に名前を付け、その名前を通じて要素にアクセスすることもできます。要素名を定義するには、タプルの要素の前に要素名:を追加して、(要素名1: 要素1, 要素名2: 要素2)のように書きます。

次の例では、(Int, String)型のタプルの要素にそれぞれint、stringという名前を定義し、tuple.int、tuple.stringで各要素にアクセスしています。

```
let tuple = (int: 1, string: "a")
let int = tuple.int // 1
let string = tuple.string // "a"
```

代入によるアクセス

タプルは、()内に,区切りで列挙された要素数分の変数や定数に代入できます。タプルの要素には、代入先の変数や定数の値を通じてアクセスできます。

次の例では、Int型の定数intとString型の定数stringを()内に列挙し、タプル(1, "a")を通じて、これらの定数に一度に値を代入しています。

```
let int: Int
let string: String
(int, string) = (1, "a")
int // 1
string // "a"
```

また、()内で複数の変数や定数を同時に宣言することもできます。次の例では、定数intと定数stringを()内で宣言すると同時に、タプル(1, "a")を用いて初期化しています。

```
let (int, string) = (1, "a")
int // 1
string // "a"
```

Void型 —— 空のタプル

要素の型が0個のタプル型をVoid型と言います。Void型は、値が存在し得ないことを表す型です。

```
() // Void型
```

nilリテラルも値が存在しないことを表しますが、nilリテラルはあくまで値が存在し得る場所で値がないことを示すもので、その場所に値が存在し得ないことを表すVoid型とは根本的に異なります。このようなVoid型の性質は、関数の戻り値がないことを表す用途などで使用されます。この点については、6.2節であらためて説明します。

3.8 型のキャスト
別の型として扱う操作

型のキャストとは、値の型を確認し、可能であれば別の型として扱う操作です。型のキャストはクラスの継承やプロトコルの準拠などによって階層関係にある型どうしで行い、たとえばInt型の変数や定数をAny型として扱うことができます。

アップキャスト —— 上位の型として扱う操作

アップキャストとは、階層関係がある型どうしにおいて、階層の下位となる具体的な型を上位の抽象的な型として扱う操作です。

アップキャストを行うには、as演算子を使用します。左辺には下位の型の値を指定し、右辺には上位の型を指定します。

変数や定数の宣言時にas演算子によるアップキャストを行う場合、その型はas演算子の右辺の型として推論されるため、型アノテーションは不要です。次の例では、String型をAny型へアップキャストし、その結果を定数に代入しています。Any型はすべての型が暗黙的に準拠しているプロトコルであるため、すべての型はAny型へアップキャスト可能です。

```
let any = "abc" as Any // String型をAny型にアップキャスト
```

右辺の型が左辺の値の型の上位の型でない場合、コンパイルエラーとなります。

```
let int = "abc" as Int // String型はInt型を継承していないためコンパイルエラー
```

コンパイル可能なアップキャストは常に成功するため、変数や定数への代入時に暗黙的に行うことができます。このような暗黙的なアップキャストでは、as演算子は必要ありません。次の例では、String型の値をAny型の定数に代入することで、暗黙的にアップキャストを行っています。

```
let any: Any = "abc" // String型からAny型への暗黙的なアップキャスト
```

3.6節でAny型の変数や定数にはどのような型の値も代入できると説明しましたが、それはすべての型がAny型へアップキャスト可能であるということと、アップキャストは代入時に暗黙的に行えるということの2つの事実によります。

ダウンキャスト —— 下位の型として扱う操作

ダウンキャストとは、階層関係のある型どうしにおいて、階層の上位となる抽象的な型を下位の具体的な型として扱う操作です。コンパイル可能なアップキャストは常に成功する操作でしたが、ダウンキャストはコンパイル可能でも失敗する可能性があります。

ダウンキャストを行うには、as?演算子もしくはas!演算子を使用します。それぞれの演算子の違いは、失敗時の動作にあります。

as?演算子は左辺の値を右辺の型の値へダウンキャストし、失敗した場合はnilを返します。as?演算子の結果はキャスト先の型の値、もしくはnilとなるため、結果はOptional<Wrapped>型となります。次の例では、Any型をString型とInt型にダウンキャストしています。Any型にアップキャストする前の型はInt型であるため、Int型へのダウンキャストは成功し、その結果はInt?型のOptional(1)となります。一方、Int型とString型の間に階層関係はないため、String型へのダウンキャストは失敗し、その結果はString?型のnilとなります。

```
let any = 1 as Any
let int = any as? Int // Optional(1)
let string = any as? String // nil
```

as!演算子によるダウンキャストは強制キャスト(*forced casting*)と言います。as!演算子は左辺の値を右辺の型へダウンキャストし、失敗した場合は実行時エラーとなります。ダウンキャストに失敗した場合、プログラムの実行が継続されないため、as!演算子の結果はOptional<Wrapped>型ではなくWrapped型の値です。次の例では、Any型の値をString型とInt型の値にダウンキャストしています。Int型へのダウンキャストは成功し、その結果はInt型の1となります。一方、String型へのダウンキャストは失敗し、実行時エラーとなります。

```
let any = 1 as Any
let int = any as! Int
let string = any as! String // 実行時エラー
```

as?演算子は実行時エラーの可能性がないため安全ですが、nilになるケースを考慮する必要があります。一方、as!演算子は実行時エラーの可能性があるため危険ですが、nilを考慮する必要がありません。失敗しないことが保証できるケースなどでas!演算子が役立つこともありますが、基本的には安全なas?演算子を使うべきです。

型の判定

キャストによって別の型として扱う必要はなく、単にある値の型が特定の型であるかどうかを確認したい場合には、is演算子を使用します。is演算子は、左辺に値、右辺に型を取り、値が対象の型かどうかをBool型の値として返却します。

```
let a: Any = 1
let isInt = a is Int // true
```

3.9 値の比較のためのプロトコル

プロトコルとは、それに準拠する型が持つべき性質を定義したものです。プロトコルに準拠する型は、プロトコルに定義されたプロパティやメソッドを実装する必要があります。プロトコルを用いることで、異なる型に対して同じ性質を与えることができ、それらの型を共通のインタフェースを通じて操作できます。

たとえばInt型とString型は異なる型ですが、どちらの型も同一の型どうしで、==演算子や<演算子による比較ができるという共通の性質があります。これは、Int型とString型がEquatableプロトコルとComparableプロトコルという共通のプロトコルに準拠することで実現されています。

Equatableプロトコル —— 同値性を検証するためのプロトコル

Equatableプロトコルは、同値性を検証するためのプロトコルです。Equatableプロトコルに準拠している型どうしは、==演算子によって値の一致を、!=演算子によって値の不一致を確認できます。

基本的な型の多くはEquatableプロトコルに準拠しています。たとえば、これまでに登場したBool型、Int型、Float型、Double型、String型はすべてEquatableプロトコルに準拠しています。

```
let boolLeft = true
let boolRight = true
boolLeft == boolRight // true
boolLeft != boolRight // false

let intLeft = 12
let intRight = 13
intLeft == intRight // false
intLeft != intRight // true

let floatLeft = 3.4 as Float
let floatRight = 3.9 as Float
floatLeft == floatRight // false
floatLeft != floatRight // true

let doubleLeft = 3.4
```

```
let doubleRight = 3.9
doubleLeft == doubleRight // false
doubleLeft != doubleRight // true

let stringLeft = "abc"
let stringRight = "def"
stringLeft == stringRight // false
stringLeft != stringRight // true
```

一方、Equatableプロトコルに準拠していない型どうしの同値性を検証することはできません。たとえば、Any型はEquatableプロトコルに準拠していないため、その値に対して、==演算子や!=演算子を用いることはできません。

```
let anyLeft = "abc" as Any
let anyRight = "def" as Any
anyLeft == anyRight // コンパイルエラー
anyLeft != anyRight // コンパイルエラー
```

また、Optional<Wrapped>型では、Wrapped型がEquatableプロトコルに準拠している場合のみ、Optional<Wrapped>型自体もEquatableプロトコルに準拠しているとみなされます。したがって、Int?型に対しては==演算子や!=演算子を用いることができますが、Any?型に対してはできません。

```
let optionalStringLeft = Optional("abc")
let optionalStringRight = Optional("def")
optionalStringLeft == optionalStringRight // false
optionalStringLeft != optionalStringRight // true

let optionalAnyLeft = "abc" as Any
let optionalAnyRight = "def" as Any
optionalAnyLeft == optionalAnyRight // コンパイルエラー
optionalAnyLeft != optionalAnyRight // コンパイルエラー
```

Optional<Wrapped>型のように、プレースホルダ型の種類によってプロトコルに準拠しているかどうかが決まる型があり、これをプロトコルへの条件付き準拠と言います[注5]。

注5　プロトコルへの条件付き準拠について詳しくは、第10章で説明します。

Comparableプロトコル ―― 大小関係を検証するためのプロトコル

Comparableプロトコルは、値の大小関係を検証するためのプロトコルです。Comparableプロトコルに準拠している型どうしは、4つの比較演算子によって値の大小を比較できます。比較演算子には、左辺が右辺より小さいときに真となる<演算子、左辺が右辺以下であるときに真となる<=演算子、左辺が右辺より大きいときに真となる>演算子、左辺が右辺以上であるときに真となる>=演算子があります。

Comparableプロトコルに準拠しているプロトコルには、数値を表すInt型、Float型、Double型、文字列を表すString型などがあります。

```
let intLeft = 12
let intRight = 13
intLeft < intRight // true

let floatLeft = 3.4 as Float
let floatRight = 3.9 as Float
floatLeft > floatRight // false

let doubleLeft = 3.4
let doubleRight = 3.9
doubleLeft > doubleRight // false

let stringLeft = "abc"
let stringRight = "def"
stringLeft <= stringRight // true
```

一方、Bool型、Any型、Optional<Wrapped>型はComparableプロトコルに準拠していないため、これらの演算子を用いて比較することはできません。

```
let boolLeft = true
let boolRight = true
boolLeft < boolRight // コンパイルエラー

let anyLeft = "abc" as Any
let anyRight = "def" as Any
anyLeft < anyRight // コンパイルエラー

let optionalIntLeft = Optional(24)
let optionalIntRight = Optional(27)
optionalIntLeft < optionalIntRight // コンパイルエラー
```

3.10 まとめ

本章では、基本的な値を表す型や、それらが準拠するプロトコルについて説明しました。Swiftのプログラムで扱うデータのほとんどは、本章に登場した基本的な型の集まりで表現されるため、これらの型の扱いはSwiftでのプログラミングの基礎となります。

また、型の変換やキャストについても説明しました。暗黙的な型の変換ができないところや、キャストの失敗の扱いを明示する必要があるところなど、明示的な記述を求められる仕様がいくつかありました。こうした仕様は、以降の章でも随所で現れます。

第4章

コレクションを表す型

コレクションとは、値の集まりのことです。Swiftでは、順序を持ったコレクションである配列や、キーと値のペアを持つコレクションである辞書など、さまざまなコレクションを扱えます。

本章では、代表的なコレクションを表す型の扱い方と、それらに共通した性質を説明します。

4.1 値の集まりの表現

コレクションを表す型には、配列を表すArray<Element>型、辞書を表すDictionary<Key, Value>型、範囲を表すRange<Bound>型、文字列を表すString型があります。

これらの型にはコレクションとして共通の機能があります。たとえば要素数を取得したり、コレクションの一部にアクセスしたりというものです。こうしたコレクションに共通の機能は、SequenceプロトコルやCollectionプロトコルで定義されています。本章では、これらのプロトコルについても説明します。

4.2 Array<Element>型 配列を表す型

本節では、配列を表すArray<Element>型について説明します。配列とは、順序を持ったコレクションです。

Array<Element>型のElementはプレースホルダ型となっており、実際にはElement型を具体的な型で置き換えて、Array<Int>型やArray<String>型のように使用します。

Array<Element>型には、[Element]という糖衣構文が用意されています。糖衣構文とは、すでに定義されている構文をより簡単に読み書きできるようにするために導入される構文です。たとえばArray<Int>は、[Int]と表記できます。

配列リテラル

Array<Element>型は、[1, 2, 3]のように配列リテラルを用いて表現できます。配列リテラルでは、[]内に,区切りで要素を列挙します。

```
let a = [1, 2, 3]
let b = ["a", "b", "c"]
```

型推論

配列リテラルは、配列リテラルが含む要素の型からArray<Element>型のプレースホルダ型Elementを推論します。たとえば、配列リテラルがString型の要素しか持っていない場合は[String]型と推論され、Int型の要素しか持っていない場合は[Int]型と推論されます。

```
let strings = ["a", "b", "c"] // [String]型
let numbers = [1, 2, 3] // [Int]型
```

空の配列リテラルの場合、要素が存在しないため型推論ができません。したがって、空の配列リテラルは型アノテーションなどによって型を明示し、プレースホルダ型Elementを決定する必要があります。

```
let array: [Int] = []
```

[1, "a"]のように配列リテラルが複数の型の要素を含む場合も、型推論によって型が決定できないことがあります。このようなケースも同様に、型を明示してプレースホルダ型Elementを決定する必要があります。

```
let array: [Any] = [1, "a"]
```

要素にできる型

Array<Element>型は、Element型の値を要素にできます。たとえば[Int]型はInt型の値を要素にでき、[String]型はString型の値を要素にできます。

```
let integers = [1, 2, 3] // [Int]型
let strings = ["a", "b", "c"] // [String]型
```

Element型にはどのような型も当てはめることができます。たとえば、Element型に[Int]型を当てはめて、Int型の配列の配列を表す[[Int]]型を表すこともできます。[[Int]]型のように配列を要素に持つ配列は、2次元配

列と言います。

```
let integerArrays = [[1, 2, 3], [4, 5, 6]] // [[Int]]型
```

要素の型とは異なる型の値を含めた場合はコンパイルエラーとなります。次の例では、[Int]型にString型の値"a"を含めようとしているため、コンパイルエラーとなります。

```
let integers: [Int] = [1, 2, 3, "a"] // コンパイルエラー
```

Array<Element>型の操作

本項では、Array<Element>型の基本的な操作方法を説明します。

要素へのアクセス

Array<Element>型の要素にアクセスするには、サブスクリプトを使用します。サブスクリプトとは、コレクションにインデックス(添字)を与え、そのインデックスに位置する要素の取得や書き換えを行う機能です。コレクションに[](角括弧)で囲んだインデックスを後置し、コレクション[インデックス]という書式で利用します。

Array<Element>型のサブスクリプトの引数には、要素のインデックスを表すInt型の値を使用します。最初の要素のインデックスは0で、1、2と続きます。インデックスが範囲外となっている場合は実行時エラーとなります。

```
let strings = ["abc", "def", "ghi"] // インデックスは0、1、2
let strings1 = strings[0] // "abc"
let strings2 = strings[1] // "def"
let strings3 = strings[2] // "ghi"
let strings4 = strings[3] // 3は範囲外なので実行時エラー
```

要素の更新、追加、結合、削除

Array<Element>型の値に対して、要素の更新、追加、結合、削除を行えます。

既存の要素を更新するには、更新したい要素のインデックスをサブスクリプトの引数に指定し、代入演算子=を用いて新しい値を設定します。

```
var strings = ["abc", "def", "ghi"]
strings[1] = "xyz"
strings // ["abc", "xyz", "ghi"]
```

末尾に要素を追加するには、append(_:)メソッドを使用します。

Array<Element>型のappend(_:)メソッドはElement型の値を引数に取ります。たとえば次の例では、[Int]型の変数integersにInt型の4を追加しています。

```
var integers = [1, 2, 3]
integers.append(4) // [1, 2, 3, 4]
```

任意の位置に要素を追加するには、insert(_:at:)メソッドを使用します。insert(_:at:)メソッドは、追加する要素と追加する位置のインデックスを引数に取ります。

```
var integers = [1, 3, 4]
integers.insert(2, at: 1) // [1, 2, 3, 4]
```

+演算子で、型が一致する2つのArray<Element>型の値を結合することもできます。

```
let integers1 = [1, 2, 3] // [Int]型
let integers2 = [4, 5, 6] // [Int]型
let result = integers1 + integers2 // [1, 2, 3, 4, 5, 6]
```

要素の削除には、任意のインデックスの要素を削除するremove(at:)メソッド、最後の要素を削除するremoveLast()メソッド、すべての要素を削除するremoveAll()メソッドの3つが用意されています。

```
var integers = [1, 2, 3, 4, 5]

integers.remove(at: 2)
integers // [1, 2, 4, 5]

integers.removeLast()
integers // [1, 2, 4]

integers.removeAll()
integers // []
```

4.3 Dictionary<Key, Value>型
辞書を表す型

本節では、辞書を表すDictionary<Key, Value>型について説明します。辞書とは、キーと値のペアを持つコレクションであり、キーをもとに値にアクセスする用途で使用します。キーと値のペアどうしの間に順序関係はありません。キーはアクセス対象の識別に使用されるため一意でなければなりませんが、値はほかのものと重複してもかまいません。

Array<Element>型と同様に、Dictionary<Key, Value>型のKeyとValueはプレースホルダ型となっています。実際にはDictionary<String, Int>型のように、Key型とValue型に具体的な型を指定して使用します。

Dictionary<Key, Value>型には、[Key : Value]と表記する糖衣構文が用意されています。たとえばDictionary<String, Int>は、[String : Int]と表記できます。

辞書リテラル

Dictionary<Key, Value>型は、["key1": "value1", "key2": "value2"]のように辞書リテラルで表現できます。辞書リテラルでは、キーと値を:で連結してペアにした要素を、,区切りで[]内に列挙します。

```
let dictionary = ["a": 1, "b": 2]
```

型推論

辞書リテラルでは、Dictionary<Key, Value>型のKey型はキーの型から、Value型は値の型から推論されます。たとえば、キーがString型、値がInt型の辞書リテラルは[String : Int]型と推論されます。

```
let dictionary = ["a": 1, "b": 2] // [String : Int]型
```

要素が1つも存在しない場合や、キーや値に複数の型が混在する場合は、辞書リテラルから型が推論できないことがあります。このような場合には、型アノテーションなどによって型を明示する必要があります。次の例では、空の辞書リテラル[:]の代入先に対して[String : Int]型の型アノテーションを追加することにより、型を決定しています。

```
let dictionary: [String: Int] = [:] // 空の辞書
```

キーと値にできる型

Dictionary<Key, Value>型は正式にはDictionary<Key : Hashable, Value>型であり、Key型に指定できる型には制限があります。: Hashableの部分は型制約と言い、Key型をHashableプロトコルに準拠した型に制限しています[注1]。Hashableプロトコルに準拠した型は、その値をもとにハッシュ値を計算できます。ハッシュ値とは、もとの値から特定のアルゴリズムで算出されるInt型の値です。Key型がHashableプロトコルに準拠している必要があるのは、ハッシュ値がキーの一意性の保証や探索などに必須であるためです。Hashableプロトコルに準拠している型にはString型やInt型があり、たとえばString型の値"a"のハッシュ値は4799450059485595655、Int型の値1のハッシュ値は1です。一方、Hashableプロトコルに準拠していない型にはArray<Element>型などがあります。

Key型とは異なり、Value型には型の制限はありません。したがって、Value型に[Int]型を当てはめて[String: [Int]]型とすることや、[String: Int]型を当てはめて[String: [String: Int]]型とすることもできます。

```
// [String: [Int]]型
let array = ["even": [2, 4, 6, 8], "odd": [1, 3, 5, 7, 9]]
```

Key型とは異なる型のキーや、Value型とは異なる型の値を設定した場合はコンパイルエラーとなります。次の例では、[String: Int]型のキーにInt型の1や、値にString型の"value"を設定しているため、コンパイルエラーとなります。

```
let dictionary: [String: Int] = [
    1: 2, // キーの型が異なるためコンパイルエラー
    "key": "value" // 値の型が異なるためコンパイルエラー
]
```

Dictionary<Key, Value>型の操作

本項では、Dictionary<Key, Value>型の基本的な操作方法を説明します。

注1　型制約については10.3節で、プロトコルについては第9章で詳しく説明します。

値へのアクセス

Dictionary<Key, Value>型の値にアクセスするには、サブスクリプトを使用します。サブスクリプトの引数にはKey型の値を指定します。

たとえば、[String : Int]型ではサブスクリプトの引数にString型の値を指定して値にアクセスします。

```
let dictionary = ["key": 1] // [String : Int]型
let value = dictionary["key"] // 1 (Optional<Int>型)
```

Dictionary<Key, Value>型はArray<Element>型とは違い、サブスクリプトで存在しない値にアクセスしようとしても実行時エラーにはならず、nilが返ります。そのため、返却される値の型はOptional<Value>型です。次の例では、"key1"と"key2"の値をnilと比較し、値が存在しているか確認しています。

```
let dictionary = ["key1": "value1"]
let valueForKey1Exists = dictionary["key1"] != nil // true
let valueForKey2Exists = dictionary["key2"] != nil // false
```

値の更新、追加、削除

Dictionary<Key, Value>型の値の更新、追加、削除にもサブスクリプトを使用します。サブスクリプトの引数にKey型の値を指定し、代入演算子=を用いて新しい値を設定します。サブスクリプトで指定したキーがすでに存在する場合は値の更新、キーが存在しない場合は値の追加、新しい値としてnilを設定した場合は値の削除となります。

```
// 更新
var dictionary1 = ["key": 1]
dictionary1["key"] = 2
dictionary1 // ["key": 2]

// 追加
var dictionary2 = ["key1": 1]
dictionary2["key2"] = 2
dictionary2 // ["key1": 1, "key2": 2]

// 削除
var dictionary3 = ["key": 1]
dictionary3["key"] = nil
dictionary3 // [:]
```

4.4 範囲型
範囲を表す型

本節では、範囲を表す型について説明します。

主な範囲型はRange<Bound>型ですが、そのほかにもさまざまな範囲型が用意されています。これらの型の値は、末尾の値を含まない..<演算子、もしくは末尾の値を含む...演算子によって生成されます。演算子のほかにも、両端の境界の有無や、カウント可能かどうかによって分類でき、それらの組み合わせと型の対応関係は**表4.1**のようになっています。カウント可能な範囲とは、Int型の範囲のように範囲に含まれる値の数を数えられる範囲のことです。カウント不可能な範囲とは、Double型の範囲のように範囲に含まれる値の数を数えられない範囲のことです。

範囲型のBoundはプレースホルダ型となっています。使用する際は、Range<Float>型やCountableClosedRange<Int>型のように、Bound型に具体的な型を指定します。

範囲演算子 —— 範囲を作る演算子

範囲型の値は範囲演算子を利用して生成します。範囲演算子には、末尾の値を含まない範囲を作る..<演算子と、末尾の値を含む範囲を作る...演算子の2つが用意されています。いずれの演算子を利用した場合も、先頭の値は範囲に含まれます。

表4.1 範囲型の種類

囲型	境界	カウント可能
..<演算子(終了の値を含まない)		
Range<Bound>	両端	不可能
CountableRange<Bound>	両端	可能
PartialRangeUpTo<Bound>	末尾のみ	不可能
...演算子(終了の値を含む)		
ClosedRange<Bound>	両端	不可能
CountableClosedRange<Bound>	両端	可能
PartialRangeThrough<Bound>	末尾のみ	不可能
PartialRangeFrom<Bound>	先頭のみ	不可能
CountablePartialRangeFrom<Bound>	先頭のみ	可能

..<演算子 —— 末尾の値を含まない範囲を作る演算子

末尾の値を含まない範囲を表す型にはRange<Bound>型、CountableRange<Bound>型、PartialRangeUpTo<Bound>型の3つがあり、これらの型の値は..<演算子を用いて生成します。

Range<Bound>型とCountableRange<Bound>型の値を生成するには、..<演算子を中置演算子として使用し、左辺に先頭の値、右辺に末尾の値を指定します。たとえば1.0..<3.5は、Double型の1.0以上3.5未満という範囲を表すRange<Double>型の値を生成します。

..<演算子の両辺がInt型の場合は、カウント可能なCountableRange<Bound>型の値が生成されます。CountableRange<Bound>型は要素を列挙するためのプロトコルであるSequenceプロトコルに準拠しているため、for-in文を用いて、その要素に順次アクセスできます[注2]。

```
let range = 1..<4 // CountableRange(1..<4)

for value in range {
    print(value)
}
```

実行結果

```
1
2
3
```

..<演算子を前置演算子として使用すると、PartialRangeUpTo<Bound>型の値を生成できます。PartialRangeUpTo<Bound>型の値は右辺の値未満という範囲を表し、たとえば..<3.5はDouble型の3.5未満という範囲を表します。

PartialRangeUpTo<Bound>型のように、片側の境界のみを指定する範囲を片側範囲(*one-sided range*)と言います。

...演算子 —— 末尾の値を含む範囲を作る演算子

末尾の値を含む範囲を表す型にはClosedRange<Bound>型、CountableClosedRange<Bound>型、PartialRangeThrough<Bound>型、PartialRangeFrom<Bound>型、CountablePartialRangeFrom<Bound>型の5つがあり、これらの型の値は...演算子を用いて生成します。

ClosedRange<Bound>型とCountableClosedRange<Bound>型の値を生成する

注2　for-in文については5.3節で、Sequenceプロトコルについては4.6節で詳しく説明します。

には、...演算子を中置演算子として使用し、左辺に先頭の値、右辺に末尾の値を指定します。たとえば1.0...3.5は、Double型の1.0以上3.5以下という範囲を表すClosedRange<Double>型の値を生成します。

...演算子の両辺がInt型の場合は、カウント可能なCountableClosedRange<Bound>型の値が生成されます。CountableClosedRange<Bound>型はSequenceプロトコルに準拠しているため、for-in文を用いて、その要素に順次アクセスできます。

```
let range = 1...4 // CountableClosedRange(1...4)

for value in range {
    print(value)
}
```

実行結果

```
1
2
3
4
```

...演算子を前置演算子として使用すると、PartialRangeThrough<Bound>型の値を生成できます。PartialRangeThrough<Bound>型の値は右辺の値以下という範囲を表し、たとえば...3.5はDouble型の3.5以下という範囲を表します。

また、...演算子を後置演算子として使用するとPartialRangeFrom<Bound>型とCountablePartialRangeFrom<Bound>の値を生成できます。これらの型は左辺の値以上という範囲を表し、たとえば7.0...はDouble型の7.0以上という範囲を表すPartialRangeFrom<Double>型の値を生成します。ほかの範囲型と同様に、指定した値がInt型の場合は、カウント可能なCountablePartialRangeFrom<Bound>型の値が生成されます。

型推論

..<演算子や...演算子によって範囲型の値を生成する場合、そのプレースホルダ型Boundは、両辺の値から推論されます。たとえば、値の型がInt型であればBound型もInt型となり、Double型であればBound型もDouble型となります。

```
let integerRange = 1..<3 // CountableRange<Int>型
let doubleRange = 1.0..<3.0 // Range<Double>型
```

型アノテーションによって、型を指定することもできます。次の例では、型アノテーションを用いて、..<演算子の両辺の値の型にかかわらず、Range<Float>型の値を生成しています。

```
let floatRange: Range<Float> = 1..<3 // Range<Float>型
```

境界に使用可能な型

範囲型の境界を表すプレースホルダ型のBound型は、大小関係を比較するためのプロトコルであるComparableプロトコルに準拠している必要があります。Comparableプロトコルに準拠している型の例には、Int型やDouble型などの数値型があります。

中置演算子の場合は両端の値の型がBound型という1つのプレースホルダ型で表されるため、2つの値の型は同じでなければなりません。先頭の値がInt型であれば末尾の値もInt型でなければならず、異なる型の値が指定された場合はコンパイルエラーとなります。

```
let range1 = 1..<4 // OK
let range2 = 1..<"a" // Int型とString型は別の型なのでコンパイルエラー
```

範囲型の操作

本項では、範囲型の基本的な操作方法を説明します。

境界の値へのアクセス

範囲型の境界値には、lowerBoundとupperBoundプロパティを通じてアクセスします。lowerBoundプロパティは範囲の先頭の値を、upperBoundプロパティは範囲の末尾の値を、それぞれBound型の値として返却します。

```
let range = 1.0..<4.0 // Range(1.0..<4.0)
range.lowerBound // 1
range.upperBound // 4

let countableRange = 1..<4 // CountableRange(1..<4)
countableRange.lowerBound // 1
countableRange.upperBound // 4

let closedRange = 1.0...4.0 // ClosedRange(1.0...4.0)
closedRange.lowerBound // 1
closedRange.upperBound // 4
```

```
let countableClosedRange = 1...4 // CoutableClosedRange(1...4)
countableClosedRange.lowerBound // 1
countableClosedRange.upperBound // 4
```

片側範囲の場合は、片方の境界にのみアクセスできます。

```
let rangeThrough = ...3.0 // PartialRangeThrough(...3.0)
rangeThrough.upperBound // 3
rangeThrough.lowerBound // lowerBoundは存在しないためコンパイルエラー

let rangeUpTo = ..<3.0 // PartialRangeUpTo(..<3.0)
rangeUpTo.upperBound // 3
rangeUpTo.lowerBound // lowerBoundは存在しないためコンパイルエラー

let rangeFrom = 3.0... // PartialRangeFrom(3.0...)
rangeFrom.lowerBound // 3
rangeFrom.upperBound // upperBoundは存在しないためコンパイルエラー

let countableRangeFrom = 3... // CountablePartialRangeFrom(3...)
rangeFrom.lowerBound // 3
rangeFrom.upperBound // upperBoundは存在しないためコンパイルエラー
```

値が範囲に含まれるかどうかの判定

範囲型の値が表現する範囲内に、特定の値が含まれるかどうかを判定するには、contains(_:)メソッドを使用します。contains(_:)メソッドはBound型の値を受け取り、値が範囲に含まれているかどうかをBool型の値として返却します。

次の例では、CountableClosedRange<Int>型の値が表す範囲に、特定の値が含まれているかどうかを判定しています。

```
let range = 1...4 // CountableClosedRange(1...4)
range.contains(2) // true
range.contains(5) // false
```

4.5 コレクションとしてのString型

文字列は文字の集まりで構成されるため、コレクションだととらえることができます。実際に、String型は単一の文字を表すCharacter型のコレクションとして定義されており、文字の列挙や文字数のカウントなどの機能を備えています。

Character型 —— 文字を表す型

String型が"alphabet"のような文字列を表すのに対し、Character型は"a"のような単一の文字を表します。

Character型の値はString型と同様に文字列リテラルで表現できます。文字列リテラルのデフォルトの型はString型となっているため、文字列リテラルからCharacter型の変数や定数を生成するには、型アノテーションを付けるなどの方法で型を明示する必要があります。

```
let string = "a" // String型
let character: Character = "a" // Character型
```

String.Index型 —— 文字列内の位置を表す型

String.Index型は、文字列内の位置を表す型です。String.Index型を用いて文字列内の特定の位置を指定し、その位置に存在する文字にアクセスできます。

String.Index型の.は、この型がString型の中にネストして定義されていることを表します。String型の中で定義された型は、型名の先頭にString.が付くこと以外は、通常の型と同じです。しかし、ネストして定義されることによって、これらの型がString型と密接な関係にあることが明確になります[注3]。

String.Index型の値は、String型の先頭位置を表すstartIndexプロパティや、末尾位置を表すendIndexプロパティなどを経由して取得できます。

```
let string = "abc" // String型
let startIndex = string.startIndex // String.Index型
let endIndex = string.endIndex // String.Index型
```

String型の値からCharacter型の値を取り出すには、サブスクリプトを利用します。String型の値からCharacter型の値を取り出すサブスクリプトで

注3　型のネストについて詳しくは、7.8節で説明します。

は、インデックスにString.Index型の値を指定します。次の例では、startIndexプロパティから取得したインデックスを指定し、1文字目を取り出しています。

```
let string = "abc" // "abc" (String型)
let character = string[string.startIndex] // "a" (Character型)
```

endIndexプロパティは、末尾のインデックスを表します。ただし、末尾のインデックスとは、最後の文字のインデックスではなく、その次のインデックスであることに注意してください。そのため、endIndexプロパティが返すインデックスにアクセスすると実行時エラーになります。

```
let string = "abc"
let character = string[string.endIndex] // 実行時エラー
```

最後の文字のインデックスやn番目の文字のインデックスを取得するには、index(_:offsetBy:)メソッドを使用してstartIndexプロパティやendIndexプロパティが返却する値をずらします。index(_:offsetBy:)メソッドは、コレクション.index(もとになるインデックス, offsetBy: ずらす数)という書式で利用します。

```
let string = "abc"

// 2番目の文字を取得
let bIndex = string.index(string.startIndex, offsetBy: 1)
let b = string[bIndex] // "b"

// 最後の文字を取得
let cIndex = string.index(string.endIndex, offsetBy: -1)
let c = string[cIndex] // "c"
```

前述の通り、String型は値の集合として表現されています。そのため、countプロパティを用いてその要素数を取得したり、for-in文を用いてすべての要素に順次アクセスすることができます[注4]。

注4　for-in文について詳しくは、5.3節で説明します。

```
let string = "abc"

// 文字数のカウント
string.count // 3

// 要素の列挙
for character in string {
    print(character)
}
```

実行結果

```
a
b
c
```

4.6 シーケンスとコレクションを扱うためのプロトコル

シーケンスとは、その要素に一方向から順次アクセス可能なデータ構造です。たとえば、配列は先頭のインデックスから要素に順次アクセスできるため、シーケンスの一種であると言えます。標準ライブラリには、シーケンスを汎用的に扱うためにSequenceプロトコルが用意されています。

コレクションは、これまで単に「値の集まり」と説明していましたが、正確には、一方向からの順次アクセスと、特定のインデックスの値への直接アクセスが可能なデータ構造です。機能の差からわかるとおり、コレクションはシーケンスを包含する概念です。標準ライブラリには、コレクションを汎用的に扱うためにCollectionプロトコルが用意されています。

本章で解説したArray<Element>型、Dictionary<Key, Value>型、Range<Bound>型、String型は、すべてSequenceプロトコルとCollectionプロトコルに準拠しています。本節では、これらのプロトコルを説明します。

Sequenceプロトコル —— 要素への順次アクセス

Sequenceプロトコルは、シーケンスを表現したプロトコルです。Sequenceプロトコルに準拠する型の値は、for-in文を用いて、その要素に順次アクセスできます。

Sequenceプロトコルは、次のインタフェースを提供します。

- forEach(_:) **メソッド**
  要素に対して順次アクセスする
- filter(_:) **メソッド**
  要素を絞り込む
- map(_:) **メソッド**
  要素を変換する
- flatMap(_:) **メソッド**
  要素をシーケンスに変換し、それを1つのシーケンスに連結する
- compactMap(_:) **メソッド**
  要素を、失敗する可能性のある処理を用いて変換する
- reduce(_:_:) **メソッド**
  要素を1つの値にまとめる

以降で順に説明していきます。

forEach(_:)メソッド —— 要素に対して順次アクセスする

forEach(_:)メソッドは、すべての要素に対して順次アクセスするためのメソッドです。引数のクロージャ内で各要素にアクセスします。引数のクロージャの戻り値はVoid型です。

次の例では、配列arrayの要素にアクセスし、その値を順次、配列enumeratedに追加しています。

```
let array = [1, 2, 3, 4, 5, 6]

var enumerated = [] as [Int]
array.forEach({ element in enumerated.append(element) })
enumerated // [1, 2, 3, 4, 5, 6]
```

配列arrayと配列enumeratedの要素が一致していることから、配列arrayの要素ごとにクロージャが実行されたことがわかります。

filter(_:)メソッド —— 要素を絞り込む

filter(_:)メソッドは、指定した条件を満たす要素のみを含む、新しいシーケンスを返すメソッドです。条件は、引数のクロージャを用いて指定します。引数のクロージャはBool型の戻り値を返し、戻り値がtrueならば要素は新しいシーケンスに含まれ、falseならば含まれません。

次の例では、[Int]型の配列arrayの要素のうち2の倍数のものだけを含む、配列filteredを生成しています。

```
let array = [1, 2, 3, 4, 5, 6]
let filtered = array.filter({ element in element % 2 == 0 })
filtered // [2, 4, 6]
```

map(_:)メソッド —— 要素を変換する

map(_:)メソッドは、すべての要素を、特定の処理を用いて変換します。要素を変換する処理は、引数のクロージャを用いて指定します。Sequenceプロトコルのmap(_:)メソッドは、Optional<Wrapped>型のmap(_:)メソッドと同じ意味を持っています。

次の例では、[Int]型の配列arrayの各要素を2倍にした、配列doubledを生成しています。

```
let array = [1, 2, 3, 4, 5, 6]
let doubled = array.map({ element in element * 2 })
doubled // [2, 4, 6, 8, 10, 12]
```

map(_:)メソッドを用いて、別の型のシーケンスへと変換することもできます。次の例では、[Int]型の配列を[String]型の配列に変換しています。

```
let array = [1, 2, 3, 4, 5, 6]
let converted = array.map({ element in String(element) })
converted // ["1", "2", "3", "4", "5", "6"]
```

flatMap(_:)メソッド —— 要素をシーケンスに変換し、それを1つのシーケンスに連結する

flatMap(_:)メソッドは、すべての要素をシーケンスへと変換し、さらに、それを1つのシーケンスに連結します。要素をシーケンスへ変換する処理は、引数のクロージャを用いて指定します。要素をシーケンスへと変換するため、引数のクロージャの戻り値の型はSequenceプロトコルに準拠している必要があります。

次の例で、flatMap(_:)メソッドの引数に指定されたクロージャは、もともとの要素と、それに1を足した値を含む配列を返却しています。つまり、要素1を[1, 2]、要素4を[4, 5]、要素7を[7, 8]へと変換します。flatMap(_:)メソッドはこれらの配列を連結し、最終的な結果は[1, 2, 4, 5, 7, 8]となります。

```
let a = [1, 4, 7]
let b = a.flatMap({ value in [value, value + 1] })
b // [1, 2, 4, 5, 7, 8]
```

上記のflatMap(_:)メソッドをmap(_:)メソッドで置き換えて、両者の違いを見てみましょう。map(_:)メソッドを使った場合、クロージャが返す型がそのままシーケンスの要素となるため、結果は値が配列に二重に包まれた[[Int]]型となります。

```
let a = [1, 4, 7]
let b = a.map({ value in [value, value + 1] })
b // [[1, 2], [4, 5], [7, 8]]
```

これらの結果から、flatMap(_:)メソッドはネストしたシーケンスを「平ら」にしていることがわかります。

compactMap(_:)メソッド —— 要素を、失敗する可能性のある処理を用いて変換する

compactMap(_:)メソッドは、すべての要素を特定の処理で変換するという点ではmap(_:)メソッドと同じですが、変換できない値を無視するという点で異なります。要素を変換する処理は、引数のクロージャを用いて指定します。引数のクロージャの戻り値の型はOptional<Wrapped>型です。クロージャ内でnilを返すことで、その値を無視することができます。

次の例で、配列stringsは、Int型に変換できる文字列と、変換できない文字列の両方を持っています。compactMap(_:)メソッドの引数に指定されたクロージャは、要素をInt?型の値へと変換します。

```
let strings = ["abc", "123", "def", "456"]
let integers = strings.compactMap({ value in Int(value) })
integers // [123, 456]
```

結果は、変換に成功した123と456のみを含むInt型の配列です。変換に失敗した"abc"や"def"は無視されたことがわかります。

reduce(_:_:)メソッド —— 要素を1つの値にまとめる

reduce(_:_:)メソッドは、すべての要素を1つの値にまとめます。第1引数に初期値を指定し、第2引数に要素を結果に反映する処理を指定します。クロージャの第1引数から結果の途中経過、第2引数からその要素にアクセスできます。reduce(_:_:)メソッドは、あらゆる型の値を返却できます。

次の例で、reduce(_:_:)メソッドは、定数sumに対しては、定数arrayの

要素を足し合わせ、Int型の値21を代入しています。一方、定数concatに対しては、定数arrayの要素を文字列に変換して連結し、String型の値"123456"を代入しています。

```
let array = [1, 2, 3, 4, 5, 6]
let sum = array.reduce(0, { result, element in result + element })
sum // 21

let concat = array.reduce("", { result, element in result + String(element) })
concat // "123456"
```

Collectionプロトコル ―― サブスクリプトによる要素へのアクセス

Collectionプロトコルは、コレクションを表現したプロトコルです。Collectionプロトコルは Sequenceプロトコルを継承しています。そのため、Collectionプロトコルに準拠する型に対しては、Sequenceプロトコルが提供するfilter(_:)メソッドやmap(_:)メソッドなどの操作も行えます。

Collectionプロトコルは、次のインタフェースを提供します。

- **サブスクリプトによる要素へのアクセス**
  指定した要素の読み書きを行う
- isEmpty**プロパティ**
  コレクションが空かどうかを判定する
- count**プロパティ**
  要素の個数を取得する
- first**プロパティ**
  最初の要素を取得する
- last**プロパティ**
  最後の要素を取得する

それぞれ、次のような結果を返します。

```
let array = [1, 2, 3, 4, 5, 6]

array[3] // 4
array.isEmpty // false
array.count // 6
array.first // 1
array.last // 6
```

4.7 まとめ

本章では、コレクションを表す型として、配列を表すArray<Element>型、辞書を表すDictionary<Key, Value>型、範囲を表すRange<Bound>型、文字列を表すString型を説明しました。また、シーケンスやコレクションなどの抽象的な概念を表現するSequenceプロトコルとCollectionプロトコルも説明しました。

SequenceプロトコルやCollectionプロトコルは、異なる概念を表す型に共通のインタフェースを提供する役割を果たしています。Array<Element>型、Dictionary<Key, Value>型、Range<Bound>型、String型は、それぞれ異なる概念を表すための型ですが、これらのプロトコルが定義されていることにより、シーケンスやコレクションとしての扱い方はまったく同じものになっています。したがって、一度シーケンスやコレクションの扱い方を身につけてしまえば、さまざまな場面で同じインタフェースが使えるようになります。

第5章
制御構文

制御構文とは、プログラムの実行フローを制御する構文です。実行フローの制御には条件分岐や繰り返しなどがあり、これらを組み合わせてコードの実行を自在に操ることができます。

本章では、Swiftの制御構文の種類とそれらの使い分け方を説明します。

5.1 プログラムの実行フローの制御

通常、プログラムは上から下へ逐次実行されますが、条件に応じて処理を切り替えたり、処理を複数回繰り返したりすることもできます。こうしたプログラムの実行フローの制御を行うのが制御構文です。

Swiftでは、条件分岐や繰り返しのための構文が複数存在します。それぞれの目的と使用方法を理解し、正しく使い分けることが重要です。

5.2 条件分岐

条件分岐とは、条件に応じて処理を切り替えることです。条件分岐を行う文を条件分岐文と言い、代表的なものにはif文、guard文、switch文があります。

if文 —— 条件の成否による分岐

if文は、条件の成否に応じて実行する文を切り替える制御構文です。

if文は、Bool型の値を返す条件式と、それに続く{}で囲まれた実行文から構成されます[注1]。条件式がtrueを返す場合は{}内の文が実行され、条件式がfalseを返す場合は{}内の文の実行がスキップされます。

注1　条件式を()で囲む書式も許容されていますが、通常は()を省略した書式を使用します。

```
if 条件式 {
    条件式がtrueの場合に実行される文
}
```

次の例では、Int型の定数valueの値が3以下であればメッセージを出力し、3よりも大きければ何も出力しないという条件分岐を行っています。

```
let value = 2

if value <= 3 {
    print("valueは3以下です")
}
```

```
実行結果
valueは3以下です
```

条件式に使用できる型

if文の条件式は、Bool型の値を返す必要があります。Bool型を返す式には、演算子>による比較式などがあります。

```
let value = 1

if value > 0 {
    print("valueは0より大きい値です")
}
```

```
実行結果
valueは0より大きい値です
```

一方、Int型やString型などのBool型以外の型の値を返す式は、条件式として認められません。次の例ではInt型の定数valueを条件式としていますが、定数valueはBool型ではないためコンパイルエラーとなります。

```
let value = 1

if value { // コンパイルエラー
}
```

一部のプログラミング言語では、Int型やString型の値による条件分岐が可能です。しかし、こうした仕様は直感的でなく、時にプログラム作成者の期待していない挙動を招きます。Swiftは、このような直感的でない仕様を排除し、プログラムからその挙動が容易に推測できるようにデザインされています。

else節 —— 条件不成立時の処理

if文は、条件が成立したときに実行する文を指定する条件分岐文でした。逆に、条件が成立しなかった場合に実行する文を指定するには、if文にelse節を追加します。else節を追加するには、if文の{}のあとにelseキーワードと{}に囲まれた文を続けます。

```
if 条件式 {
    条件式がtrueの場合に実行される文
} else {
    条件式がfalseの場合に実行される文
}
```

先ほどのif文の例にelse節を追加して、動作を確認してみましょう。今度はif文の条件式value <= 3が成り立たないため、if文の実行文は実行されず、else節の実行文が実行されます。

```
let value = 4

if value <= 3 {
    print("valueは3以下です")
} else {
    print("valueは3より大きいです")
}
```

```
実行結果
valueは3より大きいです
```

else節には、ほかのif文をつなげて書くこともできます。これにより、複数の条件式を逐次評価し、最初に成立した条件式の実行文を実行する条件分岐ができます。

```
if 条件式1 {
    条件式1がtrueの場合に実行される文
} else if 条件式2 {
    条件式1がfalseかつ条件式2がtrueの場合に実行される文
} else {
    条件式1と条件式2の両方がfalseの場合に実行される文
}
```

次の例は、Int型の定数valueの値の範囲を評価する条件分岐です。1つ目の条件式value < 0が成り立つならばvalueは0未満、2つ目の条件式value <= 3が成り立つならばvalueは3以下です。また、そのどちらも成り立たない場合、valueは3より大きい値です。たとえば、1つ目の条件が不成立で、

2つ目の条件が成立する場合、valueの値は0以上3以下であると言えます。

```
let value = 2

if value < 0 {
    print("valueは0未満です")
} else if value <= 3 {
    print("valueは0以上3以下です")
} else {
    print("valueは3より大きいです")
}
```

実行結果

```
valueは0以上3以下です
```

この条件分岐で最初に成立する条件式はvalue <= 3であるため、valueは0以上3以下ですというメッセージが出力されます。

if-let文 —— 値の有無による分岐

if-let文は、3.5節で説明したオプショナルバインディングを行う条件分岐文です。if-let文はOptional<Wrapped>型の値の有無に応じて分岐を行い、値が存在する場合には値の取り出しも同時に行います。

if-let文では次のように、Optional<Wrapped>型の値を右辺に持つ定数定義を条件式に記述します。右辺の値が存在する場合のみ{}内の文を実行し、nilの場合は{}内の文の実行をスキップします。nilの場合のみ実行する文を追加するには、if文と同様にelse節を追加します。

```
if let 定数名 = Optional<Wrapped>型の値 {
    値が存在する場合に実行される文
} else {
    値が存在しない場合に実行される文
}
```

次の例では、Int?型の定数optionalAに値が存在すればInt型の定数aにその値が代入され、続く{}内の文が実行されます。

```
let optionalA = Optional(1)

if let a = optionalA {
    print("値は\(a)です")
} else {
    print("値が存在しません")
```

```
}
```

実行結果
値は1です

if-let文では、複数のOptional<Wrapped>型の値を同時に取り出すこともできます。Optional<Wrapped>型の値を右辺に持つ定数定義を,区切りで並べると、すべての右辺が値を持っていた場合のみ、if文の実行文が実行されます。次の例では、2つのString?型の定数optionalAとoptionalBを用意し、それらのいずれにも値があった場合に、2つのString型の定数aとbを利用できます。

```
let optionalA = Optional("a")
let optionalB = Optional("b")

if let a = optionalA, let b = optionalB {
    print("値は\(a)と\(b)です")
} else {
    print("どちらかの値が存在しません")
}
```

実行結果
値はaとbです

if-let文の右辺では、as?演算子による型のダウンキャストを行えます。if-let文とas?演算子を組み合わせることで、型による条件分岐を安全に行えます。次の例では、Any型の定数aのInt型へのダウンキャストが成功するため、{}内の文が実行されます。定数intは、{}内でInt型の値として扱えます。

```
let a: Any = 1

if let int = a as? Int {
    print("値はInt型の\(int)です")
}
```

実行結果
値はInt型の1です

if-let文で宣言された定数は、{}内でのみ使用できます。次の例では、if-let文で宣言した定数intにスコープ外でアクセスしようとしているため、コンパイルできません。

```
let a: Any = 1

if let int = a as? Int {
    // intは使用可能
}

// intは使用不可能なためコンパイルエラー
print(int)
```

guard文 —— 条件不成立時に早期退出する分岐

guard文は、条件不成立時に早期退出を行うための条件分岐文です。guard文は、if文と同じく条件式の評価結果となるBool型の値に応じた処理を行いますが、if文とは異なり、後続の処理を行うにあたってtrueとなっているべき条件を指定します。

guard文はguardキーワード、条件式、elseキーワード、そして{}で囲まれた文から構成されます。guard文は、条件式がfalseを返す場合にのみ{}内の文を実行し、条件式がtrueを返す場合は{}内の文の実行をスキップします。{}内の文では、guard文が記述されているスコープの外に退出する必要があります。

```
guard 条件式 else {
    条件式がfalseの場合に実行される文
    guard文が記述されているスコープの外に退出する必要がある
}
```

次の例では、Int型の定数valueは0未満となっているため、guard文の条件式が成立せずelse節内の文が実行されます。

```
func someFunction() {
    let value = -1

    guard value >= 0 else {
        print("0未満の値です")
        return
    }
}

someFunction()
```

実行結果

```
0未満の値です
```

guard文のスコープ外への退出の強制

guard文のelse節では、guard文が含まれるスコープから退出しなければなりません。スコープからの退出はコンパイラによってチェックされるため、guard文のelse節以降では、guard文の条件式が必ず成り立っていることがコンパイル時に保証されます。

次の例は、Int型の引数aが0よりも大きくなければprintIfPositive(_:)関数から退出するというguard文の使用例です。guard文でa > 0という条件を設けているため、guard文以降のprint(_:)に渡されるaは必ず0より大きいことが保証されます。

```
func printIfPositive(_ a: Int) {
    guard a > 0 else {
        return
    }

    // guard文以降ではa > 0が成り立つことが保証される
    print(a)
}

printIfPositive(1)
```

実行結果
```
1
```

else節でguard文を含むスコープから退出しなければならないということは、ここではprintIfPositive(_:)関数から退出しなければならないということを意味します。例では6.2節で説明するreturn文を使用して関数の実行を終了しています。

guard文を含むスコープからの退出が含まれない場合は、コンパイルエラーとなります。

```
func printIfPositive(_ a: Int) {
    guard a > 0 else {
        // else節でprintIfPositive(_:)関数から退出していないため
        // コンパイルエラー
    }

    print(a)
}

printIfPositive(1)
```

guard文で宣言された変数や定数へのアクセス

if文と同様に、guard文でもguard-let文が利用できます。guard-let文とif-let文との違いは、guard-let文で宣言された変数や定数は、guard-let文以降で利用可能という点です。これは、条件式が満たされなかった場合にはスコープから退出するため、guard文以降では変数や定数の存在が保証されているためです。

次の例では、guard-let文で宣言した定数intにアクセスしています。

```
func someFunction() {
    let a: Any = 1

    guard let int = a as? Int else {
        print("aはInt型ではありません")
        return
    }

    // intはguard文以降でも使用可能
    print("値はInt型の\(int)です")
}

someFunction()
```

実行結果

```
値はInt型の1です
```

if文との使い分け

これまでに紹介した2つの違いを踏まえると、冒頭に紹介したようにguard文は早期退出に適した制御構文であると言えます。

if文とguard文の比較例として、2つのInt?型の引数を受け取り、両方とも値を持っていればその和を返し、どちらかが値を持っていなければnilを返すと同時に値を持っていない引数を出力するプログラムの実装を見てみましょう。

if文で実装する場合は、if-let文で宣言した定数は{}外で使用できないため、if-let文の外にInt型の定数を宣言しておく必要があります。if-let文でInt?型の引数の値が確認できた場合はその定数に代入を行い、確認できなかった場合はreturn文でnilを返して処理を終了します。

```
func add(_ optionalA: Int?, _ optionalB: Int?) -> Int? {
    let a: Int
    if let unwrappedA = optionalA {
```

```
        a = unwrappedA
    } else {
        print("第1引数に値が入っていません")
        return nil
    }

    let b: Int
    if let unwrappedB = optionalB {
        b = unwrappedB
    } else {
        print("第2引数に値が入っていません")
        return nil
    }

    return a + b
}

add(Optional(1), Optional(2)) // 3
```

guard文で実装する場合は、guard-let文で宣言した定数は{}外でも使用できるため、guard-let文の外にInt型の定数を宣言しておく必要はありません。

```
func add(_ optionalA: Int?, _ optionalB: Int?) -> Int? {
    guard let a = optionalA else {
        print("第1引数に値が入っていません")
        return nil
    }

    guard let b = optionalB else {
        print("第2引数に値が入っていません")
        return nil
    }

    return a + b
}

add(Optional(1), Optional(2)) // 3
```

このように、条件に応じて早期退出するコードはguard文を使用して実装したほうがシンプルとなります。また、guard文では退出処理を書き忘れた場合にコンパイルエラーとなるため、単純ミスを未然に防げます。

switch文 —— 複数のパターンマッチによる分岐

switch文は、パターンを利用して制御式の値に応じて実行文を切り替える制御構文です。

switch文のフォーマットは次のようになっており、switch文の各パターンはcaseキーワードで定義し、どのパターンにもマッチしなかった場合の実行文はdefaultキーワードでデフォルトケースとして定義します。通常、デフォルトケースはswitch文の最後のケースとします。

```
switch 制御式 {
case パターン1:
    制御式がパターン1にマッチした場合に実行される文
case パターン2:
    制御式がパターン2にマッチした場合に実行される文
default:
    制御式がいずれのパターンにもマッチしなかった場合に実行される文
}
```

switch文では制御式がパターンとマッチするかを上から順に評価し、マッチしたパターンの実行文が実行されます。switch文では一度マッチして実行文を実行するとマッチングを終了し、それ以降のパターンはスキップします。つまり、重複したパターンを記述しても、重複したパターンのうち先頭となるパターン以外は意味を成しません。

if文やguard文は成立するか否かの2ケースへの分岐でしたが、switch文はさらに多くのケースに分岐できます。したがって、switch文は複数のケースを持つ条件分岐に向いています。また、if文やguard文の条件式にはBool型の値しか指定できないのに対し、switch文の制御式にはどのような型の値も指定できます。

次の例は、Int型の値が、負、0、正の場合のいずれかによって3つに分岐するswitch文です。

```
let a = 1

switch a {
case Int.min..<0:
    print("aは負の値です")
case 1..<Int.max:
    print("aは正の値です")
default:
    print("aは0です")
```

```
}
```

実行結果

```
aは正の値です
```

ケースの網羅性チェック

Swiftのswitch文ではコンパイラによってケースの網羅性のチェックが行われ、網羅されていない場合はコンパイルエラーとなります。switch文を網羅的にするには、制御式が取り得るすべての値をいずれかのケースにマッチさせる必要があります。

.foo、.bar、.bazの3つのケースを持つSomeEnum型の値を返す制御式を例に、網羅性を説明します。

```
enum SomeEnum {
    case foo
    case bar
    case baz
}

let foo = SomeEnum.foo

switch foo {
case .foo:
    print(".foo")
case .bar:
    print(".bar")
case .baz:
    print(".baz")
}
```

実行結果

```
.foo
```

制御式fooはSomeEnum型なので、取り得る値は.foo、.bar、.bazです。上記のswitch文ではいずれの値に対してもケースが記述されているため、網羅的となっています。このswitch文の3つのケースのうち、1つでも削除してしまうとswitch文が網羅的ではなくなり、コンパイルエラーとなります。

```
enum SomeEnum {
    case foo
    case bar
    case baz
}
```

```
let foo = SomeEnum.foo

switch foo {
case .foo:
    print(".foo")
case .bar:
    print(".bar")

// .bazが想定されていないため網羅的ではなく、コンパイルエラーとなる
}
```

switch文の網羅性を満たすには、制御式の型が取り得るすべての値をケースで記述する必要があります。たとえばBool型の場合は、次のようにtrueとfalseの両方を記述する必要があります。

```
let a = true

switch a {
case true:
    print("true")
case false:
    print("false")
}
```

実行結果

```
true
```

defaultキーワード —— デフォルトケースによる網羅性の保証

先述したようにデフォルトケースとは、ほかのいずれのケースにもマッチしない場合にマッチするケースで、defaultキーワードで定義します。デフォルトケースが存在すればマッチしないケースは存在しなくなるため、デフォルトケースは網羅性を保証する役割を担っています。

次の例では、.bazにマッチした場合の処理は記述されていないため、デフォルトケースが実行されます。

```
enum SomeEnum {
    case foo
    case bar
    case baz
}

let baz = SomeEnum.baz

switch baz {
```

```
case .foo:
    print(".foo")
case .bar:
    print(".bar")
default:
    // .bazの場合はこのケースに入るため網羅的となる
    print("Default")
}
```

実行結果
```
Default
```

ただし、列挙型の制御式に対してデフォルトケースを用意することは極力避け、個々のケースを列挙するほうが好ましいでしょう。なぜなら、switch文がデフォルトケースを持っている場合、列挙型に新たなケースが追加されたとしても、それが自動的にデフォルトケースにマッチしてしまうためです。この場合、網羅性は保たれたままですので、コンパイルエラーは発生しません。したがって、新たに追加されたケースはプログラムの至るところで暗黙的にデフォルトケースとして扱われ、意図していない動作を招く危険性があります。結果としてデフォルトケースの乱用は、変更に弱いプログラムを招きます。

デフォルトケースを利用せずにswitch文で列挙型の個々のケースを列挙する場合、列挙型に新たなケースが追加されると、既存のswitch文が網羅的でなくなるためコンパイルエラーとなります。このコンパイルエラーは、新しく追加されたケースに対処するための実装をどこに追加するべきかを明らかにしてくれます。

whereキーワード ── ケースにマッチする条件の追加

whereキーワードを利用すると、ケースにマッチする条件を追加できます。

```
switch 制御式 {
case パターン where 条件式:
    制御式がパターンにマッチし、かつ、条件式を満たす場合に実行される文
default:
    制御式がいずれのパターンにもマッチしなかった場合に実行される文
}
```

次の例で、定数optionalAは値を持っているためcase .some(let a)の部分にはマッチしますが、where a > 10という条件を満たしません。そのため、

case .some(let a) where a > 10全体にはマッチせず、デフォルトケースの処理が実行されます。

```
let optionalA: Int? = 1

switch optionalA {
case .some(let a) where a > 10:
    print("10より大きい値\(a)が存在します")
default:
    print("値が存在しない、もしくは10以下です")
}
```

実行結果
```
値が存在しない、もしくは10以下です
```

break文 ―― ケースの実行の中断

break文は、switch文のケースの実行を中断する文です。break文は、breakキーワードのみか、breakキーワードと後述するラベルの組み合わせで構成されます。

次の例では、マッチするケースcase 1:内に2つのprint(_:)関数が書かれていますが、2つ目のprint(_:)関数の前にbreak文が書かれているため、2つ目のprint(_:)関数は実行されません。

```
let a = 1

switch a {
case 1:
    print("実行される")
    break
    print("実行されない")
default:
    break
}
```

実行結果
```
実行される
```

通常、途中で中断する必要がない限りはbreak文は必須ではありません。しかし、ケース内には少なくとも1つの文が必要であるため、上記のデフォルトケース内のような、何も処理が存在しない場合にはbreak文が必須となります。

ラベル —— break文の制御対象の指定

ラベルは、break文の制御対象を指定するためのしくみです。switch文が入れ子になっている場合など、break文の対象となるswitch文を明示する必要があるケースで利用します。

ラベルによってswitch文を参照可能にするには、break文の前にラベル名:を追加します。

```
ラベル名: switch文
```

breakキーワードに続けてラベル名を追加することで、対象のswitch文を明示します。

```
break ラベル名
```

では、ラベルが必要となる状況を考えてみましょう。次の例は、Any型の値が1から10までのInt型の値であれば、その値が奇数か偶数かを出力するプログラムです。switch文がネストされており、内側のswitch文では定数intの値に応じてdescriptionに"奇数"もしくは"偶数"を代入しています。ここで設定された定数descriptionは、switch文に続くprint(_:)関数で使用されます。

```
let value = 0 as Any

outerSwitch: switch value {
case let int as Int:
    let description: String
    switch int {
    case 1, 3, 5, 7, 9:
        description = "奇数"
    case 2, 4, 6, 8, 10:
        description = "偶数"
    default:
        print("対象外の値です")
        break outerSwitch
    }
    print("値は\(description)です")
default:
    print("対象外の型の値です")
}
```

実行結果

```
対象外の値です
```

内側のswitch文のデフォルトケースでは、outerSwitchラベルを指定したbreak文を実行しています。この時点で外側のswitch文が終了するため、内側のswitch文に続くprint(_:)関数は実行されません。デフォルトケースで、定数descriptionが未初期化であってもコンパイル可能なのはこのためです。

fallthrough文 —— switch文の次のケースへの制御の移動

fallthrough文は、switch文のケースの実行を終了し、次のケースを実行する制御構文です。fallthrough文は、fallthroughキーワードのみで構成されます。

次の例では、マッチするケースcase 1:内の末尾にあるfallthrough文によって、実行が次のケースであるcase 2:に移ります。したがって、標準出力にはcase 1とcase 2の2つが出力されます。

```
let a = 1

switch a {
case 1:
    print("case 1")
    fallthrough
case 2:
    print("case 2")
default:
    print("default")
}
```

実行結果

```
case 1
case 2
```

C言語などではケースを実行したあと、後続のケースが実行されることがデフォルトの挙動となっています。しかし、Swiftではfallthrough文によって明示しない限り、このような挙動にはなりません。ここでも、暗黙的な仕様を排除し、プログラムのミスによる予期せぬ挙動を防ぐというSwiftの思想を見て取ることができます。

5.3 繰り返し

繰り返しとは、処理を複数回実行することです。本節では、繰り返しを行う文の種類と、繰り返しを制御する方法を説明します。

繰り返し文の種類

繰り返しを行う代表的な制御構文には、for-in文とwhile文があります。for-in文はシーケンスの要素数によって、while文は継続条件の評価によって繰り返しの終了を決定します。また、while文のバリエーションとして、実行文の初回実行を保証するrepeat-while文があります。

for-in文 —— シーケンスの要素の列挙

for-in文は、Sequenceプロトコルに準拠した型の要素にアクセスするための制御構文です。前章で紹介したとおり、Sequenceプロトコルに準拠した代表的な型には、Array<Element>型やDictionary<Key, Value>型などがあります。

for-in文のフォーマットは次のようになっています。for-in文は各要素を実行文に順次渡しながら、その要素の数だけ繰り返しを行います。実行文内では、要素名として指定した名前の定数を通じて要素にアクセスできます。

```
for 要素名 in シーケンス {
    要素ごとに繰り返し実行される文
}
```

Array<Element>型の要素をfor-in文で列挙する場合、要素の型はElement型となります。たとえば[Int]型の値をfor-in文に渡すと、要素はInt型となります。次の例では、配列array内の値に、定数elementを通じて1つずつアクセスしています。

```
let array = [1, 2, 3]

for element in array {
    print(element)
}
```

実行結果

```
1
```

```
2
3
```

Dictionary<Key, Value>型の要素をfor-in文で列挙する場合、要素の型は(Key, Value)型のタプルとなります。たとえば[String: Int]型の値をfor-in文に渡すと、要素は(String, Int)型となります。次の例では、定数dictionary内のキーと値それぞれに、定数key、valueを通じて1つずつアクセスしています。なお、Dictionary<Key, Value>型はその要素の順序を保証していないため、環境によっては実行結果の順序が異なるかもしれません。

```
let dictionary = ["a": 1, "b": 2]

for (key, value) in dictionary {
    print("Key: \(key), Value: \(value)")
}
```

```
実行結果
Key: b, Value: 2
Key: a, Value: 1
```

while文 ── 継続条件による繰り返し

while文は、条件式が成り立つ限り繰り返しを続ける制御構文です。

while文は条件式と繰り返し実行される文から構成されており、次のようなフォーマットとなっています。

```
while 条件式 {
    条件式が成立する間、繰り返し実行される文
}
```

while文の条件式は、if文やfor-in文と同様にBool型を返す必要があります。条件式は実行文の実行前に毎回評価され、結果がtrueであれば繰り返しを継続します。falseであれば繰り返しを停止し、while文全体の処理を終了します。

次の例では、Int型の変数aを繰り返しのたびに出力し、繰り返しの最後に変数aの値に1を足しています。条件式a < 4が成立しなくなると繰り返しが止まるため、出力されるのは1、2、3となります。

```
var a = 1

while a < 4 {
    print(a)
```

```
    a += 1
}
```

実行結果

```
1
2
3
```

repeat-while文 ── 初回実行を保証する繰り返し

while文は実行文の実行前に条件式を評価するため、場合によっては一度も処理が行われない可能性があります。つまり、繰り返し回数は0回以上です。条件式の成否によらず、必ず1回以上繰り返しを実行したい場合には、repeat-while文を使用します。repeat-while文では、条件式は実行文の実行後に評価されます。

```
repeat {
    1回は必ず実行され、それ以降は条件式が成立する限り繰り返し実行される文
} while 条件式
```

while文とrepeat-while文の動作の違いを確認するため、先ほどのwhile文の例の条件式をa < 1に変えてみましょう。while文の場合、最初から条件式a < 1が成り立たないため、一度も{}内の文が実行されず、何も出力されません。

```
var a = 1

while a < 1 {
    print(a)
    a += 1
}
```

repeat-while文の場合も最初から条件a < 1が成り立ちませんが、最初の1回は実行されるため、1が出力されます。

```
var a = 1

repeat {
    print(a)
    a += 1
} while a < 1
```

実行結果

```
1
```

実行文の中断

break文やcontinue文を用いることで、実行文を中断できます。break文は、繰り返し文全体を終了させます。continue文は、現在の処理のみを中断し、後続の処理を継続します。break文やcontinue文は、switch文と同様にラベルを使用することで、制御対象を指定できます。

break文 —— 繰り返しの終了

break文は、実行文を中断し、さらに、繰り返し文全体を終了します。たとえば、これ以上繰り返しを行う必要がなくなった場合などに使用します。

次の例は、配列の中に2が含まれているかを検査するプログラムです。2が見つかった時点で後続の繰り返しを行う必要はないので、break文を用いて繰り返し文全体を終了しています。

```
var containsTwo = false
let array = [1, 2, 3]

for element in array {
    if element == 2 {
        containsTwo = true
        break
    }
    print("element: \(element)")
}
print("containsTwo: \(containsTwo)")
```

実行結果

```
element: 1
containsTwo: true
```

出力結果から、print(_:)関数が1回しか実行されていないことがわかります。

continue文 —— 繰り返しの継続

continue文は、実行文を中断したあと、後続の繰り返しを継続します。たとえば、特定の場合にだけ処理をスキップする場合などに使用します。

continue文は、continueキーワードのみか、後述するラベルとの組み合わせで構成されます。

次のコードは、配列の要素を、その値が奇数の場合は変数oddsに追加し、偶数の場合は標準出力に出力します。continue文が処理を中断するため、奇数の要素は出力されません。

```
var odds = [Int]()
let array = [1, 2, 3]

for element in array {
    if element % 2 == 1 {
        odds.append(element)
        continue
    }
    print("even: \(element)")
}

print("odds: \(odds)")
```

実行結果
```
even: 2
odds: [1, 3]
```

break文とは異なり後続の繰り返しは継続され、すべての要素に対して処理が行われていることがわかります。

ラベル —— break文やcontinue文の制御対象の指定

break文やcontinue文は、switch文の場合と同様に、ラベルを用いて制御対象を指定できます。たとえば、ネストした繰り返しから一度に退出する場合などに使用します。

ラベルによって繰り返し文を参照可能にするには、繰り返し文の前にラベル名:を追加します。

```
ラベル名: 繰り返し文
```

breakやcontinueキーワードに続けてラベル名を追加することで、対象の繰り返し文を明示します。

break文の場合
```
break ラベル名
```

continue文の場合
```
continue ラベル名
```

次の例では、内側のfor-in文から外側のfor-in文に対してbreak文を実行しています。

```
label: for element in [1, 2, 3] {
    for nestedElement in [1, 2, 3] {
        print("element: \(element), nestedElement: \(nestedElement)")
        break label
    }
}
```

実行結果

```
element: 1, nestedElement: 1
```

実行結果が1つしか表示されていないことから、初回の実行で外側の繰り返し文が終了していることがわかります。

5.4 遅延実行

遅延実行とは、特定の文をそれが記述されている箇所よりもあとで実行することを指します。本節では、この遅延実行のためのdefer文について説明します。

defer文 —— スコープ退出時の処理

defer文において、{}内のコードはdefer文が記述されているスコープの退出時に実行されます。リソースの解放など、そのあとの実行フローの内容にかかわらず、スコープの退出時に確実に実行されてほしい処理の記述に利用します。

```
defer {
    defer文が記述されているスコープの退出時に実行される文
}
```

次のsomeFunction()関数では、defer文内で変数countの値を更新しています。値の更新は関数の実行の終了後に行われるため、関数が値を返す時点では変数countの値は初期値の0のままです。そのため、関数の戻り値は0ですが、関数の実行後に変数countにアクセスすると、更新された値を確認できます。

```
var count = 0

func someFunction() -> Int {
```

```
    defer {
        count += 1
    }
    return count
}

someFunction() // 0
count // 1
```

5.5 パターンマッチ 値の構造や性質による評価

Swiftには、値の持つ構造や性質を表現するパターンという概念があります。値が特定のパターンに合致するか検査することをパターンマッチといい、その結果を用いてプログラムのフローを制御することができます。本節では主なパターンの種類と、パターンマッチが利用可能な場所について説明します。

パターンの種類

パターンにはさまざまな種類がありますが、本節ではよく使われる次の6つのパターンを紹介します。

- **式パターン**
- **バリューバインディングパターン**
- **オプショナルパターン**
- **列挙型ケースパターン**
- `is`**演算子による型キャスティングパターン**
- `as`**演算子による型キャスティングパターン**

式パターン ―― ~=演算子による評価

式パターン(*expression pattern*)は、~=演算子による評価を行うパターンです。式パターンは式のみで構成され、式 ~= 評価する値がtrueを返す場合にマッチします。

~=演算子に対する評価結果は比較する型ごとに定義されており、独自に~=

の評価を定義することもできます。標準ライブラリでは基本的な型に対して~=演算子が定義されており、たとえば範囲型のマッチングでは指定した値が範囲に含まれるかどうかを判定するcontains(_:)メソッドで評価され、Int型やString型などの==演算子で比較可能な型のマッチングでは==演算子で評価されるようになっています。

次の例では、6 ~= integerがfalseを返し、5...10 ~= integerがtrueを返すため、式パターン5...10にマッチしています。

```
let integer = 9

switch integer {
case 6:
    print("match: 6")
case 5...10:
    print("match: 5...10")
default:
    print("default")
}
```

実行結果

```
match: 5...10
```

バリューバインディングパターン ——値の代入を伴う評価

バリューバインディングパターン(*value-binding pattern*)は、値を変数や定数に代入するためのパターンです。バリューバインディングパターンは次のように、varまたはletキーワードとほかのパターンを組み合わせて使用し、組み合わせたパターンがマッチすれば値の代入を行います。

varキーワードを使用する場合

```
var パターン
```

letキーワードを使用する場合

```
let パターン
```

バリューバインディングパターンと組み合わせられる代表的なパターンは識別子パターン(*identifier pattern*)です。識別子パターンは変数名または定数名で構成され、どのような値にもマッチし、値をその名前を持つ変数や定数に代入します。バリューバインディングパターンと組み合わせた場合、定数や変数を宣言して代入を行うという動作になります。

次の例では、識別子パターンとバリューバインディングパターンを組み合わせて、マッチした値3を定数matchedValueに代入しています。

```
let value = 3

switch value {
case let matchedValue:
    print(matchedValue)
}
```

実行結果

```
3
```

オプショナルパターン ―― Optional<Wrapped>型の値の有無を評価

オプショナルパターン（*optional pattern*）は、Optional<Wrapped>型の値の有無を評価するパターンです。値を持つOptional<Wrapped>型にマッチします。オプショナルパターンは、識別子パターンの末尾に?を付けた次の書式で記述します。

```
識別子パターン?
```

通常、オプショナルパターンは、Optional<Wrapped>型の評価式からWrapped型の値を取り出すために、バリューバインディングパターンと組み合わせて使用します。次の例では、オプショナルパターンとバリューバインディングパターンを組み合わせることにより、Int?型の評価式からInt型の値を取り出し、定数aに値を代入しています。

```
let optionalA = Optional(4)
switch optionalA {
case let a?:
    print(a)
default:
    print("nil")
}
```

実行結果

```
4
```

列挙型ケースパターン ―― ケースとの一致の評価

列挙型ケースパターン（*enumeration case pattern*）は、列挙型のケースとの一致を評価するパターンです。

次の例では、半球を表すHemisphere型を定義しており、北半球は.northern、南半球は.southernとして表現されています。定数hemisphereの値は.northernであるため、列挙型ケースパターン.northernにマッチしています。

```
enum Hemisphere {
    case northern
    case southern
}

let hemisphere = Hemisphere.northern

switch hemisphere {
case .northern:
    print("match: .northern")

case .southern:
    print("match: .southern")
}
```

実行結果

```
match: .northern
```

列挙型ケースパターンは、評価式がOptional<Wrapped>型かつWrapped型が列挙型の場合、Wrapped型のケースでマッチングを行えます。つまり、上記の例で評価式の型がOptional<Hemisphere>型であっても、同じようにマッチングできます。

```
enum Hemisphere {
    case northern
    case southern
}

let hemisphere = Optional(Hemisphere.northern)

switch hemisphere {
case .northern:
    print("match: .northern")

case .southern:
    print("match: .southern")

case nil:
    print("nil")
}
```

実行結果

```
match: .northern
```

列挙型ケースパターンは、ケース名(パターン, パターン, ...)という形式でほかのパターンと組み合わせると、連想値のパターンマッチも可能になります。連想値とは列挙型のケースに紐付いた付加情報であり、同一のケースでも異なる連想値を持つことができます[注2]。

連想値のパターンにバリューバインディングパターンを使用した場合、マッチした列挙型のケースの連想値を取り出せます。次の例で、定数colorの値は.rgbであるため、パターン.rgb(let r, let g, let b)にマッチします。実行文では、バリューバインディングパターンによって取り出された連想値r、g、bを利用できます。

```
enum Color {
    case rgb(Int, Int, Int)
    case cmyk(Int, Int, Int, Int)
}

let color = Color.rgb(100, 200, 255)

switch color {
case .rgb(let r, let g, let b):
    print(".rgb: (\(r), \(g), \(b))")

case .cmyk(let c, let m, let y, let k):
    print(".cmyk: (\(c), \(m), \(y), \(k))")
}
```

実行結果

```
.rgb: (100, 200, 255)
```

is演算子による型キャスティングパターン —— 型の判定による評価

型キャスティングパターン(*type-casting pattern*)は、3.8節で説明した型のキャストによって評価を行うパターンです。型キャスティングパターンには、is演算子によるものとas演算子によるものの2つがあります。

is演算子による型キャスティングパターンはis 型名と書き、is演算子による評価結果がtrueであればマッチします。

次の例では、定数anyはInt型にダウンキャスト可能であるため、パターンis Intにマッチしています。

```
let any: Any = 1
```

注2　連想値について詳しくは、8.5節で説明します。

```
switch any {
case is String:
    print("match: String")
case is Int:
    print("match: Int")
default:
    print("default")
}
```

実行結果

```
match: Int
```

as演算子による型キャスティングパターン —— 型のキャストによる評価

as演算子による型キャスティングパターンは、ほかのパターンと組み合わせてパターン as 型名と書きます。このパターンでは、パターンの式がダウンキャストに成功した場合、マッチします。

次の例では、バリューバインディングパターンと組み合わせた評価を行っています。定数anyはInt型にダウンキャスト可能であるため、パターンlet int as Intにマッチします。また、バリューバインディングパターンで宣言された定数intはInt型へのダウンキャスト後の値であるため、実行文ではInt型として扱えます。

```
let any: Any = 1

switch any {
case let string as String:
    print("match: String(\(string))")
case let int as Int:
    print("match: Int(\(int))")
default:
    print("default")
}
```

実行結果

```
match: Int(1)
```

パターンマッチが使える場所

switch文でパターンマッチが使えることはすでに説明しました。これまでに登場したif文、guard文、for-in文、while文でも、条件にcaseキーワードを指定するとパターンマッチを使用できます。また、後述するdo文のcatch節でもパターンマッチを使用できます。

if文

if文でパターンマッチを使用する場合、次の書式で文を構成します。制御式がパターンにマッチすれば{}内の文が実行されます。

```
if case パターン = 制御式 {
    制御式がパターンにマッチした場合に実行される文
}
```

たとえば、Int型の値が1以上10以下であれば処理を実行するという条件分岐は、1...10というパターンを使用して次のように書くことができます。

```
let value = 9

if case 1...10 = value {
    print("1以上10以下の値です")
}
```

実行結果
```
1以上10以下の値です
```

定数valueの値9は1以上10以下なので、{}内の文が実行されます。

switch文では条件を網羅しなければならないため、多くの場合はケースを2つ以上書くことになります。一方、if文は条件を網羅する必要がないため、検証したいパターンマッチのみを書けば十分です。したがって、条件を網羅する必要があるときはswitch文を選び、網羅する必要がないときはif文でのパターンマッチを選ぶと良いでしょう。

guard文

guard文でパターンマッチを使用する場合、次の書式で文を構成します。制御式がパターンにマッチしなければ{}内の文が実行され、スコープからの退出が強制されます。

```
guard case パターン = 制御式 else {
    パターンにマッチしなかった場合に実行される文
    guard文が記述されているスコープの外に退出する必要がある
}
```

if文でのパターンマッチの例をguard文を使用して書き換えると、次のようになります。

```
func someFunction() {
```

```
    let value = 9
    guard case 1...10 = value else {
        return
    }

    print("1以上10以下の値です")
}

someFunction()
```

実行結果

```
1以上10以下の値です
```

for-in文

for-in文でパターンマッチを使用する場合、for-in文の要素の前にcaseキーワードを追加してパターンを記述し、文を構成します。実行文は、パターンにマッチした要素についてのみ実行されます。

```
for case パターン in 値の連続 {
    要素がパターンにマッチした場合に実行される文
}
```

次の例では、for-in文で列挙される要素をパターン2...3で評価し、要素が2以上3以下の値の場合のみ{}内の文を実行しています。

```
let array = [1, 2, 3, 4]

for case 2...3 in array {
    print("2以上3以下の値です")
}
```

実行結果

```
2以上3以下の値です
2以上3以下の値です
```

while文

while文でパターンマッチを使用する場合、次の書式で文を構成します。制御式がパターンにマッチする間は、{}内の文が繰り返し実行されます。

```
while case パターン = 制御式 {
    制御式がパターンにマッチする間は繰り返し実行される文
}
```

次の例では、Int?型の値nextValueをオプショナルパターンで評価し、定数nextValueがnilにならない間は処理を繰り返しています。

```
var nextValue = Optional(1)
while case let value? = nextValue {
    print("value: \(value)")

    if value >= 3 {
        nextValue = nil
    } else {
        nextValue = value + 1
    }
}
```

実行結果

```
value: 1
value: 2
value: 3
```

do文のcatch節

do文は、Swiftのエラー処理を行うための制御構文です。do文はcatch節でエラーの評価を行うのですが、その評価にはパターンマッチが使用されます[注3]。

5.6 まとめ

本章では、条件分岐、繰り返し、遅延実行、パターンマッチによるプログラムの制御について説明しました。条件分岐にはif文、guard文、switch文があり、繰り返しにはfor-in文、while文、repeat-while文がありました。それぞれの用途を理解し、適切に使い分けましょう。

制御構文の仕様においても、guard文による早期退出や、コンパイラによるswitch文の網羅性のチェックなど、Swiftの特徴である可読性と安全性を見て取ることができます。

注3　do文とエラー処理について詳しくは、第15章で説明します。

第6章

関数とクロージャ

関数とクロージャは、処理を1つにまとめて外部から実行可能にするものです。関数はクロージャの一種であるため、共通の仕様が数多くあります。

本章では、関数とクロージャの基本的な扱い方を説明します。

6.1 処理の再利用

プログラミングでは、同じ処理をさまざまな箇所で実行するケースが出てきます。関数やクロージャは、ひとまとまりの処理を切り出し、再利用可能とするためのものです。関数やクロージャは任意のタイミングで実行できますので、再利用できそうな処理を適切に関数やクロージャにすることで、重複した処理を1ヵ所にまとめ、可読性やメンテナンス性を高めることができます。

6.2 関数
名前を持ったひとまとまりの処理

関数は、入力として引数、出力として戻り値を持つ、名前を持ったひとまとまりの処理です。関数の名前のことを関数名と言い、関数名と引数を組み合わせることで、関数を外部から呼び出すことができます。

定義方法

関数はfuncキーワードで宣言し、次のようなフォーマットで関数名、引数、戻り値の型、文を定義します。

```
func 関数名(引数名1: 型, 引数名2: 型...) -> 戻り値の型 {
    関数呼び出し時に実行される文
    必要に応じてreturn文で戻り値を返却する
}
```

引数は()内に引数名: 型というフォーマットで,区切りで定義し、戻り値の型は()のあとの->に続けて定義します。関数名や引数名には、変数名や定数名のときと同様に絵文字などのさまざまな文字を使用できますが、通常は英字のみを使用します。

戻り値を返すには{}内でreturn文を使用します。return文はプログラムの制御を関数の呼び出し元に移す文で、returnキーワードに続けて戻り値となる式をreturn 式と記述します。式の型はコンパイル時に検証され、戻り値の型と異なる場合はコンパイルエラーとなります。戻り値がない関数では、return文の式を指定せずにreturnキーワードのみを記述します。また、戻り値がない関数ではreturnキーワードを省略することもできます。

関数の型は、引数と戻り値の型を組み合わせて(引数の型) -> 戻り値の型という形式で表されます。

次の例では、Int型の引数を1つ取り、それを2倍にしたInt型の戻り値を返す(Int) -> Int型のdouble(_:)関数を定義して実行しています。

```
func double(_ x: Int) -> Int {
    return x * 2
}

double(2) // 4
```

実行方法

先ほどのコードで登場したように、関数は、関数名に()を付け、()内に関数の入力となる引数とその引数名を,区切りで記述して実行します。引数名が存在しない場合には、単に引数だけを記述します。

```
関数名(引数名1: 引数1, 引数名2: 引数2...)
```

関数は実行後に、出力となる戻り値を返します。戻り値は変数や定数に代入できます。引数を渡して関数を実行し、戻り値を定数へ代入するという一連の流れは、次のように書きます。変数や定数の型は、関数の戻り値の型から型推論されます。

```
let 定数名 = 関数名(引数名1: 引数1, 引数名2: 引数2...)
```

戻り値が定義されている関数を呼び出す場合、通常は戻り値を変数や定数に代入します。Playground以外の環境では、戻り値の代入を省略するとコンパイラが警告を出します。戻り値が不要な場合は_への代入によって明示的に戻り値を無視することで、この警告を抑制できます。

```
func functionWithDiscardableResult() -> String {
    return "Discardable"
}

_ = functionWithDiscardableResult() // "Discardable"
```

もしくは、戻り値の使用が必須でない関数にdiscardableResult属性を付与することでも、この警告を抑制できます。

```
@discardableResult
func functionWithDiscardableResult() -> String {
    return "Discardable"
}

functionWithDiscardableResult() // "Discardable"
```

引数

引数は、関数への入力を表します。引数は名前と型で構成されており、関数は複数の引数を持つことができます。

仮引数と実引数

関数の引数という用語は、関数の定義時に宣言するものを指す場合と、関数の呼び出し時に指定するものを指す場合の2通りがあります。両者を明示的に分ける場合、前者を仮引数と言い、後者を実引数と言います。

次の例では、関数の定義時に宣言しているintが仮引数であり、関数の呼び出し時に指定している1が実引数です。

```
func printInt(_ int: Int) {
    print(int)
}

printInt(1)
```

実行結果

```
1
```

外部引数名と内部引数名

引数名は関数の呼び出し時に使用する外部引数名と、関数内で使用される内部引数名の2つを持つことができます。外部引数名と内部引数名を分けるには、外部引数名 内部引数名: 型という形式で引数を定義します。

次の例では、第2引数の外部引数名はtoであり、内部引数名はgroupです。

```
func invite(user: String, to group: String) {
    print("\(user) is invited to \(group).")
}

invite(user: "Ishikawa", to: "Soccer Club")
```

実行結果

```
Ishikawa is invited to Soccer Club.
```

第2引数の内部引数名はgroupとなっているため、invite(user:to:)関数の中ではgroupという名前で引数を使用できます。外部引数名には関数を利用する側から見てわかりやすい名前を、内部引数名にはプログラムが冗長にならない名前を付けることが一般的です。

外部引数名の省略

外部引数名を省略したい場合には、外部引数名に_を使用します。外部引数名が_で省略されている場合は、引数名と引数を分けている:も省略して呼び出します。

```
func sum(_ int1: Int, _ int2: Int) -> Int {
    return int1 + int2
}

let result = sum(1, 2) // 3
```

デフォルト引数 —— 引数のデフォルト値

引数にはデフォルト値を指定でき、デフォルト値を持っている引数は関数呼び出し時に省略できます。引数のデフォルト値はデフォルト引数と言います。デフォルト引数を指定するには、通常の引数宣言のあとに=とデフォルト値を追加します。

次の関数は第1引数にデフォルト引数が定義されているので、引数を省略できます。デフォルト引数が用意されている場合であっても、通常どおりに引数を渡すこともできます。

```
func greet(user: String = "Anonymous") {
    print("Hello, \(user)!")
}
```

```
greet()

greet(user: "Ishikawa")
```

実行結果
```
Hello, Anonymous!
Hello, Ishikawa!
```

デフォルト引数はどのような引数にも定義でき、複数の引数に定義することもできます。デフォルト引数は、検索条件のような数多くの引数が必要なものの、すべての引数の指定が必須というわけではない関数を定義する場合に役立ちます。たとえば次のsearch(byQuery:sortKey:ascending:)関数は、検索ワード、ソートキー、昇順かどうかを指定する3つ引数を持っていますが、必須なのは検索ワードだけです。必須ではない引数にデフォルト引数を設定しているため、単に検索ワードだけで検索したいという場合にも、ソートキーなども指定して検索したい場合にも、1つの関数で対応できます。

```
func search(byQuery query: String,
            sortKey: String = "id",
            ascending: Bool = false) -> [Int] {
    return [1, 2, 3]
}
// 必須でない引数には値を指定しなくとも呼び出すことができる
search(byQuery: "query") // [1, 2, 3]
```

インアウト引数 ―― 関数外に変更を共有する引数

関数内での引数への再代入を関数外へ反映させるには、インアウト引数(*inout parameters*)を使用します。インアウト引数を使用するには、引数の型の先頭にinoutキーワードを追加します。インアウト引数を持つ関数を呼び出すには、インアウト引数の先頭に&を加えます。

次の例では、greet(user:)関数に空文字が入った変数userを渡していますが、greet(user:)関数の実行後はuserの値は"Anonymous"となります。

```
func greet(user: inout String) {
    if user.isEmpty {
        user = "Anonymous"
    }
    print("Hello, \(user)")
}
```

```
var user: String = ""
greet(user: &user)
```

実行結果

```
Hello, Anonymous
```

可変長引数 —— 任意の個数の値を受け取る引数

可変長引数とは、任意の個数の値を受け取ることができる引数のことです。配列を引数に取ることでも複数の値を受け取ることはできますが、可変長引数には関数の呼び出し側に配列であることを意識させないというメリットがあります。Swiftでは、1つの関数につき最大1つの可変長引数を定義できます。可変長引数を定義するには、引数定義の末尾に...を加えます。可変長引数を持つ関数を呼び出すには、引数を,区切りで渡します。可変長引数として受け取った引数は、関数内部ではArray<Element>型として扱われます。したがって、関数内での可変長引数へのアクセス方法は、Array<Element>型の要素へのアクセス方法と同様です。

次のprint(strings:)関数の引数は可変長引数となっており、複数のString型の値を引数に取ることができます。関数内部では、可変長引数の型は[String]として扱われています。

```
func print(strings: String...) {
    if strings.count == 0 {
        return
    }

    print("first: \(strings[0])")

    for string in strings {
        print("element: \(string)")
    }
}

print(strings: "abc", "def", "ghi")
```

実行結果

```
first: abc
element: abc
element: def
element: ghi
```

コンパイラによる引数チェック

変数や定数への値の代入と同様に、実引数の型もコンパイル時にチェックされ、異なる型の実引数を与えるプログラムはコンパイルエラーとなります。

次のように、Int型の引数を1つ取りString型の戻り値を返す(Int) -> String型の関数string(from:)にDouble型の引数doubleを与えると、引数の型が一致しないためコンパイルエラーとなります。

```
func string(from: Int) -> String {
    return "\(from)"
}

let int = 1
let double = 1.0

let string1 = string(from: int) // "1"
let string2 = string(from: double) // コンパイルエラー
```

戻り値

戻り値は、関数の出力を表す値です。戻り値の型は関数宣言時に定義し、関数の呼び出し側は定義された戻り値の型の値を出力として受け取ることができます。

戻り値がない関数

関数宣言での戻り値の型の指定は必須ではありません。戻り値が不要な場合は、関数宣言での戻り値の型の定義を省略できます。

次のgreet(user:)関数は、print(_:)関数を用いて文字を出力するだけで、関数の呼び出し元には何も値を返しません。

```
func greet(user: String) {
    print("Hello, \(user)!")
}

greet(user: "Nishiyama")
```

実行結果

```
Hello, Nishiyama!
```

関数宣言で戻り値の型の定義を省略した場合、関数の戻り値はVoid型となり、次のように定義した場合と同様になります。

```
func greet(user: String) -> Void {
    print("Hello, \(user)!")
}

greet(user: "Nishiyama")
```

実行結果
```
Hello, Nishiyama!
```

コンパイラによる戻り値チェック

関数宣言で定義されている戻り値の型と実際の戻り値の型が一致するかは、コンパイラによってチェックされます。定義された戻り値の型と一致しない型を返すプログラムはコンパイルエラーとなり、戻り値が定義どおりの値を返すことはコンパイル時に保証されます。

たとえば次のプログラムでは、String型を引数に取りInt型を戻り値として返却する関数convertToInt(from:)が定義されていますが、関数内部で使われているInt型のイニシャライザInt(_:)はInt?型を返却し、Int型とは一致しないためコンパイルエラーとなります。

```
func convertToInt(from string: String) -> Int {
    // Int(_:)はInt?型を返すためコンパイルエラー
    return Int(string)
}
```

暗黙的なreturn

関数の実装が戻り値の返却のみで構成される場合、returnキーワードを省略できます。この仕様を暗黙的なreturn（*implicit returns*）と言います。

次の例では、makeMessage(toUser:)関数はString型の戻り値を持っており、暗黙的なreturnによって戻り値"Hello, \(user)!"を返却しています。

```
func makeMessage(toUser user: String) -> String {
    "Hello, \(user)!"
}
```

暗黙的なreturnが有効となるのは、関数の実装が戻り値の返却のみの場合だけです。そのほかの文が実装に含まれる場合、暗黙的なreturnとみなされず、コンパイルエラーとなります。次の例では、前掲の例に文print(user)を追加したものです。もともと戻り値を返却していた式"Hello, \(user)!"は戻り値を返却する式として認識されなくなり、コンパイルエラーとなります。

```
func makeMessage(toUser user: String) -> String {
    print(user)
    "Hello, \(user)!" // return文が必須となりコンパイルエラー
}
```

6.3 クロージャ

スコープ内の変数や定数を保持したひとまとまりの処理

クロージャは、再利用可能なひとまとまりの処理です。関数はクロージャの一種であるため、共通の仕様が数多くあります。関数を使用するにはfuncキーワードによる定義が必要でしたが、クロージャにはクロージャ式という定義方法があります。クロージャ式は、名前が不要であったり、型推論によって型の記述が省略可能であったりと、関数よりも手軽に定義できます。

定義方法

クロージャ式によるクロージャは全体を{}で囲み、次のようなフォーマットで引数、戻り値の型、文を定義します。

```
{ (引数名1: 型, 引数名2: 型...) -> 戻り値の型 in
    クロージャの実行時に実行される文
    必要に応じてreturn文で戻り値を返却する
}
```

引数と戻り値の型の記述は関数と同様ですが、戻り値の型と文はinキーワードで区切ります。戻り値を返すには、関数と同様にreturn文を使用します。文が1つしかない場合は、関数と同様に暗黙的なreturnも可能です。また、クロージャの型は、関数と同様に(引数の型) -> 戻り値の型という形式で表されます。

次の例では、Int型の引数を1つ取り、それを2倍にしたInt型の戻り値を返す(Int) -> Int型のクロージャを定義して実行しています。

```
let double = { (x: Int) -> Int in
    return x * 2
}

double(2) // 4
```

また、クロージャの型は通常の型と同じように扱えるので、変数や定数の型や関数の引数の型として利用することもできます。

```
let closure: (Int) -> Int
func someFunction(x: (Int) -> Int) {}
```

型推論

クロージャの引数と戻り値の型宣言は、クロージャの代入先の型から推論することによって省略できるケースがあります。

次の例では、(String) -> Int型の変数closureにクロージャを代入しています。変数の型は(String) -> Intと明確に決まっているため、この変数に代入するクロージャの型も(String) -> Intであると推論できます。したがって、変数closureに代入するクロージャの引数と戻り値の型は省略できます。

```
var closure: (String) -> Int

// 引数と戻り値の型を明示した場合
closure = { (string: String) -> Int in
    return string.count
}
closure("abc") // 3

// 引数と戻り値の型を省略した場合
closure = { string in
    return string.count * 2
}
closure("abc") // 6
```

一方で、型が決まっていない変数や定数へクロージャを代入する場合など、クロージャの型が推論できないケースでは、クロージャ内で引数と戻り値の型を定義しなければなりません。次の例では、変数からもクロージャからも型が決定しないためコンパイルエラーとなります。

```
let closure = { string in
    // クロージャの型が決定しないためコンパイルエラー
    return string.count * 2
}
```

実行方法

呼び出し方は関数と同じで、クロージャが代入されている変数名や定数名の末尾に()を付け、()内に引数を,区切りで並べます。戻り値は変数や定数に代入できます。次の凡例では、変数に代入されているクロージャを実行し、その結果を定数に代入しています。

```
let 定数名 = 変数名(引数1, 引数2...)
```

クロージャが代入された変数や定数の型は、クロージャの型として型推論されます。したがって、次のような(String) -> Int型のクロージャが代入された定数lengthOfStringの型は、(String) -> Intとして推論されます。

```
let lengthOfString = { (string: String) -> Int in // (String) -> Int
    return string.count
}

lengthOfString("I contain 23 characters") // 23
```

関数と同じく、引数や戻り値の型はコンパイル時にチェックされます。引数に異なる型の値を与えたり、異なる型の戻り値を返却しようとするとコンパイルエラーとなります。

引数

クロージャ式の引数は関数の引数の仕様とおおむね同様ですが、使える機能が**表6.1**のように異なっています。

関数の定義では外部引数名と内部引数名をそれぞれ指定できました。クロージャ式の定義では内部引数名のみが指定でき、外部引数名は指定できません。したがって、関数で外部引数名を_に指定しているのと同じ状態になります。たとえば次のように定義したクロージャは、引数名を省略してadd(1, 2)のように呼び出します。

```
let add = { (x: Int, y: Int) -> Int in
    return x + y
}
```

表6.1 関数とクロージャの機能の比較

利用可能な機能	関数	クロージャ式
外部引数名	○	×
デフォルト引数	○	×
インアウト引数	○	○
可変長引数	○	○
簡略引数名	×	○

```
add(1, 2) // 3
```

また、クロージャ式の定義では、デフォルト引数も指定できません。次の例では、デフォルト引数を持ったクロージャを定義しようとしていますが、コンパイルエラーとなります。

```
// クロージャの引数にデフォルト引数を指定しているためコンパイルエラー
let greet = { (user: String = "Anonymous") -> Void in
    print("Hello, \(user)!")
}
```

インアウト引数や可変長引数は、関数と同じように利用できます。

初出である簡略引数名については次項で説明します。

簡略引数名 ── 引数名の省略

定義するクロージャの型が推論できるケースでは、型を省略できることは前述しました。このようなケースでは、さらに引数名の定義を省略し、代わりに簡略引数名 (*shorthand argument name*) を利用することもできます。簡略引数名は、$に引数のインデックスを付けた$0や$1となります。

次の例では、2つのInt型の引数を取ってBool型の値を返すクロージャの引数に、簡略引数名を使用してアクセスしています。この例では$0が1つ目のInt型の引数を表し、$1が2つ目のInt型の引数を表しています。

```
let isEqual: (Int, Int) -> Bool = {
    return $0 == $1
}

isEqual(1, 1) // true
```

簡略引数名を使用したクロージャでは、クロージャの定義内では引数の型を指定しないため、外部から型推論できない場合はコンパイルエラーとなります。次の例は上記の例から型アノテーションを省いたもので、クロージャの型が決まらずにコンパイルエラーとなります。

```
// isEqualの型が決まらないためコンパイルエラー
let isEqual = {
    return $0 == $1
}
```

簡略引数名をむやみに使用すると、引数が何を意味しているのかわからない可読性の低いコードになりがちですが、非常にシンプルな処理を行う場合は積極的に利用すべきです。次の例ではArray<Element>のfilter(_:)メソッドを簡略引数名を用いて利用しています。filter(_:)メソッドは条件を満たす要素だけを含む配列を返すメソッドで、引数にはその条件をクロージャとして与えます。ここでは$0がもとの配列の要素を示していることが明らかであり、引数に名前を付けるほうが冗長でしょう。

```
let numbers = [10, 20, 30, 40]
let moreThanTwenty = numbers.filter { $0 > 20 }
moreThanTwenty // [30, 40]
```

戻り値

戻り値がない関数を定義できるのと同様に、戻り値がないクロージャを定義することもできます。

次の例では、戻り値がないクロージャ、1つの戻り値を持つクロージャをそれぞれ定義しています。

```
// 戻り値がないクロージャ
let emptyReturnValueClosure: () -> Void = {}

// 1つの戻り値を持つクロージャ
let singleReturnValueClosure: () -> Int = {
    return 1
}
```

すでに説明したとおりSwiftでは()とVoid型は同じものです。しかし、通常、クロージャの型の表記においては、引数が存在しない場合は()を使用し、戻り値が存在しない場合はVoid型を使用します。つまり、() -> ()やVoid -> Voidではなく、() -> Voidと記述します。

クロージャによる変数と定数のキャプチャ

2.3節で説明したとおり、ローカルスコープで定義された変数や定数は、ローカルスコープ内でしか使用できません。一方、クロージャが参照している変数や定数は、クロージャが実行されるスコープが変数や定数が定義されたローカルスコープ以外であっても、クロージャの実行時に利用できます。

これは、クロージャが自身が定義されたスコープの変数や定数への参照を保持しているためです。この機能をキャプチャと言います。

キャプチャの挙動を、次のgreeting定数に代入されたクロージャを例に説明します。ここではdoキーワードを用いて、新たなローカルスコープを作成しています。通常、doキーワードはcatchキーワードと組み合わせてエラー処理で使用しますが、このように新しいスコープを作成するという用途で単独で使用することもできます[注1]。

```
let greeting: (String) -> String
do {
    let symbol = "!"
    greeting = { user in
        return "Hello, \(user)\(symbol)"
    }
}
greeting("Ishikawa") // Hello, Ishikawa!
symbol // symbolは別のスコープで定義されているためコンパイルエラー
```

定数greetingはdo文のスコープ外で宣言されているためdo文の外からも利用できますが、定数symbolはdo文のスコープ内で宣言されているためdo文の外からは利用できません。しかし、定数greetingに代入されたクロージャは、内部でsymbolを利用しているにも関わらず、do文の外で実行できています。これは、クロージャがキャプチャによって、自分自身が定義されたスコープの変数や定数への参照を保持することで実現されています。

キャプチャの対象は、変数や定数に入っている値ではなく、その変数や定数自身です。したがって、キャプチャされている変数への変更は、クロージャの実行時にも反映されます。たとえば次の例で、定数counterに代入されたクロージャは、実行のたびに変数countの値を1増やします。変数countの初期値は0ですが、変数そのものをキャプチャしているため、変数に対する更新も保持されます。そのため、実行するたびに異なる値となります。

```
let counter: () -> Int
do {
    var count = 0
    counter = {
        count += 1
        return count
```

注1　do-catch文によるエラー処理について詳しくは、15.4節で説明します。

```
    }
}
counter() // 1
counter() // 2
```

引数としてのクロージャ

クロージャを関数や別のクロージャの引数として利用する場合にのみ有効な仕様として、属性とトレイリングクロージャがあります。属性はクロージャに対して指定する追加情報で、トレイリングクロージャはクロージャを引数に取る関数の可読性を高めるための仕様です。

属性の指定方法

属性は、クロージャの型の前に@属性名を追加して指定します。属性には、escaping属性とautoclosure属性があります。それぞれの属性については、次項と次々項で説明します。

```
func 関数名(引数名: @属性名 クロージャの型名) {
    関数呼び出し時に実行される文
}
```

次の例で、or(_:_:)関数の第2引数の型は、autoclosure属性が指定されたクロージャとなっています。

```
func or(_ lhs: Bool, _ rhs: @autoclosure () -> Bool) -> Bool {
    if lhs {
        return true
    } else {
        return rhs()
    }
}

or(true, false) // true
```

escaping属性 ―― 非同期的に実行されるクロージャ

escaping属性は、関数に引数として渡されたクロージャが、関数のスコープ外で保持される可能性があることを示す属性です。コンパイラはescaping属性の有無によって、クロージャがキャプチャを行う必要があるかを判別します。クロージャが関数のスコープ外で保持されなければ、クロージャの実行は関数の実行中に限られるため、キャプチャは必要ありません。一方、クロージャが関数のスコープ外で保持される可能性がある場合、つまりescaping属性が必要な場合は、クロージャの実行時まで関数のスコープの変数を保持する必要があるため、キャプチャが必要となります。

次のenqueue(operation:)関数は、引数として与えられたクロージャを配列queueに追加します。つまり、この引数のクロージャは関数のスコープ外で保持されます。そのため、enqueue(operation:)関数の引数にはescaping属性を指定する必要があります。指定しない場合はコンパイルエラーとなります。

```
var queue = [() -> Void]()

func enqueue(operation: @escaping () -> Void) {
    queue.append(operation)
}

enqueue { print("executed") }
enqueue { print("executed") }

queue.forEach { $0() }
```

実行結果

```
executed
executed
```

escaping属性が指定されていないクロージャは、関数のスコープ外で保持できません。したがって、クロージャの実行は関数のスコープ内で行われなければなりません。次の例でexecuteTwice(operation:)関数に渡されたクロージャにはescaping属性が指定されていませんが、関数のスコープ内のみで実行されるためコンパイルエラーになりません。

```
func executeTwice(operation: () -> Void) {
    operation()
    operation()
}

executeTwice { print("executed") }
```

実行結果

```
executed
executed
```

autoclosure属性 —— クロージャを用いた遅延評価

autoclosure属性は、引数をクロージャで包むことで遅延評価を実現するための属性です。

Bool型の引数を2つ取り、その論理和を返すor(_:_:)関数を実装してみましょう。つまり、論理和を求める||演算子と同じ挙動をする関数を実装します。素直に実装すると次のようなコードになります。便宜上、論理和の結果をprint(_:)関数で出力しています。

```
func or(_ lhs: Bool, _ rhs: Bool) -> Bool {
    if lhs {
        print("true")
        return true
    } else {
        print(rhs)
        return rhs
    }
}

or(true, false)
```

実行結果

```
true
```

この関数の2つの引数に、それぞれ別の関数の戻り値を渡すケースを考えてみましょう。次の例では、第1引数にはlhs()関数の戻り値を、第2引数にはrhs()関数の戻り値を渡しています。lhs()関数とrhs()関数の内部では、print(_:)関数を実行して、それぞれの関数が実行されたかどうかが確認できるようにしています。

```
func or(_ lhs: Bool, _ rhs: Bool) -> Bool {
    if lhs {
        print("true")
        return true
    } else {
        print(rhs)
        return rhs
    }
}

func lhs() -> Bool {
    print("lhs()関数が実行されました")
    return true
}

func rhs() -> Bool {
    print("rhs()関数が実行されました")
    return false
}
```

```
or(lhs(), rhs())
```

実行結果

```
lhs()関数が実行されました
rhs()関数が実行されました
true
```

print(_:)関数の出力結果から、lhs()関数とrhs()関数の両方が実行されていることがわかります。Swiftでは多くのプログラミング言語と同じく、関数の引数がその関数に引き渡されるより前に実行されるためです。これを正格評価と言います。

しかし、このケースでは実際には、第2引数は実行される必要がありません。なぜなら、第1引数がtrueであるとわかった時点で、第2引数を実行することなく、その結果をtrueと決定できるからです。

それでは、必要になるまで第2引数を実行しないように書き換えてみましょう。第2引数を() -> Bool型のクロージャに変更し、第2引数が必要になったタイミングで初めてクロージャを実行して2つ目のBool型の値を取り出します。

```
func or(_ lhs: Bool, _ rhs: () -> Bool) -> Bool {
    if lhs {
        print("true")
        return true
    } else {
        let rhs = rhs()
        print(rhs)
        return rhs
    }
}

func lhs() -> Bool {
    print("lhs()関数が実行されました")
    return true
}

func rhs() -> Bool {
    print("rhs()関数が実行されました")
    return false
}

or(lhs(), { return rhs() })
```

実行結果

```
lhs()関数が実行されました
true
```

実行結果から、不要な関数の呼び出しが行われていないことがわかります。このように、第2引数をクロージャにすることで、必要になるまで評価を遅らせることができるようになりました。これを遅延評価と言います。上記のコードは無駄な関数の実行を回避できるというメリットがある一方で、呼び出し側が煩雑になってしまうというデメリットもあります。ここでのメリットを享受しつつ、デメリットを回避するための属性がautoclosure属性です。

autoclosure属性は、引数をクロージャで包むという処理を暗黙的に行います。結果として、関数外からは最初の例と同様に簡単に利用でき、関数内では2つ目の例のように遅延評価を行えます。先ほどの例の第2引数にautoclosure属性を追加し、呼び出し側のコードと実行結果を見てみましょう。

```
func or(_ lhs: Bool, _ rhs: @autoclosure () -> Bool) -> Bool {
    if lhs {
        print("true")
        return true
    } else {
        let rhs = rhs()
        print(rhs)
        return rhs
    }
}

func lhs() -> Bool {
    print("lhs()関数が実行されました")
    return true
}

func rhs() -> Bool {
    print("rhs()関数が実行されました")
    return false
}

or(lhs(), rhs())
```

実行結果

```
lhs()関数が実行されました
true
```

or(_:_:)関数の呼び出しは最初の例と同様にor(lhs(), rhs())となっていますが、実行結果は2つ目の例のようにlhs()関数だけが実行されています。このように、autoclosure属性を利用すれば遅延評価を簡単に実現できます。

トレイリングクロージャ ―― 引数のクロージャを()の外に記述する記法

トレイリングクロージャ（*trailing closure*）とは、関数の最後の引数がクロージャの場合に、クロージャを()の外に書くことができる記法です。

次の例では、execute(parameter:handler:)関数を、トレイリングクロージャを使用しない方法と使用した方法とで呼び出しています。

```
func execute(parameter: Int, handler: (String) -> Void) {
    handler("parameter is \(parameter)")
}

// トレイリングクロージャを使用しない場合
execute(parameter: 1, handler: { string in
    print(string)
})

// トレイリングクロージャを使用する場合
execute(parameter: 2) { string in
    print(string)
}
```

実行結果

```
parameter is 1
parameter is 2
```

通常の記法では関数呼び出しの()がクロージャのあとまで広がってしまい、特にクロージャが複数行にまたがる場合にその可読性の低さは顕著となります。一方、トレイリングクロージャを使用した場合には()はクロージャの定義の前で閉じるため、少しだけコードが読みやすくなります。

また、引数が1つのクロージャのみの関数に対してトレイリングクロージャを使用する場合、関数呼び出しの()も省略できます。

```
func execute(handler: (String) -> Void) {
    handler("executed.")
}

execute { string in
    print(string)
}
```

実行結果

```
executed.
```

クロージャとしての関数

関数はクロージャの一種であるため、クロージャとして扱えます。関数をクロージャとして利用するには、関数名だけの式で関数を参照します。関数をクロージャとして扱うことで、関数を変数や定数に代入したり、別の関数の引数に渡したりすることができます。

```
let 定数名 = 関数名
```

式には引数名まで含めることもでき、次のように書けます。これは引数名で複数の関数を区別する場合に役立ちます。

```
let 定数名 = 関数名(引数名1:引数名2:)
```

次の例では、(Int) -> Int型の関数double(_:)を定数functionに代入しています。代入された定数functionの型は、(Int) -> Int型と推論されます。

```
func double(_ x: Int) -> Int {
    return x * 2
}

let function = double // (Int) -> Int型
```

関数の引数となるクロージャを関数として定義しておくことで、重複したクロージャを1つにまとめたり、クロージャに対して意味のある名前を付けたりすることができます。

まず、関数の引数となるクロージャを、関数として定義しない場合について考えてみましょう。次の例では、Array<Element>型のmap(_:)メソッドの引数として、{ $0 * 2 }というクロージャを2回使用しています。map(_:)メソッドは、クロージャで指定した処理によってそれぞれの要素が変換された新しいコレクションを返します。

```
let array1 = [1, 2, 3]
let doubledArray1 = array1.map { $0 * 2 }
doubledArray1 // [2, 4, 6]

let array2 = [4, 5, 6]
let doubledArray2 = array2.map { $0 * 2 }
doubledArray2 // [8, 10, 12]
```

関数をクロージャとして扱うことで、上記の例を次のように書き換えることができます。

```
func double(_ x: Int) -> Int {
    return x * 2
}

let array1 = [1, 2, 3]
let doubledArray1 = array1.map(double) // [2, 4, 6]

let array2 = [4, 5, 6]
let doubledArray2 = array2.map(double) // [8, 10, 12]
```

関数としてクロージャを定義することで、重複していた`{ $0 * 2 }`という処理を1ヵ所にまとめられました。また、それらに対して`double`という処理の内容を表す名前を与えることもできるため、より可読性の高いコードになっています。

クロージャ式を利用した変数や定数の初期化

クロージャ式を利用すると、複雑な値の初期化を把握しやすくできるケースがあります。

たとえば、3×3のマス目を表現する型を実装するとします。次の例では、2次元配列でマスをモデル化し、各マスの値をリテラルで直接定義しています。

```
var board = [[1, 1, 1], [1, 1, 1], [1, 1, 1]]
board // [[1, 1, 1], [1, 1, 1], [1, 1, 1]]
```

続いて、このマス目の数を変更しやすくするため、2次元配列の値を直接定義する代わりに、2次元配列を生成する手続きを記述することを考えましょう。次の例では1が3つ入った行を3つ生成することで、3×3のマス目を生成しています。`Array<Element>`型のイニシャライザ`init(repeating:count:)`は、`repeating`の引数を`count`の数だけ追加した値を生成します。

```
var board = Array(repeating: Array(repeating: 1, count: 3), count: 3)
board // [[1, 1, 1], [1, 1, 1], [1, 1, 1]]
```

これで、配列の要素一つ一つを明記する必要はなくなりました。しかし、変数の初期化の式を1つにまとめるために`Array<Element>`型の生成の式を入れ子にしたため、構造を把握するのが難しくなりました。また、3という固定値を2ヵ所で管理する必要が出てしまっています。

クロージャ式を用いると、一連の初期化の手続きの実装を1つの式とすることができます。次の例では、入れ子になっていた式をそれぞれ定数rowとboardに代入しており、それぞれがどのように生成されるのかが把握しやすくなっています。また、1辺のマス目の数も定数として宣言してから使用しているため、管理を一元化できています。

```
var board: [[Int]] = {
    let sideLength = 3
    let row = Array(repeating: 1, count: sideLength)
    let board = Array(repeating: row, count: sideLength)
    return board
}()

board // [[1, 1, 1], [1, 1, 1], [1, 1, 1]]
```

このように宣言すれば、変数や定数の初期化処理が複雑であっても、その初期値がどのように生成されるのか把握しやすくなります。

6.4 まとめ

本章では、関数とクロージャについて説明しました。

関数の仕様を適切に用いることで、定義側と呼び出し側の両者にとって使いやすいインタフェースを実現できます。たとえば、デフォルト引数を与えることで、呼び出し側での引数の指定を任意化できます。また、引数の名前を関数の内部と外部で分けることで、定義側では簡潔な名前を、呼び出し側では説明的な名前を使用できます。

クロージャを利用すると、処理を変数や定数に代入したり、関数に渡したりすることができます。関数に渡されるクロージャの挙動は、属性を指定することでコントロールできます。また、簡略引数名やトレイリングクロージャなどの略記法を利用することで、より簡潔に記述できます。

第7章

型の構成要素

プロパティ、イニシャライザ、メソッド

Swiftの型は、クラス、構造体、列挙型として定義できます。標準ライブラリの型の多くは構造体として定義されており、Cocoaのほとんどの型はクラスとして定義されています。

クラス、構造体、列挙型の3つには、メソッドやプロパティなどの共通の要素が用意されています。本章では、これらの共通要素について説明します。それぞれに固有の要素については次章で解説します。

7.1 型に共通するもの

代表的な型を構成する要素は、型が持つ値を保存するプロパティと、型の振る舞いを表すメソッドの2つです。プロパティは型に紐付いた変数や定数と言い換えることができ、メソッドは型に紐付いた関数と言い換えることができます。この2つに加えて、型を構成する要素には、初期化を行うイニシャライザ、コレクションの要素を取得するサブスクリプト、型内に型を定義するネスト型があります。

本章では、これらの型を構成する要素について説明します。

7.2 型の基本

まず、型の定義方法とインスタンス化方法を解説します。

インスタンスとは型を実体化したものであり、型に定義されているプロパティやメソッドを持ちます。たとえば、String型の値"abc"はString型のインスタンスであり、append(_:)メソッドなどを持ちます。

定義方法

構造体はstructキーワード、クラスはclassキーワード、列挙型はenumキーワードを使用して型を定義します。

```
構造体
struct 構造体名 {
    構造体の定義
}

クラス
class クラス名 {
    クラスの定義
}

列挙型
enum 列挙型名 {
    列挙型の定義
}
```

各キーワードを当てはめた構造体、クラス、列挙型の定義例は次のようになります。

```
// 構造体
struct SomeStruct {}

// クラス
class SomeClass {}

// 列挙型
enum SomeEnum {}
```

本章で説明する型を構成する要素とは、いずれも型の定義の{}内に記述するものです。

インスタンス化の方法

型をインスタンス化するには、次のように型名に()を付けてイニシャライザを呼び出します。()内には、必要に応じてイニシャライザの引数を渡します。

```
型名()
```

前項で定義したSomeStruct型とSomeClass型はそれぞれ構造体とクラスであるため、デフォルトで引数なしのイニシャライザが用意されており、次のようにインスタンス化を行えます。

```
struct SomeStruct {}

class SomeClass {}

let someStruct = SomeStruct()
let someClass = SomeClass()
```

列挙型ではデフォルトのイニシャライザが定義されないため、SomeEnum型はSomeEnum()で初期化できませんが、代わりに列挙型にはケースを指定するというインスタンス化の方法が用意されています。列挙型のインスタンス化方法については、8.5節で説明します。

型の内部でのインスタンスへのアクセス

型の内部のプロパティやメソッドなどの中では、selfキーワードを通じてインスタンス自身にアクセスできます。

次の例では、SomeStruct型のprintValue()メソッドで、インスタンス自身のvalueプロパティにアクセスするためにselfキーワードを使用しています。

```
struct SomeStruct {
    let value = 123

    func printValue() {
        print(self.value)
    }
}
```

インスタンスそのものではなく、インスタンスのプロパティやメソッドにアクセスする場合、selfキーワードを省略できます。たとえばself.プロパティ名のようなプロパティへのアクセスは、単にプロパティ名に置き換えられます。次の例では、上記の例のself.valueをvalueに置き換えています。

```
struct SomeStruct {
    let value = 123

    func printValue() {
        print(value)
    }
}
```

インスタンスのプロパティと同名の変数や定数がスコープ内に存在する場合は、それらを区別するためにselfキーワードを明記する必要があります。

```
struct SomeStruct {
    let value: Int

    init(value: Int) {
        // self.valueはプロパティの値を指し、valueは引数の値を指す
        self.value = value
    }
}
```

型の内部での型自身へのアクセス

型の内部のプロパティやメソッドなどの中では、大文字のSelfキーワードを通じて型自身にアクセスできます。Selfキーワードを使うと、型自身に紐づくメンバーである、スタティックプロパティやスタティックメソッドへのアクセスが簡単になります。

次の例では、SomeStruct型のprintSharedValue()メソッドで、スタティックプロパティvalueにアクセスするためにSelfキーワードを使用しています。

```
struct SomeStruct {
    static let sharedValue: Int = 73

    func printSharedValue() {
        print(Self.sharedValue)
    }
}
```

スタティックプロパティについては次節で、スタティックメソッドについては7.5節で詳しく説明します。

7.3 プロパティ
型に紐付いた値

プロパティとは型に紐付いた値のことで、型が表すものの属性の表現などに使用されます。たとえば、本はタイトルや著者名や概要などの属性を持っていますが、これを型とプロパティの関係で表現すると、本という型はタイトルや著者名や概要などのプロパティを持っているということになります。本のタイトルなどは一つ一つの本ごとに異なりますから、プロパティは型の

インスタンスに紐付いた変数や定数であるとも言えます。

定義方法

プロパティはvarキーワードもしくはletキーワードで定義します。変数や定数と同様に、varキーワードは再代入が可能なプロパティを定義し、letキーワードは再代入が不可能なプロパティを定義します。次の凡例では、構造体に2つのプロパティを定義しています。

```
struct 構造体名 {
    var プロパティ名: プロパティの型 = 式 // 再代入可能なプロパティ
    let プロパティ名: プロパティの型 = 式 // 再代入不可能なプロパティ
}
```

プロパティにアクセスするには、型のインスタンスが代入された変数や定数に.とプロパティ名を付けて変数名.プロパティ名のように書きます。

次の例では、SomeStruct型に再代入可能なプロパティvariableと再代入不可能なプロパティconstantを定義し、それぞれのプロパティにアクセスしています。

```
struct SomeStruct {
    var variable = 123 // 再代入可能なプロパティ
    let constant = 456 // 再代入不可能なプロパティ
}

let someStruct = SomeStruct()
let a = someStruct.variable // 123
let b = someStruct.constant // 456
```

プロパティの型の整合性を保つため、インスタンス化の完了までにすべてのプロパティに値が代入されていなければなりません。したがって、すべてのプロパティは、宣言時に初期値を持っているか、イニシャライザ内で初期化されるかのいずれかの方法で値を持つ必要があります。このようなプロパティの初期化チェックの詳細については次節で説明します。

紐付く対象による分類

プロパティは型のインスタンスに紐付くインスタンスプロパティと、型そのものに紐付くスタティックプロパティに分類できます。

インスタンスプロパティ —— 型のインスタンスに紐付くプロパティ

インスタンスプロパティは型のインスタンスに紐付くため、インスタンスごとに異なる値を持たせることができます。本書では、単にプロパティと呼ぶ場合、このインスタンスプロパティを指します。

varキーワードやletキーワードで定義したプロパティは、デフォルトではインスタンスプロパティとなります。

次の例では、挨拶を表すGreeting型のインスタンスを2つ生成し、片方は"Yosuke Ishikawa"宛、もう片方は"Yusei Nishiyama"宛としています。

```
struct Greeting {
    var to = "Yosuke Ishikawa"
    var body = "Hello!"
}

let greeting1 = Greeting()
var greeting2 = Greeting()
greeting2.to = "Yusei Nishiyama"

let to1 = greeting1.to // Yosuke Ishikawa
let to2 = greeting2.to // Yusei Nishiyama
```

スタティックプロパティ —— 型自身に紐付くプロパティ

スタティックプロパティは型のインスタンスではなく型自身に紐付くプロパティで、インスタンス間で共通する値の保持などに使用できます。

スタティックプロパティを定義するには、プロパティ宣言の先頭にstaticキーワードを追加します。また、スタティックプロパティにアクセスするには、型名に.とスタティックプロパティ名を付けて型名.スタティックプロパティ名のように書きます。

次の例では、スタティックプロパティsignatureはすべてのGreeting型の値に共通した値となっています。Greeting型は、インスタンスプロパティのtoとbody、スタティックプロパティのsignatureを組み合わせて、インスタンスごとに異なる宛先と文、そして共通の署名を持つことになります。

```
struct Greeting {
    static let signature = "Sent from iPhone"

    var to = "Yosuke Ishikawa"
    var body = "Hello!"
}
```

```
func print(greeting: Greeting) {
    print("to: \(greeting.to)")
    print("body: \(greeting.body)")
    print("signature: \(Greeting.signature)")
}

let greeting1 = Greeting()
var greeting2 = Greeting()
greeting2.to = "Yusei Nishiyama"
greeting2.body = "Hi!"

print(greeting: greeting1)
print("--")
print(greeting: greeting2)
```

実行結果

```
to: Yosuke Ishikawa
body: Hello!
signature: Sent from iPhone
--
to: Yusei Nishiyama
body: Hi!
signature: Sent from iPhone
```

インスタンスプロパティはインスタンスが生成されるまでに値を代入できればよいため、プロパティの宣言時以外にイニシャライザ内でも値を代入できますが、スタティックプロパティにはイニシャライザに相当する初期化のタイミングがないため、宣言時に必ず初期値を持たせる必要があります。次の例では、スタティックプロパティsignatureが宣言時に値を持っていないため、コンパイルエラーとなります。

```
struct Greeting {
    // 値を持っていないためコンパイルエラー
    static let signature: String
}
```

ストアドプロパティ ―― 値を保持するプロパティ

プロパティは、値を保持するストアドプロパティと、値を保持しないコンピューテッドプロパティの2つに分類することもできます。本項ではストアドプロパティについて説明し、コンピューテッドプロパティについては後述します。なお、ストアドプロパティやコンピューテッドプロパティは値を保持するかどうかによる分類であり、インスタンスプロパティにもスタティックプロパティにもなり得ます。

ストアドプロパティは、変数や定数のように値を代入して保存するプロパティです。

ストアドプロパティの定義には、変数や定数と同様にvarキーワードやletキーワードを使用します。varキーワードやletキーワードだけを使用して定義した場合はインスタンスプロパティとなり、staticキーワードも付けて定義した場合はスタティックプロパティとなります。

```
var インスタンスプロパティ名: プロパティの型 = 式
let インスタンスプロパティ名: プロパティの型 = 式
static var スタティックプロパティ名: プロパティの型 = 式
static let スタティックプロパティ名: プロパティの型 = 式
```

次の例では、再代入可能なインスタンスプロパティvariable、再代入不可能なインスタンスプロパティconstant、再代入可能なスタティックプロパティstaticVariable、再代入不可能なスタティックプロパティstaticConstantを定義しています。

```
struct SomeStruct {
    var variable = 123 // 再代入可能
    let constant = 456 // 再代入不可能
    static var staticVariable = 789 // 再代入可能。型自身に紐付く
    static let staticConstant = 890 // 再代入不可能。型自身に紐付く
}

let someStruct = SomeStruct()
someStruct.variable // 123
someStruct.constant // 456
SomeStruct.staticVariable // 789
SomeStruct.staticConstant // 890
```

プロパティオブザーバ —— ストアドプロパティの変更の監視

プロパティオブザーバとは、ストアドプロパティの値の変更を監視し、変更前と変更後に文を実行するものです。

プロパティオブザーバを定義するには、ストアドプロパティの定義に{}を追加し、willSetキーワードで変更前に実行する文を、didSetキーワードで変更後に実行する文を指定します。

```
var プロパティ名 = 初期値 {
    willSet {
        プロパティの変更前に実行する文
        変更後の値には定数newValueとしてアクセスできる
    }

    didSet {
        プロパティの変更後に実行する文
    }
}
```

名前のとおり、willSetの時点ではストアドプロパティは更新されていませんが、代わりに暗黙的な定数newValueを通じて新しい値にアクセスできます。

次の例では、toプロパティへの代入時に、willSetキーワード、didSetキーワードで指定された文が実行されます。

```
struct Greeting {
    var to = "Yosuke Ishikawa" {
        willSet {
            print("willSet: (to: \(self.to), newValue: \(newValue))")
        }

        didSet {
            print("didSet: (to: \(self.to))")
        }
    }
}

var greeting = Greeting()
greeting.to = "Yusei Nishiyama"
```

実行結果

```
willSet: (to: Yosuke Ishikawa, newValue: Yusei Nishiyama)
didSet: (to: Yusei Nishiyama)
```

レイジーストアドプロパティ ―― アクセス時まで初期化を遅延させるプロパティ

レイジーストアドプロパティとは、アクセスされるまで初期化を遅延させるプロパティです。

レイジーストアドプロパティを定義するには、varキーワードの前にlazyキーワードを追加します。

```
lazy var インスタンスプロパティ名: プロパティの型 = 式
static lazy var スタティックプロパティ名: プロパティの型 = 式
```

なお、レイジーストアドプロパティはletキーワードによる再代入不可能なプロパティでは使用できません。

それでは、レイジーストアドプロパティの初期化のタイミングを確認してみましょう。初期化処理にprint(_:)関数を仕込んだプロパティを用意し、プロパティの初期化時にログが出力されるようにします。

```
struct SomeStruct {
    var value: Int = {
        print("valueの値を生成します")
        return 1
    }()

    lazy var lazyValue: Int = {
        print("lazyValueの値を生成します")
        return 2
    }()
}

var someStruct = SomeStruct()
print("SomeStructをインスタンス化しました")
print("valueの値は\(someStruct.value)です")
print("lazyValueの値は\(someStruct.lazyValue)です")
```

実行結果

```
valueの値を生成します
SomeStructをインスタンス化しました
valueの値は1です
lazyValueの値を生成します
lazyValueの値は2です
```

実行結果から、通常のストアドプロパティはインスタンス化時に初期化が行われ、レイジーストアドプロパティはアクセス時に初期化が行われていることがわかります。このように、レイジーストアドプロパティを利用すれば、初期化コストの高いプロパティの初期化をアクセス時まで延ばし、アプリケーションのパフォーマンスを向上させることができます。

通常、ストアドプロパティの初期化時にほかのプロパティやメソッドを利用することはできません。しかし、レイジーストアドプロパティの初期化はインスタンスの生成よりもあとに行われるため、初期化時にほかのプロパティやインスタンスにアクセスできます。次の例では、レイジーストアドプロパティであるlazyValueプロパティの初期化に、valueプロパティとdouble(of:)メソッドを使用しています。

```
struct SomeStruct {
    var value = 1
    lazy var lazyValue = double(of: value)

    func double(of value: Int) -> Int {
        return value * 2
    }
}
```

コンピューテッドプロパティ —— 値を保持せずに算出するプロパティ

コンピューテッドプロパティは、プロパティ自身では値を保存せず、すでに存在するストアドプロパティなどから計算して値を返すプロパティです。コンピューテッドプロパティはアクセスごとに値を計算し直すため、計算元の値との整合性が常に保たれるという性質があります。

コンピューテッドプロパティを定義するには、varキーワードに続けてプロパティ名と型名を指定し、{}内にgetキーワードでゲッタを、setキーワードでセッタを指定します。ゲッタはプロパティの値を返す処理、セッタはプロパティの値を更新する処理です。

```
var プロパティ名: 型名 {
    get {
        return文によって値を返す処理
    }

    set {
        値を更新する処理
        プロパティに代入された値には定数newValueとしてアクセスできる
    }
}
```

ゲッタ —— 値の返却

ゲッタは、ほかのストアドプロパティなどから値を取得して、コンピューテッドプロパティの値として返す処理です。

値の返却には、return文を用います。

次の例では、コンピューテッドプロパティbodyのゲッタ内で、ストアドプロパティtoを利用した値を取得し、bodyプロパティの値として返しています。

```
struct Greeting {
    var to = "Yosuke Ishikawa"
    var body: String {
        get {
            return "Hello, \(to)!" // ストアドプロパティtoを利用可能
        }
    }
}

let greeting = Greeting()
greeting.body // Hello, Yosuke Ishikawa!
```

セッタ ―― 値の更新

セッタは、プロパティに代入された値を使用して、ほかのストアドプロパティなどを更新する処理です。

セッタ内では、暗黙的に宣言されたnewValueという定数を通じて代入された値にアクセスできます。この値を使用してセッタの実行後にゲッタがnewValueと同じ値を返せるようにインスタンスを更新します。

次の例は、Temperature型が摂氏温度を表すストアドプロパティcelsiusと華氏温度を表すコンピューテッドプロパティfahrenheitを持っており、ゲッタでは摂氏温度celsiusを華氏温度に変換して値を返し、セッタでは華氏温度newValueを摂氏温度に変換してcelsiusプロパティに代入しています。

```
struct Temperature {
    // 摂氏温度
    var celsius: Double = 0.0

    // 華氏温度
    var fahrenheit: Double {
        get {
            return (9.0 / 5.0) * celsius + 32.0
        }

        set {
            celsius = (5.0 / 9.0) * (newValue - 32.0)
        }
    }
}

var temperature = Temperature()
temperature.celsius // 0
temperature.fahrenheit // 32
```

```
temperature.celsius = 20
temperature.celsius // 20
temperature.fahrenheit // 68

temperature.fahrenheit = 32
temperature.celsius // 0
temperature.fahrenheit // 32
```

上記の例では、celsiusプロパティとfahrenheitプロパティのどちらか一方を更新すれば、もう一方が同じ温度を表すように更新されます。たとえばcelsiusプロパティに20を代入すればfahrenheitプロパティはそれを華氏温度に変換した68を返し、fahrenheitプロパティに32を代入すればcelsiusプロパティにはそれを摂氏温度に変換した0が代入されます。セッタを持つコンピューテッドプロパティは、この例のようにインスタンスの更新方法が複数あるが、プロパティどうしの整合性を持たせたい場合に有用です。

なお、セッタで暗黙的に宣言された定数newValueには、()内に定数名を追加することで任意の名前を与えることもできます。次の例では、fahrenheitプロパティのセッタの定数をnewFahrenheitに指定しています。

```
struct Temperature {
    var celsius: Double = 0.0

    var fahrenheit: Double {
        get {
            return (9.0 / 5.0) * celsius + 32.0
        }

        set(newFahrenheit) {
            celsius = (5.0 / 9.0) * (newFahrenheit - 32.0)
        }
    }
}
```

セッタの省略

コンピューテッドプロパティではゲッタの定義は必須ですが、セッタの定義は任意です。セッタが存在しない場合は、getキーワードと{}を省略してゲッタを記述することもできます。

```
struct Greeting {
    var to = "Yosuke Ishikawa"
    var body: String {
```

```
        return "Hello, \(to)!"
    }
}

let greeting = Greeting()
greeting.body // Hello, Yosuke Ishikawa!
```

セッタが定義されていないコンピューテッドプロパティでは代入による値の更新ができなくなり、プロパティを更新するコードはコンパイルエラーとなります。次の例では、セッタが定義されていないにもかかわらずプロパティの更新を行っているため、コンパイルエラーとなっています。

```
struct Greeting {
    var to = "Yosuke Ishikawa"
    var body: String {
        return "Hello, \(to)!"
    }
}

let greeting = Greeting()
greeting.body = "Hi!" // セッタが定義されていないためコンパイルエラー
```

7.4 イニシャライザ
インスタンスの初期化処理

イニシャライザは型のインスタンスを初期化します。先述したように、すべてのプロパティはインスタンス化の完了までに値が代入されていなければならないため、プロパティの宣言時に初期値を持たないプロパティは、イニシャライザ内で初期化する必要があります。

定義方法

イニシャライザはinitキーワードで宣言し、引数と初期化に関する処理を定義します。イニシャライザの引数の文法は、関数の引数と同じです。

```
init(引数) {
    初期化処理
}
```

次の例では、Greeting型に定義したイニシャライザを用いて、Greeting型のインスタンスを初期化しています。

```
struct Greeting {
    let to: String
    var body: String {
        return "Hello, \(to)!"
    }

    init(to: String) {
        self.to = to
    }
}

let greeting = Greeting(to: "Yosuke Ishikawa")
let body = greeting.body // Hello, Yosuke Ishikawa!
```

失敗可能イニシャライザ —— 初期化の失敗を考慮したイニシャライザ

イニシャライザはすべてのプロパティを正しい型の値で初期化する役割を果たしていますが、イニシャライザの引数によってはプロパティを初期化できないケースが出てきます。初期化に失敗する可能性があるイニシャライザは失敗可能イニシャライザ(*failable initializer*)として表現でき、結果をOptional<Wrapped>型として返します。

失敗可能イニシャライザはinitキーワードに?を加えてinit?(引数)のように定義します。初期化の失敗はreturn nilで表し、イニシャライザはnilを返します。なお、初期化を失敗させる場合にはインスタンス化が行われないため、プロパティを未初期化のままにできます。

次の例では、Item型のイニシャライザinit?(dictionary:)の引数dictionaryから、idをInt型として取り出せなかった場合と、titleをString型として取り出せなかった場合に初期化を失敗させています。戻り値の型はItem?となり、dictionaryが初期化に必要な情報を持っている場合にはItem型のインスタンスを返し、持っていなかった場合にはnilを返します。nilを返すケースではインスタンス化が行われないため、idプロパティとtitleプロパティの初期化を行わずにコンパイルできます。インスタンス化に使用するdictionariesの3番目の要素["title": "def"]はidが欠けているため、Item型の初期化が失敗しています。

```
struct Item {
    let id: Int
    let title: String

    init?(dictionary: [String: Any]) {
        guard let id = dictionary["id"] as? Int,
              let title = dictionary["title"] as? String else {
            // このケースではidとtitleは未初期化のままでもコンパイル可能
            return nil
        }

        self.id = id
        self.title = title
    }
}

let dictionaries: [[String: Any]] = [
    ["id": 1, "title": "abc"],
    ["id": 2, "title": "def"],
    ["title": "ghi"], // idが欠けている辞書
    ["id": 3, "title": "jkl"],
]

for dictionary in dictionaries {
    // 失敗可能イニシャライザはItem?を返す
    if let item = Item(dictionary: dictionary) {
        print(item)
    } else {
        print("エラー: 辞書\(dictionary)からItemを生成できませんでした")
    }
}
```

実行結果

```
Item(id: 1, title: "abc")
Item(id: 2, title: "def")
エラー: 辞書["title": "ghi"]からItemを生成できませんでした
Item(id: 3, title: "jkl")
```

コンパイラによる初期化チェック

プロパティの初期化はコンパイラによってチェックされ、一つでもプロパティが初期化されないケースがある場合は、型の整合性が取れなくなってしまうためコンパイルエラーとなります。

次の例では、init(to: String)内でプロパティtoを初期化していないためコンパイルエラーとなっています。これは、Greeting型のインスタンス化時

にプロパティtoの値がセットされておらず、Greeting型のインスタンスが持つべき値がすべて揃っていないためです。

```
struct Greeting {
    let to: String
    var body: String {
        return "Hello, \(to)!"
    }

    init(to: String) {
        // インスタンスの初期化後にtoが初期値を持たないのでコンパイルエラー
    }
}
```

イニシャライザ内ですべてのプロパティを初期化すれば型の整合性を保つことができ、コンパイル可能となります。

```
struct Greeting {
    let to: String
    var body: String {
        return "Hello, \(to)!"
    }

    init(to: String) {
        self.to = to
    }
}
```

また、プロパティを初期化せずにインスタンス化を終えてしまう条件が一つでも存在する場合もコンパイルできません。次の例では、dictionary["to"]に値が存在しなかった場合、プロパティtoを初期化しないままインスタンス化が終了してしまうためコンパイルエラーとなります。

```
struct Greeting {
    let to: String
    var body: String {
        return "Hello, \(to)!"
    }

    init(dictionary: [String: String]) {
        if let to = dictionary["to"] {
            self.to = to
        }
        // プロパティtoを初期化できないケースを
        // 定義していないのでコンパイルエラー
    }
```

```
}
```

この場合は、失敗可能イニシャライザにするか、デフォルト値でプロパティを埋めるかのどちらかを選択することでコンパイル可能となります。

```
// 失敗可能イニシャライザの使用
struct Greeting1 {
    let to: String
    var body: String {
        return "Hello, \(to)!"
    }

    init?(dictionary: [String: String]) {
        guard let to = dictionary["to"] else {
            return nil
        }

        self.to = to
    }
}

// デフォルト値の用意
struct Greeting2 {
    let to: String
    var body: String {
        return "Hello, \(to)!"
    }

    init(dictionary: [String: String]) {
        to = dictionary["to"] ?? "Yosuke Ishikawa"
    }
}
```

7.5 メソッド 型に紐付いた関数

メソッドは型に紐付いた関数です。メソッドは型のインスタンスの振る舞いを実現するために使用されます。

定義方法

メソッドを定義するには、型の定義の内部でfuncキーワードを使用します。メソッドの名前や引数や戻り値の文法は、関数のものと同じです。

```
func メソッド名(引数) -> 戻り値の型 {
    メソッド呼び出し時に実行される文
}
```

メソッドを呼び出すには、型のインスタンスが代入された変数や定数に.とメソッド名と()を付けて、変数名.メソッド名()のように書きます。メソッドに引数がある場合、()内に引数を,区切りで並べて変数名.メソッド名(引数名1, 引数名2)のように書きます。

次の例では、Greeting型にgreet(user:)メソッドを定義して呼び出しています。

```
struct Greeting {
    func greet(user: String) -> Void {
        print("Hello, \(user)!")
    }
}

let greeting = Greeting()
greeting.greet(user: "Yusei Nishiyama")
```

```
実行結果
Hello, Yusei Nishiyama!
```

紐付く対象による分類

プロパティと同様に、メソッドには型のインスタンスに紐付いたインスタンスメソッドと、型自身に紐付いたスタティックメソッドがあります。

インスタンスメソッド —— 型のインスタンスに紐付くメソッド

インスタンスメソッドは型のインスタンスに紐付いたメソッドです。本書では、単にメソッドと呼ぶ場合、このインスタンスメソッドを指します。

funcキーワードで定義したメソッドは、デフォルトではインスタンスメソッドとなります。

次の例では、Int型のプロパティvalueを持つSomeStruct型を定義し、printValue()メソッドでvalueプロパティの値を出力しています。実行結果から、それぞれのインスタンスに応じた値が出力されていることがわかります。

```
struct SomeStruct {
    var value = 0

    func printValue() {
        print("value: \(self.value)")
    }
}

var someStruct1 = SomeStruct()
someStruct1.value = 1
someStruct1.printValue()

var someStruct2 = SomeStruct()
someStruct2.value = 2
someStruct2.printValue()
```

実行結果

```
value: 1
value: 2
```

スタティックメソッド —— 型自身に紐付くメソッド

スタティックメソッドは型自身に紐付くメソッドであり、インスタンスに依存しない処理に使います。

スタティックメソッドを定義するには、メソッドの定義の先頭にstaticキーワードを追加します。

次のGreeting型にはスタティックプロパティsignatureが定義されており、その初期値は"Sent from iPhone"です。スタティックメソッドsetSignature(withDeviceName:)は、端末名を指定してこのプロパティを更新しています。例では、"Xperia"を引数に渡してsignatureプロパティの値を"Sent from Xperia"に更新しています。

```
struct Greeting {
    static var signature = "Sent from iPhone"

    static func setSignature(withDeviceName deviceName: String) {
        signature = "Sent from \(deviceName)"
    }

    var to = "Yosuke Ishikawa"
    var body: String {
```

```
        return "Hello, \(to)!\n\(Greeting.signature)"
    }
}

let greeting = Greeting()
print(greeting.body)
print("--")

Greeting.setSignature(withDeviceName: "Xperia")
print(greeting.body)
```

実行結果

```
Hello, Yosuke Ishikawa!
Sent from iPhone
--
Hello, Yosuke Ishikawa!
Sent from Xperia
```

オーバーロード —— 型が異なる同名のメソッドの定義

オーバーロードとは、異なる型の引数や戻り値を取る同名のメソッドを複数用意し、引数に渡される型や戻り値の代入先の型に応じて実行するメソッドを切り替える手法です。オーバーロードは、入出力の型が異なる似た処理に対して同名のメソッド群を用意し、呼び出し側にそれらの違いを意識させないという用途で使われます。

引数によるオーバーロード

引数によってメソッドをオーバーロードするには、引数の型が異なる同名のメソッドを複数定義します。

次の例では、String型の引数を取るput(_:)メソッドと、Int型の引数を取るput(_:)メソッドを定義しています。どちらも同じput(_:)というメソッド名ですが、実行結果から、引数の型によって実行されるメソッドが切り替わっていることがわかります。

```
struct Printer {
    func put(_ value: String) {
        print("string: \(value)")
    }

    func put(_ value: Int) {
        print("int: \(value)")
```

```
    }
}

let printer = Printer()
printer.put("abc")
printer.put(123)
```

```
実行結果
string: abc
int: 123
```

戻り値によるオーバーロード

戻り値によってメソッドをオーバーロードするには、戻り値の型が異なる同名のメソッドを複数定義します。

次の例では、String型の戻り値を持つgetValue()メソッドと、Int型の戻り値を持つgetValue()メソッドを定義しています。どちらも同じgetValue()というメソッド名ですが、実行結果から、戻り値の代入先の定数の型によって実行されるメソッドが切り替わっていることがわかります。

```
struct ValueContainer {
    let stringValue = "abc"
    let intValue = 123

    func getValue() -> String {
        return stringValue
    }

    func getValue() -> Int {
        return intValue
    }
}

let valueContainer = ValueContainer()
let string: String = valueContainer.getValue() // "abc"
let int: Int = valueContainer.getValue()       // 123
```

戻り値の代入先の型アノテーションが省略された場合など、戻り値の型が推論できないケースでは実行するメソッドが決定できないため、コンパイルエラーとなります。

```
struct ValueContainer {
    let stringValue = "abc"
    let intValue = 123
```

```
    func getValue() -> String {
        return stringValue
    }

    func getValue() -> Int {
        return intValue
    }
}

let valueContainer = ValueContainer()
let value = valueContainer.getValue() // コンパイルエラー
```

7.6 サブスクリプト
コレクションの要素へのアクセス

サブスクリプトとは、配列や辞書などのコレクションの要素へのアクセスを統一的に表すための文法です。これまでにも、4.2節のArray<Element>型や4.3節のDictionary<Key, Value>型の解説で登場していました。

```
let array = [1, 2, 3]
let firstElement = array[0] // 1

let dictionary = ["a": 1, "b": 2, "c": 3]
let elementForA = dictionary["a"] // 1
```

定義方法

サブスクリプトを定義するには、subscriptキーワードに続けて引数と戻り値の型を指定し、{}内にgetキーワードでゲッタを、setキーワードでセッタを定義します。引数と戻り値の定義の文法は関数のものと同じですが、サブスクリプトではすべての外部引数名がデフォルトでは_となっている点が異なります。また、ゲッタとセッタはコンピューテッドプロパティのものと同様です。

```
subscript(引数) -> 戻り値の型 {
    get {
        return文によって値を返す処理
```

```
    }

    set {
        値を更新する処理
    }
}
```

サブスクリプトを使用するには、型のインスタンスが代入された変数や定数に[]で囲まれた引数を付けて変数名[引数]のように書きます。値の取得時にはゲッタが呼び出され、変数名[引数] = 新しい値のようにして値が代入されるときにはセッタが呼び出されます。

次の例では、数列をProgression型として定義し、個々の要素へのアクセスをサブスクリプトで表現しています。

```
// 数列
struct Progression {
    var numbers: [Int]

    subscript(index: Int) -> Int {
        get {
            return numbers[index]
        }

        set {
            numbers[index] = newValue
        }
    }
}

var progression = Progression(numbers: [1, 2, 3])
let element1 = progression[1] // 2

progression[1] = 4
let element2 = progression[1] // 4
```

引数が複数ある場合も見てみましょう。次の例では、行列をMatrix型として定義し、要素へのアクセスをサブスクリプトで表現しています。外部引数名は_となるため、[1, 1]のように行列内の要素にアクセスできます。

```
// 行列
struct Matrix {
    var rows: [[Int]]
```

```
    subscript(row: Int, column: Int) -> Int {
        get {
            return rows[row][column]
        }

        set {
            rows[row][column] = newValue
        }
    }
}

let matrix = Matrix(rows: [
    [1, 2, 3],
    [4, 5, 6],
    [7, 8, 9],
])

let element = matrix[1, 1] // 5
```

セッタの省略

コンピューテッドプロパティと同様にサブスクリプトでも、ゲッタの定義は必須ですが、セッタの定義は任意です。セッタが存在しない場合は、getキーワードと{}を省略してゲッタを記述することもできます。

次の例では、先ほどの数列を表すProgression型からサブスクリプトのセッタを削除し、getキーワードと{}も省略しています。

```
struct Progression {
    var numbers: [Int]

    subscript(index: Int) -> Int {
        return numbers[index]
    }
}

var progression = Progression(numbers: [1, 2, 3])
progression[0] // 1
```

セッタが定義されていないサブスクリプトでは代入による値の更新ができなくなり、サブスクリプトによって値を更新するコードはコンパイルエラーとなります。次の例では、セッタが定義されていないにもかかわらずサブスクリプトによる値の更新を行っているため、コンパイルエラーとなっています。

```
struct Progression {
    var numbers: [Int]

    subscript(index: Int) -> Int {
        return numbers[index]
    }
}

var progression = Progression(numbers: [1, 2, 3])
progression[1] = 4 // セッタが定義されていないためコンパイルエラー
```

オーバーロード —— 型が異なるサブスクリプトの定義

メソッドと同様にサブスクリプトもオーバーロードを行えます。異なる型の引数や戻り値を取る同名のサブスクリプトを複数用意し、引数の型や戻り値の代入先の型に応じて実行するサブスクリプトを切り替えられます。

たとえばArray<Element>型では、Int型を引数に取ってElement型の要素を返すサブスクリプトsubscript(index: Int) -> Elementと、Range<Int>型を引数に取ってArraySlice<Element>型のスライスを返すサブスクリプトが提供されています。スライスとはコレクションの一部を表すもので、ArraySlice<Element>型はArray<Element>型の一部を表します。

```
let array = [1, 2, 3, 4]
let element = array[0] // Element
let slice = array[0...2] // ArraySlice<Element>
```

7.7 エクステンション 型の拡張

Swiftではすでに存在している型に、プロパティやメソッドやイニシャライザなどの型を構成する要素を追加できます。こうした型の拡張のことをエクステンションと言います。

定義方法

エクステンションはextensionキーワードで宣言でき、{}内に型を構成する要素を定義します。

```
extension エクステンションを定義する対象の型 {
    対象の型に追加したい要素
}
```

次の例では、標準ライブラリのString型に対するエクステンションを宣言しています。

```
extension String {}
```

メソッドの追加

エクステンションで追加したメソッドは、通常のメソッドと同様に使用できます。

次の例では、String型を拡張してprintSelf()というメソッドを追加しています。

```
extension String {
    func printSelf() {
        print(self)
    }
}

let string = "abc"
string.printSelf()
```

実行結果

```
abc
```

コンピューテッドプロパティの追加

エクステンションではストアドプロパティを追加することはできませんが、コンピューテッドプロパティは追加できます。コンピューテッドプロパティを追加することで、アプリケーション内で既存の型に対して頻繁に行われる処理を型自身に定義できます。エクステンションで定義されたコンピューテッドプロパティは、もともと定義されていたプロパティと同様に使用できます。

次の例では、String型に【】(隅付き括弧)で囲んだ値を返すコンピューテッドプロパティenclosedStringを追加しています。

```
extension String {
    var enclosedString: String {
        return "【\(self)】"
    }
}

let title = "重要".enclosedString + "今日は休み" // 【重要】今日は休み
```

イニシャライザの追加

エクステンションではイニシャライザを追加することもできます。既存の型にイニシャライザを追加することで、アプリケーション固有の情報から既存の型のインスタンスを生成するということも可能となります。

次の例では、アプリケーション固有のエラーを表すWebAPIError型を定義し、アラート画面を表示するCocoa TouchのUIAlertControllerというクラスに、このWebAPIError型の値を引数に取るイニシャライザinit(webAPIError:)を追加しています。UIAlertController型にもともと定義されているイニシャライザinit(title:message:preferredStyle:)はタイトルとメッセージと表示スタイルの3つを引数に取りますが、発生したエラーに応じて毎回この3つを指定するのは手間がかかります。イニシャライザinit(webAPIError:)はエラーからタイトルとメッセージを引き出し、もとのイニシャライザに渡すことで、エラーのアラート画面の作成を簡略化しています[注1]。

```
import UIKit

// アプリケーション固有のエラー
enum WebAPIError : Error {
    case connectionError(Error)
    case fatalError

    var title: String {
        switch self {
        case .connectionError:
            return "通信エラー"
        case .fatalError:
            return "致命的エラー"
```

注1　コード中に登場するconvenienceキーワードについて詳しくは、8.4節で説明します。

```
        }
    }

    var message: String {
        switch self {
        case .connectionError(let underlyingError):
            return underlyingError.localizedDescription
                + "再試行してください"
        case .fatalError:
            return "サポート窓口に連絡してください"
        }
    }
}

extension UIAlertController {
    convenience init(webAPIError: WebAPIError) {
        // UIAlertControllerの指定イニシャライザ
        self.init(title: webAPIError.title,
            message: webAPIError.message,
            preferredStyle: .alert)
    }
}

let error = WebAPIError.fatalError
let alertController = UIAlertController(webAPIError: error)
```

7.8 型のネスト

Swiftでは型の中に型を定義でき、これを型のネストと言います。たとえば4.5節で登場したString.Index型は、String型の中に定義されています。この例のように、ネストされた型はネストする型の名前を引き継ぐことになるため、型名をより明確かつ簡潔にできるというメリットがあります。

型のネストは、型の定義位置をほかの型の内部にするというものであり、プロパティやメソッドの引き継ぎといった型の構成要素への影響はありません。

定義方法

型をネストするには、型の定義の中に型を定義します。

たとえば、ニュースフィードのアイテムを表すNewsFeedItem型と、その種類を表すNewsFeedItemKind型があったとします。

```
enum NewsFeedItemKind {
    case a
    case b
    case c
}

struct NewsFeedItem {
    let id: Int
    let title: String
    let type: NewsFeedItemKind
}
```

型の名前から、NewsFeedItemKind型はNewsFeedItem型の種類を表していることを推測できますが、これは命名で縛っているにすぎません。NewsFeedItemKind型をNewsFeedItem型の中にネストさせてKindにリネームすると、NewsFeedItem.Kind型となります。

```
struct NewsFeedItem {
    enum Kind {
        case a
        case b
        case c
    }

    let id: Int
    let title: String
    let kind: Kind

    init(id: Int, title: String, kind: Kind) {
        self.id = id
        self.title = title
        self.kind = kind
    }
}

let kind = NewsFeedItem.Kind.a
let item = NewsFeedItem(id: 1, title: "Table", kind: kind)
```

```
switch item.kind {
case .a: print("kind is .a")
case .b: print("kind is .b")
case .c: print("kind is .c")
}
```

実行結果

```
kind is .a
```

NewsFeedItem.Kind型は、NewsFeedItemKind型と比べると、NewsFeedItem型との関連性がより明確になっています。また、NewsFeedItem.Kind型はNewsFeedItem型の内部ではKind型として参照できるため、型名もより簡潔になりました。

7.9 まとめ

本章では、型がどのような要素で構成されているのかを説明しました。

次章では、クラス、構造体、列挙型それぞれに固有の仕様について説明しますが、本章で解説した型を構成する要素は、すべてに共通の仕様です。

第8章

型の種類

構造体、クラス、列挙型

前章で説明したように、Swiftには構造体、クラス、列挙型という3つの型の種類があり、それらにはプロパティやメソッドなどの共通した仕様がありました。その一方で、三者それぞれに固有の仕様も多く存在します。これらの仕様の違いは単純な機能の有無だけでなく、値の受け渡し時の挙動にも及んでいます。

本章では、はじめに値の受け渡しに関係する値型と参照型の挙動について説明し、続いて構造体、クラス、列挙型の固有の仕様について解説します。

8.1 型の種類を使い分ける目的

プログラミングでは、データを型として表現します。前章で説明したとおり、構造体、クラス、列挙型はプロパティやメソッドなどの共通の型を構成する要素を持っており、たいていのデータは構造体やクラスで表現できるようになっています。しかし、構造体、クラス、列挙型はそれぞれの目的に特化した機能や仕様を持っているため、データの性質に応じて適切な種類を選択すれば、単なる値と機能の組み合わせ以上の表現が可能となります。

8.2 値の受け渡し方法による分類

Swiftの3つの型の種類は、値の受け渡しの方法によって値型と参照型の2つに大別できます。値型と参照型の最大の違いは、変更をほかの変数や定数と共有するかどうかにあります。値型は変更を共有しない型であるのに対し、参照型は変更を共有する型となっています。Swiftでは構造体と列挙型は値型として実装されており、クラスは参照型として実装されています。

値型 —— 値を表す型

値型とは、インスタンスが値への参照ではなく値そのものを表す型です。

Swiftの構造体と列挙型は値型です。変数や定数への値型のインスタンスの代入は、インスタンスが表す値そのものの代入を意味するため、複数の変数や定数で1つの値型のインスタンスを共有することはできません。そのため、一度代入したインスタンスは再代入を行わない限り不変であり、その値が予測可能になるというメリットがあります。

最も理解しやすい値型は数値型です。たとえばInt型は1などの整数値を表し、Float型は1.0などの浮動小数点方式で表された小数値を表しています。これらの型のインスタンスは1や1.0という値そのものを表しているため、一度変数や定数に代入した値はほかの値の変更の影響を受けることはありません。たとえば、次のプログラムでは4.0が入っている変数aを別の変数bに代入していますが、この代入が意味することはbにaが持つ4.0への参照を代入することではなく、bにaの値である4.0を代入することです。aとbは別々に4.0というインスタンスを持っているため、平方根を取るformSquareRoot()メソッドをaに対して呼び出して2.0に変更したとしても、bに影響はなく4.0のままとなります。

```
var a = 4.0 // aに4.0が入る
var b = a // bに4.0が入る（aが持つ4.0への参照ではなく値である4.0が入る）
a.formSquareRoot() // aの平方根を取る
a // aは2.0になる
b // bはaの変更の影響を受けずに4.0のままとなる
```

変数と定数への代入とコピー

値型のインスタンスが値そのものを表すという仕様は、変数、定数への代入や関数への受け渡しのたびにコピーを行い、もとのインスタンスが表す値を不変にすることによって実現されています。先ほどのプログラムで数値型の変数がほかの変数の変更の影響を受けなかったことも、代入のたびに発生するコピーによって説明できます。

先述したようにSwiftの構造体と列挙型は値型となっており、独自に定義した構造体や列挙型も値型となります。独自に定義した値型の例として、色をRGBで表すColor型という構造体のインスタンスの受け渡しが、値そのものとしてどのように解釈できるかを見てみましょう。変数aに赤を表すColor(red: 255, green: 0, blue: 0)を代入し、変数bにaを代入します。変数bへのaの代入が意味することは、bにaが持つ赤への参照を代入することではなく、aが示す赤という色そのものをbに代入するということです。言い換えれば、bへの代入を行う際にaに入っているColor(red: 255, green: 0, blue: 0)がコピーされ、aとbがそれぞれ独立して赤という値を持っているということです。そのため数値型での例と同様に、aを変更してもbは影響を受けずに赤のままとなります。

```
struct Color {
    var red: Int
    var green: Int
    var blue: Int
}

var a = Color(red: 255, green: 0, blue: 0) // aに赤を代入
var b = a // bに赤を代入
a.red = 0 // aを黒に変更する

// aは黒になる
a.red // 0
a.green // 0
a.blue // 0

// bは赤のまま
b.red // 255
b.green // 0
b.blue // 0
```

mutatingキーワード —— 自身の値の変更を宣言するキーワード

値型では、mutatingキーワードをメソッドの宣言に追加することで、自身の値を変更する処理を実行できます。mutatingキーワードが指定されたメソッドを実行してインスタンスの値を変更すると、インスタンスが格納されている変数への暗黙的な再代入が行われます。mutatingキーワードが指定されたメソッドの呼び出しは再代入として扱われるため、定数に格納された値型のインスタンスに対しては実行できず、コンパイルエラーとなります。

```
mutating func メソッド名(引数) -> 戻り値の型 {
    メソッド呼び出し時に実行される文
}
```

次の例では、7.7節で解説したエクステンションを利用して、自身の値に1を加算するincrement()メソッドをInt型に追加しています。このメソッドはa.increment()のように実行できるため、一見すると代入を伴わず変数の値を変更しているように見えますが、実際には暗黙的にaへの再代入が行われています。また、bは定数であるためincrement()メソッドを実行しようとするとコンパイルエラーとなります。

```
extension Int {
    mutating func increment() {
        self += 1
    }
}

var a = 1 // 1
a.increment() // 2 (aに再代入が行われている)

let b = 1
b.increment() // bに再代入できないためコンパイルエラー
```

定数に対しては実行できないという仕様は、インスタンスが保持する値の変更を防ぎたい場合に役立ちます。たとえば標準ライブラリのArray<Element>型はこの仕様によって、varキーワードで宣言した場合は要素の変更ができ、letキーワードで宣言した場合は要素の変更ができないようになっています。append(_:)メソッドにはmutatingキーワードが付いているため、letで宣言したArray<Element>型の値に対して実行しようとするとコンパイルエラーとなります。

```
var mutableArray = [1, 2, 3]
mutableArray.append(4) // [1, 2, 3, 4]

let immutableArray = [1, 2, 3]
immutableArray.append(4) // 再代入できないためコンパイルエラー
```

参照型 ―― 値への参照を表す型

参照型とは、インスタンスが値への参照を表す型です。Swiftのクラスは参照型です。変数や定数への参照型の値の代入は、インスタンスに対する参照の代入を意味するため、複数の変数や定数で1つの参照型のインスタンスを共有できます。また、変数や定数への代入時や関数への受け渡し時にはインスタンスのコピーが発生しないため、効率的なインスタンスの受け渡しができるというメリットがあります。

値の変更の共有

値型では変数や定数はほかの値の変更による影響を受けないことが保証されていましたが、参照型では1つのインスタンスが複数の変数や定数の間で共有されるため、ある値に対する変更はインスタンスを共有しているほかの変数や定数にも伝播(でんぱ)します。

例として、Int型の値をプロパティとして持つ参照型のIntBoxクラスを見てみましょう。変数aにIntBox(value: 1)を代入し、続いて変数bにaを代入します。bにaを代入するということは、aが参照しているインスタンスIntBox(value: 1)をbも参照するという意味になります。つまり、aとbは同じ1つのインスタンスIntBox(value: 1)への参照を持っているということになります。aとbは同じインスタンスを参照しているため、a.valueを変更すれば同じインスタンスを参照しているb.valueも変更されます。

```
class IntBox {
    var value: Int

    init(value: Int) {
        self.value = value
    }
}

var a = IntBox(value: 1) // aはIntBox(value: 1)を参照する
var b = a // bはaと同じインスタンスを参照する

// a.value、b.valueは両方とも1
a.value // 1
b.value // 1

// a.valueを2に変更する
a.value = 2

// a.value、b.valueは両方とも2
a.value // 2
b.value // 2
```

値型と参照型の使い分け

値型は変数や定数への代入や引数への受け渡しのたびにコピーされ、変更は共有されません。したがって、一度代入された値は明示的に再代入しない限りは不変であることが保証されます。一方の参照型はその逆であり、変数や定数への代入や引数への受け渡しの際にコピーされずに参照が渡されるため、変更が共有されます。したがって、一度代入された値が変更されないことの保証は難しくなります。

これらの性質を考慮すると、安全にデータを取り扱うためには積極的に値型を使用し、参照型は状態管理などの変更の共有が必要となる範囲のみにとどめるのがよいでしょう。

8.3 構造体
値型のデータ構造

構造体は値型の一種であり、ストアドプロパティの組み合わせによって1つの値を表します。構造体の利用例は多岐に渡ります。たとえば、画面上のサイズは幅と高さの2つのストアドプロパティを持つ構造体によって表すことができ、画面上の座標はXとYの2つストアドプロパティを持つ構造体によって表すことができます。また、クラス、列挙型などと同様にメソッドを定義できるので、振る舞いを実装することもできます。

標準ライブラリで提供されている多くの型は構造体です。第3章で登場したBool型、数値型、String型、第4章で登場したArray<Element>型、Dictionary<Key, Value>型、範囲型などの基本的な型はすべて構造体です。第3章と第4章で登場したもののうち構造体ではないのは、列挙型であるOptional<Wrapped>型、型の組み合わせであるタプル型、プロトコルであるAny型のみです。

定義方法

構造体の定義にはstructキーワードを使用します。

```
struct 構造体名 {
    構造体の定義
}
```

次の例では、Articleという構造体を定義しています。

```
struct Article {}
```

前章で登場したプロパティやメソッド、イニシャライザなどの型を構成する要素は構造体ですべて利用可能で、{}内に定義できます。

```
struct Article {
    let id: Int
    let title: String
```

```
    let body: String

    init(id: Int, title: String, body: String) {
        self.id = id
        self.title = title
        self.body = body
    }

    func printBody() {
        print(body)
    }
}

let article = Article(id: 1, title: "title", body: "body")
article.printBody()
```

実行結果
```
body
```

ストアドプロパティの変更による値の変更

本節の冒頭で説明したとおり、構造体はストアドプロパティの組み合わせで1つの値を表す値型です。構造体のストアドプロパティを変更することは、構造体を別の値に変更することであり、構造体が入っている変数や定数への再代入を必要とします。したがって、値型の値の変更に関する仕様は、構造体のストアドプロパティの変更にも適用されます。

定数のストアドプロパティは変更できない

構造体のストアドプロパティの変更は再代入を必要とするため、定数に代入された構造体のストアドプロパティは変更できません。

例として、Int型のストアドプロパティを持つ構造体SomeStruct型を見てみましょう。変数にSomeStruct型の値を代入した場合、ストアドプロパティidは変更できます。一方、定数にSomeStruct型の値を代入した場合、ストアドプロパティidは変更できません。

```
struct SomeStruct {
    var id: Int

    init(id: Int) {
        self.id = id
    }
```

```
}

var variable = SomeStruct(id: 1)
variable.id = 2 // OK

let constant = SomeStruct(id: 1)
constant.id = 2 // コンパイルエラー
```

メソッド内のストアドプロパティの変更にはmutatingキーワードが必要

構造体のストアドプロパティの変更は再代入を必要とするため、ストアドプロパティの変更を含むメソッドにはmutatingキーワードが必要です。

```
struct SomeStruct {
    var id: Int

    init(id: Int) {
        self.id = id
    }

    mutating func someMethod() {
        id = 4
    }
}

var a = SomeStruct(id: 1)
a.someMethod()
a.id // 4
```

構造体のメソッド内のストアドプロパティの変更はコンパイラによってチェックされ、ストアドプロパティの変更を含んでいるにもかかわらずmutatingキーワードが付いていない場合はコンパイルエラーとなります。

```
struct SomeStruct {
    var id: Int

    init(id: Int) {
        self.id = id
    }

    func someMethod() {
        id = 4 // mutatingが付いていないのでコンパイルエラー
    }
}
```

メンバーワイズイニシャライザ ——デフォルトで用意されるイニシャライザ

7.4節で説明したとおり、型のインスタンスは初期化後にすべてのプロパティが初期化されている必要があります。独自にイニシャライザを定義して初期化の処理を行うこともできますが、構造体では自動的に定義されるメンバーワイズイニシャライザ(*memberwise initializer*)というイニシャライザを利用できます。メンバーワイズイニシャライザは、型が持っている各ストアドプロパティと同名の引数を取るイニシャライザです。

プロパティid、title、bodyを持つ次の構造体Article型のメンバーワイズイニシャライザはinit(id: Int, title: String, body: String)となり、通常のイニシャライザと同様の方法で扱えます。

```
struct Article {
    var id: Int
    var title: String
    var body: String

    // 以下と同等のイニシャライザが自動的に定義される
    // init(id: Int, title: String, body: String) {
    //     self.id = id
    //     self.title = title
    //     self.body = body
    // }
}

let article = Article(id: 1, title: "Hello", body: "...")
article.id // 1
article.title // "Hello"
article.body // "..."
```

メンバーワイズイニシャライザのデフォルト引数

ストアドプロパティが初期化式とともに定義されている場合、そのプロパティに対応するメンバーワイズイニシャライザの引数はデフォルト引数を持ち、呼び出し時の引数の指定を省略できます。

次の例では、Mail型はストアドプロパティsubjectとbodyを持ち、subjectプロパティには初期化式"(No Subject)"が定義されています。このとき、メンバーワイズイニシャライザinit(subject:body:)の引数subjectには、デフォルト引数"(No Subject)"が定義されます。

```
struct Mail {
    var subject: String = "(No Subject)"
    var body: String

    // 以下と同等のイニシャライザが自動的に定義される
    // init(subject: String = "(No Subject)", body: String) {
    //     self.subject = subject
    //     self.body = body
    // }
}

let noSubject = Mail(body: "Hello!")
noSubject.subject // "(No Subject)"
noSubject.body // "Hello!"

let greeting = Mail(subject: "Greeting", body: "Hello!")
greeting.subject // "Greeting"
greeting.body // "Hello!"
```

8.4 クラス 参照型のデータ構造

クラスは構造体と同様の構造を持つ型です。構造体との大きな違いは2つあり、一つは参照型であること、もう一つは継承が可能であることです。構造体や列挙型と比べると、プロパティやメソッドの文法、初期化のフローなどに違いがありますが、これは継承を考慮する必要があるためです。

Cocoaのほとんどの型はクラスとして定義されています。

定義方法

クラスの定義にはclassキーワードを使用します。

```
class クラス名 {
    クラスの定義
}
```

次の例では、SomeClassというクラスを定義しています。

```
class SomeClass {}
```

前章で登場したプロパティやメソッド、イニシャライザなどの型を構成する要素はクラスですべて利用可能で、{}内に定義できます。

```
class SomeClass {
    let id: Int
    let name: String

    init(id: Int, name: String) {
        self.id = id
        self.name = name
    }

    func printName() {
        print(name)
    }
}

let instance = SomeClass(id: 1, name: "name")
instance.printName()
```

実行結果

```
name
```

継承 ―― 型の構成要素の引き継ぎ

継承とは、新たなクラスを定義するときに、ほかのクラスのプロパティ、メソッド、イニシャライザなどの型を再利用するしくみです。継承先のクラスでは継承元のクラスと共通する動作をあらためて定義する必要がなく、継承元のクラスとの差分のみを定義すれば済みます。継承先のクラスは継承元のクラスのサブクラス、継承元のクラスは継承先のクラスのスーパークラスと言います。Swiftでは、複数のクラスから継承する多重継承は禁止されています。

定義方法

クラスに継承関係を定義するには、クラス名のあとに:とスーパークラス名を記述します。

```
class クラス名 : スーパークラス名 {
    クラスの定義
}
```

次の例では、RegisteredUserクラスがUserクラスを継承しています。

RegisteredUserクラスはUserクラスを継承しているので、Userクラスで定義されているid、messageプロパティやprintProfile()メソッドが自動的に利用可能になります。

```
class User {
    let id: Int

    var message: String {
        return "Hello."
    }

    init(id: Int) {
        self.id = id
    }

    func printProfile() {
        print("id: \(id)")
        print("message: \(message)")
    }
}

// Userを継承したクラス
class RegisteredUser : User {
    let name: String

    init(id: Int, name: String) {
        self.name = name
        super.init(id: id)
    }
}

let registeredUser = RegisteredUser(id: 1, name: "Yosuke Ishikawa")
let id = registeredUser.id
let message = registeredUser.message
registeredUser.printProfile()
```

実行結果

```
id: 1
message: Hello.
```

オーバーライド —— 型の構成要素の再定義

スーパークラスで定義されているプロパティやメソッドなどの要素は、サブクラスで再定義することもできます。これをオーバーライドと言います。オーバーライド可能なプロパティはインスタンスプロパティと後述するクラスプロパティのみで、スタティックプロパティはオーバーライドできません。

オーバーライドを行うには、overrideキーワードを使用してスーパークラスで定義されている要素を再定義します。

```
class クラス名 : スーパークラス名 {
    override func メソッド名(引数) -> 戻り値の型 {
        メソッド呼び出し時に実行される文
    }

    override var プロパティ名: 型名 {
        get {
            return文によって値を返す処理
            superキーワードでスーパークラスの実装を利用できる
        }

        set {
            値を更新する処理
            superキーワードでスーパークラスの実装を利用できる
        }
    }
}
```

オーバーライドしたプロパティやメソッドの中でsuperキーワードを使用することで、スーパークラスの実装を呼び出すこともできます。

次の例では、Userクラスで定義されているmessageプロパティとprintProfile()メソッドをRegisteredUserでオーバーライドしており、printProfile()メソッドでは、super.printProfile()によってスーパークラスの実装を呼び出しています。

```
class User {
    let id: Int

    var message: String {
        return "Hello."
    }

    init(id: Int) {
        self.id = id
    }

    func printProfile() {
        print("id: \(id)")
        print("message: \(message)")
    }
}
```

```
class RegisteredUser : User {
    let name: String

    override var message: String {
        return "Hello, my name is \(name)."
    }

    init(id: Int, name: String) {
        self.name = name
        super.init(id: id)
    }

    override func printProfile() {
        super.printProfile()
        print("name: \(name)")
    }
}

let user = User(id: 1)
user.printProfile()

print("--")

let registeredUser = RegisteredUser(id: 2, name: "Yusei Nishiyama")
registeredUser.printProfile()
```

実行結果

```
id: 1
message: Hello.
--
id: 2
message: Hello, my name is Yusei Nishiyama.
name: Yusei Nishiyama
```

UserクラスのprintProfile()メソッドではidプロパティとmessageプロパティの値のみを出力していましたが、RegisteredUserクラスではこれらに加えてnameプロパティの値も出力しています。UserクラスのprintProfile()メソッドの実装と組み合わせた結果、RegisteredUserクラスのprintProfile()メソッドが実行する処理は次のコードと同様になっています。

```
print("id: \(id)")
print("message: \(message)")
print("name: \(name)")
```

finalキーワード —— 継承とオーバーライドの禁止

オーバーライド可能な要素の前にfinalキーワードを記述することで、その要素がサブクラスでオーバーライドされることを禁止できます。

次の例で、overridableMethod()メソッドはオーバーライドできますが、finalMethod()メソッドはfinalキーワードとともに定義されているため、オーバーライドしようとするとコンパイルエラーとなります。

```
class SuperClass {
    func overridableMethod() {}

    final func finalMethod() {}
}

class SubClass : SuperClass {
    override func overridableMethod() {}

    // オーバーライド不可能なためコンパイルエラー
    override func finalMethod() {}
}
```

クラス自体にfinalキーワードを付与することで、そのクラスを継承したクラスを定義することを禁止できます。次の例で、InheritableClassクラスは継承できますが、FinalClassクラスはfinalキーワードとともに定義されているため、継承しようとするとコンパイルエラーとなります。

```
class InheritableClass {}

class ValidSubClass : InheritableClass {}

final class FinalClass {}

// 継承不可能なためコンパイルエラー
class InvalidSubClass : FinalClass {}
```

クラスに紐付く要素

クラスのインスタンスではなくクラス自身に紐付く要素として、クラスプロパティとクラスメソッドがあります。本項では、クラスプロパティとクラスメソッドについて説明します。

型のインスタンスではなく型自身に紐付く要素として、7.3節でスタティックプロパティを、7.5節でスタティックメソッドを紹介しました。クラスプロパティはスタティックプロパティと、クラスメソッドはスタティックメソッドと、それぞれ似通った性質を持っています。両者の違いは、スタティックプロパティとスタティックメソッドはオーバーライドできないのに対し、クラスプロパティとクラスメソッドはオーバーライドできることにあります。

クラスプロパティ ―― クラス自身に紐付くプロパティ

クラスプロパティはクラスのインスタンスではなくクラス自身に紐付くプロパティで、インスタンスに依存しない値を扱う場合に利用します。

クラスプロパティを定義するには、プロパティ宣言の先頭にclassキーワードを追加します。また、クラスプロパティにアクセスするには、型名に.とクラスプロパティ名を付けて型名.クラスプロパティ名のように書きます。

次のclassNameクラスプロパティは、クラス名を返します。クラス名はインスタンス間で同じなので、クラスに紐付くプロパティとして定義することが適切でしょう。サブクラスでは、これをオーバーライドしてサブクラスのクラス名を返しています。

```
class A {
    class var className: String {
        return "A"
    }
}

class B : A {
    override class var className: String {
        return "B"
    }
}

A.className // "A"
B.className // "B"
```

クラスメソッド ―― クラス自身に紐付くメソッド

クラスメソッドはクラスのインスタンスではなくクラス自身に紐付くメソッドで、インスタンスに依存しない処理を実装する際に利用します。

クラスメソッドを定義するには、メソッドの定義の先頭にclassキーワードを追加します。また、クラスメソッドを呼び出すには、型名に.とクラスメソッド名を付けて型名.クラスメソッド名のように書きます。

次のinheritanceHierarchy()クラスメソッドはクラスの継承関係を表現す

る文字列を返します。サブクラスではスーパークラスのメソッドを呼び出し、そこに自身のクラス名を追記しています。

```
class A {
    class func inheritanceHierarchy() -> String {
        return "A"
    }
}

class B : A {
    override class func inheritanceHierarchy() -> String {
        return super.inheritanceHierarchy() + "<-B"
    }
}

class C : B {
    override class func inheritanceHierarchy() -> String {
        return super.inheritanceHierarchy() + "<-C"
    }
}

A.inheritanceHierarchy() // "A"
B.inheritanceHierarchy() // "A<-B"
C.inheritanceHierarchy() // "A<-B<-C"
```

スタティックプロパティ、スタティックメソッドとの使い分け

スタティックプロパティ、スタティックメソッドはクラスに対しても利用できます。つまり、クラスに対してインスタンスではなく型に紐付く要素を定義する場合、スタティックプロパティ、スタティックメソッドと、クラスプロパティ、クラスメソッドの両方を選択できます。どちらを選択するべきかは、その値がサブクラスで変更される可能性があるかどうかで決まります。

次の例で、クラス名を返すclassNameプロパティの値は、継承先で変更されるべきなのでクラスプロパティとして定義されています。一方で、継承元のクラス名を返すbaseClassNameプロパティの値は、継承先でも同じ値であるべきなのでスタティックプロパティとして定義されています。スタティックプロパティをオーバーライドしようとするとコンパイルエラーとなります。

```
class A {
    class var className: String {
        return "A"
    }
```

```
    static var baseClassName: String {
        return "A"
    }
}

class B : A {
    override class var className: String {
        return "B"
    }

    // スタティックプロパティはオーバーライドできないのでコンパイルエラー
    override static var baseClassName: String {
        return "A"
    }
}

A.className // "A"
B.className // "B"

A.baseClassName // "A"
B.baseClassName
```

イニシャライザの種類と初期化のプロセス

7.4節では、イニシャライザの役割は型のインスタンス化の完了までにすべてのプロパティを初期化し、型の整合性を保つことであると説明しました。それに加えて、クラスには継承関係があるため、さまざまな階層で定義されたプロパティが初期化されることを保証する必要があります。これを保証するために、クラスには2段階初期化というしくみが導入されています。2段階初期化を実現するために、クラスのイニシャライザは指定イニシャライザとコンビニエンスイニシャライザの2種類に分類されています。

本項では、まずそれぞれのイニシャライザについて説明し、続いて2段階初期化について解説します。

指定イニシャライザ ―― 主となるイニシャライザ

指定イニシャライザ(*designated initializer*)はクラスの主となるイニシャライザで、このイニシャライザの中ですべてのストアドプロパティが初期化される必要があります。

指定イニシャライザはこれまでに登場してきたイニシャライザと同様に定

義します。

```
class Mail {
    let from: String
    let to: String
    let title: String

    // 指定イニシャライザ
    init(from: String, to: String, title: String) {
        self.from = from
        self.to = to
        self.title = title
    }
}
```

コンビニエンスイニシャライザ —— 指定イニシャライザをラップするイニシャライザ

コンビニエンスイニシャライザ(*convenience initializer*)は指定イニシャライザを中継するイニシャライザで、内部で引数を組み立てて指定イニシャライザを呼び出す必要があります。

コンビニエンスイニシャライザはconvenienceキーワードを追加することで定義できます。

```
class Mail {
    let from: String
    let to: String
    let title: String

    // 指定イニシャライザ
    init(from: String, to: String, title: String) {
        self.from = from
        self.to = to
        self.title = title
    }

    // コンビニエンスイニシャライザ
    convenience init(from: String, to: String) {
        self.init(from: from, to: to, title: "Hello, \(from).")
    }
}
```

2段階初期化

型の整合性を保った初期化を実現するため、クラスのイニシャライザには次の3つのルールがあります。

- **指定イニシャライザは、スーパークラスの指定イニシャライザを呼ぶ**
- **コンビニエンスイニシャライザは、同一クラスのイニシャライザを呼ぶ**
- **コンビニエンスイニシャライザは、最終的に指定イニシャライザを呼ぶ**

このルールを満たしている場合、継承関係にあるすべてのクラスの指定イニシャライザが必ず実行され、各クラスで定義されたプロパティがすべて初期化されることが保証されます。一つでも満たせないルールがある場合、型の整合性を保てない可能性があるためコンパイルエラーとなります。

また、スーパークラスとサブクラスのプロパティの初期化順序を守るため、指定イニシャライザによるクラスの初期化は次の2段階に分けて行われます。

❶クラス内で新たに定義されたすべてのストアドプロパティを初期化し、スーパークラスの指定イニシャライザを実行する。スーパークラスでも同様の初期化を行い、大もとのクラスまでさかのぼる

❷ストアドプロパティ以外の初期化を行う

第1段階の時点ではスーパークラスで定義されているストアドプロパティが初期化されていないため、selfにはアクセスできないようになっています。第2段階では、すべてのストアドプロパティが初期化されていることが保証されており、selfに安全にアクセスができるようになっています。

```
class User {
    let id: Int

    init(id: Int) {
        self.id = id
    }

    func printProfile() {
        print("id: \(id)")
    }
}

class RegisteredUser : User {
    let name: String

    init(id: Int, name: String) {
        // 第1段階
        self.name = name
        super.init(id: id)
```

```
        // 第2段階
        self.printProfile()
    }
}
```

デフォルトイニシャライザ —— プロパティの初期化が不要な場合に定義されるイニシャライザ

プロパティが存在しない場合や、すべてのプロパティが初期値を持っている場合、指定イニシャライザ内で初期化する必要があるプロパティはありません。このようなクラスでは、暗黙的にデフォルトの指定イニシャライザinit()が定義されます。

```
class User {
    let id = 0
    let name = "Taro"

    // 以下と同等のイニシャライザが自動的に定義される
    // init() {}
}

let user = User()
```

一つでも指定イニシャライザ内で初期化が必要なプロパティが存在する場合、デフォルトイニシャライザinit()はなくなり、指定イニシャライザを定義する必要が生じます。次の例では、Userクラスの各プロパティの初期値をなくし、代わりに指定イニシャライザinit(id:name:)を定義しています。

```
class User {
    let id: Int
    let name: String

    init(id: Int, name: String) {
        self.id = id
        self.name = name
    }
}

let user = User(id: 0, name: "Taro")
```

また、指定イニシャライザ内で初期化する必要があるプロパティが存在するにもかかわらず指定イニシャライザを定義しない場合は、インスタンス化が不可能となるためコンパイルエラーとなります。

```
class User {
    let id: Int
    let name: String
    // id, nameを初期化する方法が存在しないためコンパイルエラー
}
```

クラスのメモリ管理

Swiftは、クラスのメモリ管理にARC(*Automatic Reference Counting*)という方式を採用しています。

ARCでは、クラスのインスタンスを生成するたびにそのインスタンスのためのメモリ領域を自動的に確保し、不要になったタイミングでそれらを自動的に解放します。ARCでは使用中のインスタンスのメモリが解放されてしまうことを防ぐために、プロパティ、変数、定数からそれぞれのクラスのインスタンスへの参照がいくつあるかをカウントしています。このカウントが0になったとき、そのインスタンスはどこからも参照されていないとみなされ、メモリが解放されます。このカウントのことを参照カウントと呼びます。

デイニシャライザ —— インスタンスの終了処理

ARCによってインスタンスが破棄されるタイミングでは、クラスのデイニシャライザが実行されます。デイニシャライザとはイニシャライザの逆で、クリーンアップなどの終了処理を行うものです。

デイニシャライザは、deinitキーワードを使用してクラス内に次のように定義します。

```
class クラス名 {
    deinit {
        クリーンアップなどの終了処理
    }
}
```

デイニシャライザは継承関係の下位のクラスから自動的に実行されるため、スーパークラスのデイニシャライザを呼び出す必要はありません。

値の比較と参照の比較

参照型の比較は、参照先の値どうしの比較と、参照先自体の比較の2つに

分けられます。参照先の値どうしの比較はこれまでに登場してきたものと同様に==演算子で行い、参照先自体の比較は===演算子で行います。

次の例では、SomeClassクラスはEquatableプロトコルに準拠しており、すべてのSomeClassクラスのインスタンスどうしが同じ値とみなされるように実装しています。そして、SomeClassクラスの異なるインスタンスを定数aとbに代入しています。定数aとbは同じ値であるためa == bはtrueとなりますが、定数aとbはそれぞれ別のインスタンスを参照しているためa === bはfalseとなります。また、別の定数cにaを代入すると、aとcは同じインスタンスを参照することになるためa === cはtrueとなります。

```
class SomeClass : Equatable {
    static func ==(lhs: SomeClass, rhs: SomeClass) -> Bool {
        return true
    }
}

let a = SomeClass()
let b = SomeClass()
let c = a

// 定数aとbは同じ値
a == b // true

// 定数aとbの参照先は異なる
a === b // false

// 定数aとcの参照先は同じ
a === c // true
```

8.5 列挙型
複数の識別子をまとめる型

列挙型は値型の一種で、複数の識別子をまとめる型です。たとえば曜日には月火水木金土日の7種類がありますが、列挙型ではこれら7つの識別子をまとめて1つの型として扱えます。列挙型の一つ一つの識別子はケースと言います。また、月曜日であると同時に火曜日であることがあり得ないように、ケースどうしは排他的です。

標準ライブラリで提供されている一部の型は列挙型です。たとえば3.5節で登場したOptional<Wrapped>型は列挙型です。

定義方法

列挙型の定義にはenumキーワードとcaseキーワードを使用します。

```
enum 列挙型名 {
    case ケース名1
    case ケース名2
    ...
    そのほかの列挙型の定義
}
```

列挙型は、列挙型名.ケース名のようにケース名を指定してインスタンス化します。次の例では、列挙型Weekdayにsunday、monday、tuesday、wednesday、thursday、friday、saturdayという7つのケースを定義し、.sundayと.mondayをインスタンス化しています。

```
enum Weekday {
    case sunday
    case monday
    case tuesday
    case wednesday
    case thursday
    case friday
    case saturday
}

let sunday = Weekday.sunday // sunday
let monday = Weekday.monday // monday
```

また、イニシャライザを定義してインスタンス化を行うこともできます。次の例では、Weekdayにイニシャライザinit(japaneseName:)を追加し、引数に渡された文字列に応じて各ケースをselfに代入しています。

```
enum Weekday {
    case sunday
    case monday
    case tuesday
    case wednesday
    case thursday
    case friday
```

```
    case saturday

    init?(japaneseName: String) {
        switch japaneseName {
        case "日": self = .sunday
        case "月": self = .monday
        case "火": self = .tuesday
        case "水": self = .wednesday
        case "木": self = .thursday
        case "金": self = .friday
        case "土": self = .saturday
        default: return nil
        }
    }
}

let sunday = Weekday(japaneseName: "日") // Optional(Weekday.sunday)
let monday = Weekday(japaneseName: "月") // Optional(Weekday.monday)
```

イニシャライザのほかにも、前章で登場したプロパティやメソッドなどの型を構成する要素は列挙型でも利用可能で、{}内に定義できます。ただし、プロパティには制限があり、ストアドプロパティを持つことはできません。したがって、次の例にあるnameプロパティのようなコンピューテッドプロパティしか持てません。

```
enum Weekday {
    case sunday
    case monday
    case tuesday
    case wednesday
    case thursday
    case friday
    case saturday

    var name: String {
        switch self {
        case .sunday:    return "日"
        case .monday:    return "月"
        case .tuesday:   return "火"
        case .wednesday: return "水"
        case .thursday:  return "木"
        case .friday:    return "金"
        case .saturday:  return "土"
        }
    }
```

```
}

let weekday = Weekday.monday
let name = weekday.name // 月
```

ローバリュー —— 実体の定義

列挙型のケースにはそれぞれに対応する値を設定できます。この値をローバリュー(*raw value*)と言い、すべてのケースのローバリューの型は同じである必要があります。ローバリューの型に指定できるのは、Int型、Double型、String型、Character型などのリテラルに変換可能な型です。

ローバリューを定義するには、型名のあとに:とローバリューの型を記述します。

```
enum 列挙型名 : ローバリューの型 {
    case ケース名1 = ローバリュー1
    case ケース名2 = ローバリュー2
}
```

次の例では、列挙型SymbolにCharacter型のローバリュー"#"、"$"、"%"を設定しています。

```
enum Symbol : Character {
    case sharp = "#"
    case dollar = "$"
    case percent = "%"
}
```

ローバリューが定義されている列挙型では、ローバリューと列挙型の相互変換を行うための失敗可能イニシャライザinit?(rawValue:)とプロパティrawValueが暗黙的に用意されます。init?(rawValue:)はローバリューと同じ型の値を引数に取り、ローバリューが一致するケースがあれば、そのケースをインスタンス化し、なければnilを返します。また、rawValueプロパティは、ケースのローバリューを返します。これらを利用すると、先ほどのSymbol型は、Character型と次のように相互変換を行えます。

```
enum Symbol : Character {
    case sharp = "#"
    case dollar = "$"
    case percent = "%"
```

```
}

let symbol = Symbol(rawValue: "#") // sharp
let character = symbol?.rawValue // "#"
```

ローバリューと列挙型の相互変換は、文字や数値といった原始的なデータのうち、想定している値だけを各ケースに振り分けることに役立ちます。たとえばSymbol型のイニシャライザinit?(rawValue:)では、"#"、"$"、"%"はそれぞれ.sharp、.dollar、.percentに振り分けられ、それ以外の値はnilに振り分けられます。

ローバリューのデフォルト値

Int型やString型ではローバリューにデフォルト値が存在し、特に値を指定しない場合はデフォルト値が使用されます。

Int型のローバリューのデフォルト値は、最初のケースが0で、それ以降は前のケースの値に1を足した値です。次のOption型では、.undefinedにのみローバリューとして999を指定しているため、それ以外のケースにはデフォルト値が自動的に設定されます。

```
enum Option : Int {
    case none
    case one
    case two
    case undefined = 999
}

Option.none.rawValue // 0
Option.one.rawValue // 1
Option.two.rawValue // 2
Option.undefined.rawValue // 999
```

String型のローバリューのデフォルト値は、ケース名をそのまま文字列にした値です。

```
enum Direction : String {
    case north
    case east
    case south
    case west
}
```

```
Direction.north.rawValue // "north"
Direction.east.rawValue // "east"
Direction.south.rawValue // "south"
Direction.west.rawValue // "west"
```

連想値 —— 付加情報の付与

列挙型のインスタンスは、どのケースかということに加えて、連想値(*associated value*)という付加情報を持つこともできます。連想値に指定できる型には制限がありません。

たとえば、色の代表的な数値表現にRGB (*Red, Green, Blue*) とCMYK (*Cyan, Magenta, Yellow, Key*) がありますが、表現方法をケース、数値を連想値として表現すれば、これらを列挙型として表現できます。列挙型から連想値を取り出すには、switch文などで5.5節で説明したバリューバインディングパターンを使用します。

```
enum Color {
    case rgb(Float, Float, Float)
    case cmyk(Float, Float, Float, Float)
}

let rgb = Color.rgb(0.0, 0.33, 0.66)
let cmyk = Color.cmyk(0.0, 0.33, 0.66, 0.99)

let color = Color.rgb(0.0, 0.33, 0.66)

switch color {
case .rgb(let r, let g, let b):
    print("r: \(r), g: \(g), b: \(b)")
case .cmyk(let c, let m, let y, let k):
    print("c: \(c), m: \(m), y: \(y), k: \(k)")
}
```

実行結果

```
r: 0.0, g: 0.33, b: 0.66
```

このように、連想値は列挙型のインスタンスごとに違う値を持たせたい場合に役立ちます。

CaseIterableプロトコル —— 要素列挙のプロトコル

列挙型を使用していると、すべてのケースを配列として取得したい場合があります。たとえば、都道府県を列挙型で表現する場合、選択肢を表示するためにはすべてのケースの配列が必要です。CaseIterableプロトコルは、その要件を満たすプロトコルです。

CaseIterableプロトコルへの準拠を宣言した列挙型には自動的にallCasesスタティックプロパティが追加され、このプロパティが列挙型のすべての要素を返します。次の例では、列挙型FruitをCaseIterableプロトコルに準拠させ、allCasesプロパティから全要素である[peach, apple, grape]を取得しています。

```
enum Fruit: CaseIterable {
    case peach, apple, grape
}

Fruit.allCases // [peach, apple, grape]
```

コンパイラによるallCasesプロパティのコードの自動生成

通常、プロトコルに準拠するためには、プロトコルが定義しているプロパティやメソッドをプログラマが実装する必要があります。しかし、前掲のFruit型の例では、定義していないにも関わらずallCasesプロパティが使用できていました。これは、連想値を持たない列挙型がCaseIterableプロトコルへの準拠を宣言した場合、その実装コードがコンパイラによって自動生成されるためです。

もちろん、コンパイラによって自動生成された実装を使わずに自分でallCasesプロパティを実装することもできます。

```
enum Fruit: CaseIterable {
    case peach, apple, grape

    static var allCases: [Fruit] {
        return [
            .peach,
            .apple,
            .grape,
        ]
    }
}

Fruit.allCases // [peach, apple, grape]
```

しかし、このような実装は自明であるため、わざわざ自分で行う必要はありません。

このようなコンパイラによるコードの自動生成は、CaseIterableプロトコルのほかにも、Equatableプロトコル、Hashableプロトコルで行われています。いずれの自動生成も、自明な実装をコンパイラが肩代わりするというものです。コードの自動生成は、コンパイラが一部のプロトコルを特別扱いすることで実現されているため、特殊なものとして覚えておくとよいでしょう。

allCasesプロパティのコードが自動生成されない条件

列挙型が連想値を持つ場合、allCasesプロパティの実装は自動生成されなくなります。したがって、そのような列挙型でもすべてのケースを列挙したい場合には、プログラマがallCasesプロパティを実装する必要があります。

次の例では、Fruit型の.appleがAppleColor型の連想値を持つため、allCasesプロパティを実装しています。

```
enum Fruit: CaseIterable {
    case peach, apple(color: AppleColor), grape

    static var allCases: [Fruit] {
        return [
            .peach,
            .apple(color: .red),
            .apple(color: .green),
            .grape,
        ]
    }
}

enum AppleColor {
    case green, red
}

Fruit.allCases // [peach, {red}, {green}, grape]
```

上記の例では列挙型が取り得る値が十分に少ないため、allCasesプロパティを実装するのが現実的です。しかし、もし連想値にInt型やString型がある場合、取り得る値が非常に多くなるため、CaseIterableプロトコルに準拠するのは現実的ではありません。そのようなケースでは、そもそも列挙型がCaseIterableプロトコルに準拠すること自体が妥当かどうかを見直すべきでしょう。

8.6 まとめ

本章では、構造体、クラス、列挙型のそれぞれが持つ特徴を説明しました。

構造体、クラス、列挙型はそれぞれ高い表現力を持っていますが、その高い表現力ゆえに、どれを選択するべきかという判断が難しくもあります。構造体、クラス、列挙型にはプロパティやメソッドなどの共通した要素がある一方で、振る舞いや機能はそれぞれ大きく異なった特色を持っています。使いやすいプログラムを設計するうえで、表現したいものに合わせてこれらを適切に選択することが重要です。

12.1節ではデータを表現する型を構造体にした場合とクラスにした場合の比較を扱い、12.2節では抽象的な概念をクラスの継承で表現した場合とプロトコルで表現した場合の比較を扱います。また、第18章では実践的な例を題材に、どのような型の種類を選択すべきかを解説します。

第9章

プロトコル

型のインタフェースの定義

プロトコルとは、型のインタフェースを定義するものです。インタフェースは、型がどのようなプロパティやメソッドを持っているかを示します。

本章では、プロトコルによるインタフェースの定義方法、プロトコルへの準拠方法、デフォルト実装の定義方法を説明します。

9.1 型のインタフェースを定義する目的

プロトコルは、型が特定の性質や機能を持つために必要なインタフェースを定義するためのものです。また、プロトコルが要求するインタフェースを型が満たすことを準拠と言います。

プロトコルを利用することで、複数の型で共通となる性質を抽象化できます。たとえば、2つの値が同じであるかどうかを同値性と言い、同値性が検証可能であるという性質は、標準ライブラリのEquatableプロトコルとして表現されています。Equatableプロトコルには==演算子が定義されており、このプロトコルに準拠する型は==演算子に対する実装を用意する必要があります。

このようなプロトコルが存在しているおかげで、具体的な型は問わないが、同値性が検証可能な型だけを扱うことが可能になります。たとえば次の関数は、2つの引数に渡した値が同じときだけ、その値を出力しますが、渡せる引数の型をEquatableプロトコルに準拠している型だけに制限しています[注1]。Int型もString型も、どちらもEquatableプロトコルに準拠しているので、両方の型を引数として渡すことができます。このように、プロトコルを利用すれば、型のインタフェースのみに着目したプログラムを実現できます。

```
func printIfEqual<T: Equatable>(_ arg1: T, _ arg2: T) {
    if arg1 == arg2 {
        print("Both are \(arg1)")
    }
}

printIfEqual(123, 123)
printIfEqual("str", "str")
```

注1　引数の型を特定のプロトコルに準拠した型に制限する方法について詳しくは、10.3節で説明します。

実行結果

```
Both are 123
Both are str
```

9.2 プロトコルの基本

本節では、プロトコルの定義方法と、プロトコルへ準拠する方法、そしてプロトコルの利用方法の基本を説明します。

定義方法

プロトコルはprotocolキーワードを使用して宣言し、{}内にプロパティやメソッドなどのプロトコルを構成する要素を定義していきます。プロトコルを構成する各要素については次節で説明します。

```
protocol プロトコル名 {
    プロトコルの定義
}
```

次の例では、SomeProtocolという名前のプロトコルを宣言しています。

```
protocol SomeProtocol {}
```

準拠方法

型はプロトコルに準拠することにより、プロトコルで定義されたインタフェースを通じて扱うことが可能となります。

型をプロトコルに準拠させるには、型名のあとに:を追加し、準拠する対象のプロトコル名を続けます。型は複数のプロトコルに準拠でき、複数のプロトコルに準拠するにはプロトコルを,区切りで追加します。次の凡例では、構造体をプロトコルに準拠させています。

```
struct 構造体名 : プロトコル名1, プロトコル名2... {
    構造体の定義
}
```

プロトコルに準拠するには、プロトコルが要求しているすべてのインタフェースに対する実装を用意する必要があります。たとえば次のSomeStruct2型には、SomeProtocolプロトコルが要求しているsomeMethod()メソッドが実装されていないため、コンパイルエラーとなります。

```
protocol SomeProtocol {
    func someMethod()
}

struct SomeStruct1 : SomeProtocol {
    func someMethod() {}
}

// someMethod()が定義されていないため、コンパイルエラー
struct SomeStruct2 : SomeProtocol {}
```

クラス継承時の準拠方法

クラスでは、クラスの継承とプロトコルへの準拠という2種類のものが同じ書式となっています。クラスの継承とプロトコルへの準拠を同時に行う場合、継承するスーパークラス名を最初に書き、続いて準拠するプロトコル名を列挙します。

```
// スーパークラスを1番目に指定してプロトコルは2番目以降に指定する
class クラス名 : スーパークラス名, プロトコル名1, プロトコル名2... {
    クラスの定義
}
```

次の例では、SomeClassクラスはSomeSuperClassクラスを継承し、かつ、SomeProtocolプロトコルに準拠しています。

```
protocol SomeProtocol {}

class SomeSuperClass {}

class SomeClass : SomeSuperClass, SomeProtocol {}
```

エクステンションによる準拠方法

プロトコルへの準拠は7.7節で解説したエクステンションで行うこともできます。エクステンションでプロトコルに準拠するには、エクステンションの定義に準拠する対象のプロトコル名を追加します。

```
extension エクステンションを定義する対象の型 : プロトコル名 {
    プロトコルが要求する要素の定義
}
```

1つのエクステンションで複数のプロトコルに準拠することもできますが、1つのプロトコルに対して1つのエクステンションを定義することで、プロパティ、メソッドとプロトコルの対応が明確になります。複数のプロトコルに準拠するときなどは特に、どのプロパティやメソッドがどのプロトコルで宣言されているものなのかわかりにくくなりがちですが、このようにエクステンションを利用すればコードの可読性を高めることができます。

次の例で、SomeStruct型は、別々のエクステンションを用いてSomeProtocol1プロトコルとSomeProtocol2プロトコルに準拠しています。SomeStruct型本来の実装、SomeProtocol1プロトコルが要求する実装、SomeProtocol2プロトコルが要求する実装のそれぞれが、エクステンションを用いて明確に区別されています。

```
protocol SomeProtocol1 {
    func someMethod1()
}

protocol SomeProtocol2 {
    func someMethod2()
}

struct SomeStruct {
    let someProperty: Int
}

extension SomeStruct : SomeProtocol1 {
    func someMethod1() {}
}

extension SomeStruct : SomeProtocol2 {
    func someMethod2() {}
}
```

コンパイラによる準拠チェック

プロトコルの要求を満たしているかどうかはコンパイラによってチェックされ、準拠するプロトコルが要求しているインタフェースが一つでも欠けていればコンパイルエラーとなります。

次の例ではRemoteObjectプロトコルがInt型のidというプロパティを要求

していますが、Article型が指定されたプロパティidを持っていないため、コンパイルエラーとなります。

```
protocol RemoteObject {
    var id: Int { get }
}

// ArticleはRemoteObjectへの準拠を宣言しているが、
// idプロパティが実装されていないためコンパイルエラー
struct Article : RemoteObject {}
```

利用方法

プロトコルは構造体、クラス、列挙型、クロージャと同様に、変数、定数や引数の型として使用できます。プロトコルに準拠している型はプロトコルにアップキャスト可能であるため、型がプロトコルの変数や定数に代入できます。型がプロトコルの変数と定数では、プロトコルで定義されているプロパティやメソッドを使用できます。

```
protocol SomeProtocol {
    var variable: Int { get }
}

func someMethod(x: SomeProtocol) {
    // 引数xのプロパティやメソッドのうち、
    // SomeProtocolで定義されているものが使用可能
    x.variable
}
```

なお、後述する連想型を持つプロトコルは変数、定数や引数の型として使用することはできず、ジェネリクスの型引数の型制約の記述のみに利用できます[注2]。

プロトコルコンポジション —— 複数のプロトコルの組み合わせ

プロトコルコンポジション（*protocol composition*）は、複数のプロトコルに準拠した型を表現するためのしくみです。プロトコルコンポジションを使用するには、複数のプロトコル名を&区切りで指定してプロトコル名1 & プロト

注2　ジェネリクスの型引数の型制約について詳しくは、10.3節で説明します。

コル名2のように記述します。

次の例では、プロトコルコンポジションによって、SomeProtocol1プロトコルとSomeProtocol2プロトコルの両方のインタフェースを使用しています。

```
protocol SomeProtocol1 {
    var variable1: Int { get }
}

protocol SomeProtocol2 {
    var variable2: Int { get }
}

struct SomeStruct: SomeProtocol1, SomeProtocol2 {
    var variable1: Int
    var variable2: Int
}

func someFunction(x: SomeProtocol1 & SomeProtocol2) {
    x.variable1 + x.variable2
}

let a = SomeStruct(variable1: 1, variable2: 2)
someFunction(x: a) // 3
```

9.3 プロトコルを構成する要素

本節では、プロトコルに定義できる要素とそれらに準拠する方法を説明します。

プロパティ

プロトコルにはプロパティを定義でき、プロトコルに準拠する型にプロパティの実装を要求できます。

定義方法

プロトコルのプロパティではプロパティ名、型、ゲッタとセッタの有無のみを定義し、プロトコルに準拠する型で要求に応じてプロパティを実装します。プロトコルのプロパティは常にvarキーワードで宣言し、{}内にゲッタとセッタの有無に応じてそれぞれgetキーワードとsetキーワードを追加します。letキーワードが使用できないのは、プロトコルのプロパティにはストアドプロパティやコンピューテッドプロパティといった区別がないためです。

```
protocol プロトコル名 {
    var プロパティ名: 型 { get set }
}
```

次の例では、somePropertyプロパティを持ったSomeProtocolプロトコルを宣言しています。

```
protocol SomeProtocol {
    var someProperty: Int { get set }
}
```

ゲッタの実装

プロパティが定義されているプロトコルに準拠するには、プロトコルで定義されているプロパティを実装する必要があります。プロパティがゲッタしかない場合は、変数または定数のストアドプロパティを実装するか、ゲッタを持つコンピューテッドプロパティを実装します。

```
protocol SomeProtocol {
    var id: Int { get }
}

// 変数のストアドプロパティ
struct SomeStruct1 : SomeProtocol {
    var id: Int
}

// 定数のストアドプロパティ
struct SomeStruct2 : SomeProtocol {
    let id: Int
}

// コンピューテッドプロパティ
struct SomeStruct3 : SomeProtocol {
    var id: Int {
        return 1
    }
}
```

セッタの実装

プロトコルで定義されているプロパティがセッタも必要としている場合は、変数のストアドプロパティを実装するか、ゲッタとセッタの両方を持つコンピューテッドプロパティを実装します。なお、定数のストアドプロパティでは変更が不可能なため、プロトコルの要件を満たすことはできません。

```
protocol SomeProtocol {
    var title: String { get set }
}

// 変数のストアドプロパティ
struct SomeStruct1 : SomeProtocol {
    var title: String
}

// コンピューテッドプロパティ
struct SomeStruct2 : SomeProtocol {
    var title: String {
        get {
            return "title"
        }
        set {}
    }
}

// 定数のストアドプロパティ
struct SomeStruct3 : SomeProtocol {
    let title: Int // コンパイルエラー
}
```

メソッド

プロトコルにはメソッドを定義でき、プロトコルに準拠する型にメソッドの実装を要求できます。

定義方法

プロトコルのメソッドではメソッド名、引数の型、戻り値の型のみを定義し、プロトコルに準拠する型でその要求を満たす実装を提供します。プロトコルにメソッドを定義するには、通常のメソッドと同様にfuncキーワードを使用します。プロトコルの定義では実装を伴わないため、{}は省略します。

```
protocol プロトコル名 {
    func 関数名(引数) -> 戻り値の型
}
```

メソッドの実装

メソッドが定義されているプロトコルに準拠するには、同じインタフェースを持つメソッドを実装します。

```
protocol SomeProtocol {
    func someMethod() -> Void
    static func someStaticMethod() -> Void
}

struct SomeStruct : SomeProtocol {
    func someMethod() -> Void {
        // メソッドの実装
    }

    static func someStaticMethod() -> Void {
        // メソッドの実装
    }
}
```

mutatingキーワード —— 値型のインスタンスの変更を宣言するキーワード

プロトコルへの準拠のチェックでは、値型のインスタンスを変更し得るメソッドと変更しないメソッドは区別されます。値型のインスタンスを変更し得るメソッドをプロトコルに定義する場合には、プロトコル側のメソッドの定義にmutatingキーワードを追加する必要があります。参照型のメソッドではmutatingキーワードによってインスタンスの変更の有無を区別する必要がないので、クラスをプロトコルに準拠させる際にmutatingキーワードを追加する必要がありません。

次のSomeProtocolプロトコルでは、someMutatingMethod()メソッド内では値を変更する処理を書くことができますが、someMethod()メソッド内では値を変更する処理を書くことができません。

```
protocol SomeProtocol {
    mutating func someMutatingMethod()
    func someMethod()
}
```

```
// 構造体
struct SomeStruct : SomeProtocol {
    var number: Int

    mutating func someMutatingMethod() -> Void {
        // SomeStructの値を変更する処理を入れることができる
        number = 1
    }

    func someMethod() {
        // SomeStructの値を変更する処理を入れることはできないため
        // コンパイルエラー
        number = 1
    }
}

// クラス
class SomeClass : SomeProtocol {
    var number = 0

    // 参照型であるクラスではmutatingは不要
    func someMutatingMethod() -> Void {
        // SomeClassの値を変更する処理を入れることができる
        number = 1
    }

    func someMethod() {
        // SomeClassの値を変更する処理を入れることができる
        number = 1
    }
}
```

連想型 —— プロトコルの準拠時に指定可能な型

ここまでの方法ではプロトコルの定義時にプロパティの型やメソッドの引数や戻り値の型を具体的に指定する必要がありました。しかし、連想型(*associated type*)を用いると、プロトコルの準拠時にこれらの型を指定できます。プロトコルの側では連想型はプレースホルダとして働き、連想型の実際の型は準拠する型のほうで指定します。連想型を使用すれば、1つの型に依存しない、より抽象的なプロトコルを定義できます。

定義方法

プロトコルの連想型の名前は、associatedtypeキーワードを用いて定義します。プロトコルの連想型は、同じプロトコル内のプロパティやメソッドの引数や戻り値の型として使用できます。

```
protocol プロトコル名 {
    associatedtype 連想型名

    var プロパティ名: 連想型名
    func メソッド名(引数名: 連想型名)
    func メソッド名() -> 連想型名
}
```

連想型の実際の型は、プロトコルに準拠する型ごとに指定できます。連想型の実際の型の指定には3.3節で登場した型エイリアスを使用し、準拠する型の定義の内部で、連想型と同名の型エイリアスをtypealias 連想型名 = 指定する型名と定義します。ただし、実装から連想型が自動的に決定する場合は、型エイリアスの定義を省略できます。また、連想型は、型エイリアスだけでなく、同名のネスト型によって指定することもできます。

次の例で、SomeProtocolプロトコルはAssociatedTypeという名前の連想型を持っており、この連想型をプロパティやメソッドにも使用しています。SomeStruct1型、SomeStruct2型、SomeStruct3型はすべてSomeProtocolプロトコルに準拠していますが、それぞれ異なった方法で連想型の実際の型を指定しています。SomeStruct1型は連想型と同名の型エイリアスを定義していますが、SomeStruct2型ではsomeMethod(_:)メソッドの戻り値の型から自動的に連想型が決定するので、型エイリアスを定義する必要がありません。SomeStruct3型では連想型と同名のネストした型が定義されており、この型が連想型となります。

```
protocol SomeProtocol {
    associatedtype AssociatedType

    // 連想型はプロパティやメソッドでも使用可能
    var value: AssociatedType { get }
    func someMethod(value: AssociatedType) -> AssociatedType
}

// AssociatedTypeを定義することで要求を満たす
struct SomeStruct1 : SomeProtocol {
    typealias AssociatedType = Int
```

```
    var value: AssociatedType
    func someMethod(value: AssociatedType) -> AssociatedType {
        return 1
    }
}

// 実装からAssociatedTypeが自動的に決定する
struct SomeStruct2 : SomeProtocol {
    var value: Int
    func someMethod(value: Int) -> Int {
        return 1
    }
}

// ネスト型AssociatedTypeを定義することで要求を満たす
struct SomeStruct3 : SomeProtocol {
    struct AssociatedType {}

    var value: AssociatedType
    func someMethod(value: AssociatedType) -> AssociatedType {
        return AssociatedType()
    }
}
```

次のRandomValueGeneratorプロトコルは、ランダムな値を生成するという性質を表現しています。返却する値の型は連想型Valueであり、このValue型の実際の型はプロトコルに準拠する型が決定します。IntegerRandomValueGenerator型はValue型をInt型に、StringRandomValueGenerator型はValue型をString型に指定しています。

```
protocol RandomValueGenerator {
    associatedtype Value

    func randomValue() -> Value
}

struct IntegerRandomValueGenerator : RandomValueGenerator {
    func randomValue() -> Int {
        return Int.random(in: Int.min...Int.max)
    }
}

struct StringRandomValueGenerator : RandomValueGenerator {
    func randomValue() -> String {
```

```
        let letters = "abcdefghijklmnopqrstuvwxyz"
        let offset = Int.random(in: 0..<letters.count)
        let index = letters.index(letters.startIndex, offsetBy: offset)
        return String(letters[index])
    }
}
```

このように連想型を利用すれば、1つの型に依存しない抽象的な性質を定義できます。

型制約の追加

プロトコルの連想型が準拠すべきプロトコルや継承すべきスーパークラスを指定して、連想型に制約を設けることができます。このような制約を追加するには、連想型の宣言のあとに:を追加し、プロトコル名やスーパークラス名を続けます。連想型が型の制約を満たすかどうかはコンパイラによってチェックされ、満たさない場合はコンパイルエラーとなります。

```
protocol プロトコル名 {
    associatedtype 連想型名 : プロトコル名またはスーパークラス名
}
```

次の例では、連想型AssociatedTypeにSomeClass型を継承していなければならないという制約を設けています。プロトコルへの準拠時にAssociatedType型にInt型のようなSomeClass型を継承していない型を指定すると、プロトコルに準拠していないことになりコンパイルエラーとなります。

```
class SomeClass {}

protocol SomeProtocol {
    associatedtype AssociatedType : SomeClass
}

class SomeSubclass : SomeClass {}

// SomeSubclassはSomeClassのサブクラスなのでAssociatedTypeの制約を満たす
struct ConformedStruct : SomeProtocol {
    typealias AssociatedType = SomeSubclass
}

// IntはSomeClassのサブクラスではないのでコンパイルエラー
struct NonConformedStruct : SomeProtocol {
    typealias AssociatedType = Int
}
```

プロトコル名に続けてwhere節を追加すると、より詳細な制約を指定できます。where節では、プロトコルに準拠する型自身をSelfキーワードで参照でき、その連想型も.を付けてSelf.連想型のように参照できます。また、Selfキーワードを省略して連想型とすることもできます。.を続けてSelf.連想型.連想型の連想型と記述することで、連想型の連想型も参照できます。次の例では、SomeDataプロトコルの連想型ValueContainerの連想型Contentが、Equatableプロトコルに準拠するという制約を設けています。

```
protocol Container {
    associatedtype Content
}

protocol SomeData {
    associatedtype ValueContainer: Container where
        ValueContainer.Content: Equatable
}
```

また、:によるプロトコルへの準拠やクラスの継承の制約に加えて、==による型の一致の制約も設定できます。次の例では、SomeDataプロトコルの連想型ValueContainerの連想型Contentが、Int型であるという制約を設けています。

```
protocol Container {
    associatedtype Content
}

protocol SomeData {
    associatedtype ValueContainer: Container where
        ValueContainer.Content == Int
}
```

型制約を複数指定する場合は、制約1, 制約2, 制約3のように,区切りで並べます。次の例では、SomeDataプロトコルの連想型ValueContainerの連想型Contentが、Equatableプロトコルに準拠し、なおかつ別の連想型Valueと一致するという制約を設けています。

```
protocol Container {
    associatedtype Content
}

protocol SomeData {
    associatedtype Value
```

```
    associatedtype ValueContainer: Container where
        ValueContainer.Content: Equatable, ValueContainer.Content == Value
}
```

デフォルトの型の指定

プロトコルの連想型には、宣言と同時にデフォルトの型を指定できます。連想型にデフォルトの型を設定すれば、プロトコルに準拠する型側での連想型の指定が任意となります。

次の例では、AssociatedType型を定義しなくともSomeProtocolプロトコルに準拠可能で、定義しなかった場合はデフォルトのInt型が使用されます。

```
protocol SomeProtocol {
    associatedtype AssociatedType = Int
}

// AssociatedTypeを定義しなくてもSomeProtocolに準拠できる
struct SomeStruct : SomeProtocol {
    // SomeStruct.AssociatedTypeはIntとなる
}
```

プロトコルの継承

プロトコルはほかのプロトコルを継承できます。プロトコルの継承は、単純に継承元のプロトコルで定義されているプロパティやメソッドなどをプロトコルに引き継ぐものであり、クラスにおけるオーバーライドのような概念はありません。また、型をプロトコルに準拠させる場合と同様に、プロトコルは複数のプロトコルを継承できます。

```
protocol プロトコル名1 : プロトコル名2, プロトコル名3... {
    プロトコルの定義
}
```

次の例で、ProtocolCプロトコルは、ProtocolAプロトコルとProtocolBプロトコルを継承しています。

```
protocol ProtocolA {
    var id: Int { get }
}

protocol ProtocolB {
    var title: String { get }
```

```
}

// ProtocolCはid、titleの2つを要求するプロトコルとなる
protocol ProtocolC : ProtocolA, ProtocolB {}
```

クラス専用プロトコル

プロトコルは準拠する型をクラスのみに限定でき、このようなプロトコルをクラス専用プロトコル（*class-only protocol*）と言います。クラス専用プロトコルを定義するには、プロトコルの継承リストの先頭にclassキーワードを指定します。

```
protocol SomeClassOnlyProtocol: class {}
```

クラス専用プロトコルは、準拠する型が参照型であることを想定する場合に使用します。たとえば、13.2節で説明するデリゲートパターンなどがこのケースに該当します。

9.4 プロトコルエクステンション
プロトコルの実装の定義

7.7節で解説したエクステンションはプロトコルにも定義でき、これをプロトコルエクステンション（*protocol extension*）と言います。プロトコルエクステンションはプロトコルが要求するインタフェースを追加するものではなく、プロトコルに実装を追加するものです。プロトコルエクステンションでは、通常のエクステンションと同様の実装を行えます。

定義方法

プロトコルエクステンションを定義するには、extensionキーワードを使用します。

```
extension プロトコル名 {
    対象のプロトコルに実装する要素
}
```

次の例では、Itemプロトコルのエクステンションにdescriptionプロパティを実装しているため、Itemプロトコルに準拠しているBook型でもdescriptionプロパティを使用できます。

```
protocol Item {
    var name: String { get }
    var category: String { get }
}

extension Item {
    var description: String {
        return "商品名: \(name), カテゴリ: \(category)"
    }
}

struct Book : Item {
    let name: String

    var category: String {
        return "書籍"
    }
}

let book = Book(name: "Swift実践入門")
print(book.description)
```

実行結果
```
商品名: Swift実践入門, カテゴリ: 書籍
```

デフォルト実装による実装の任意化

プロトコルに定義されているインタフェースに対してプロトコルエクステンションで実装を追加すると、プロトコルに準拠する型での実装は任意となります。準拠する型が実装を再定義しなかった場合はプロトコルエクステンションの実装が使用されるため、これをデフォルト実装(*default implementation*)と言います。

次の例ではItemプロトコルのcautionプロパティにデフォルト実装を定義しているため、Itemプロトコルに準拠する型ではcautionプロパティを必ずしも実装する必要はありません。Itemプロトコルに準拠したBook型ではcautionプロパティを実装していませんが、プロトコルエクステンションとして与えられたデフォルト値が自動的に反映されています。一方、同じくItemプロトコルに準拠したFish型ではcautionプロパティを実装しているため、

Fish型での実装が使用されています。

```
protocol Item {
    var name: String { get }
    var caution: String? { get }
}

extension Item {
    var caution: String? {
        return nil
    }

    var description: String {
        var description = "商品名: \(name)"
        if let caution = caution {
            description += "、 注意事項: \(caution)"
        }
        return description
    }
}

struct Book : Item {
    let name: String
}

struct Fish : Item {
    let name: String

    var caution: String? {
        return "クール便での配送となります"
    }
}

let book = Book(name: "Swift実践入門")
print(book.description)

let fish = Fish(name: "秋刀魚")
print(fish.description)
```

実行結果

```
商品名: Swift実践入門
商品名: 秋刀魚、 注意事項: クール便での配送となります
```

このようにデフォルト実装を与えて実装を任意にすることにより、標準的な機能を提供しつつも、カスタマイズの余地を与えることが可能となります。

型制約の追加

プロトコルエクステンションには型制約を追加でき、条件を満たす場合のみプロトコルエクステンションを有効にできます。プロトコルエクステンションの型制約は、プロトコル名に続くwhere節内に記述します。

```
extension プロトコル名 where 型制約 {
    制約を満たす場合に有効となるエクステンション
}
```

プロトコルエクステンションのwhere節で使用できる型制約は、連想型のwhere節で使用できる型制約と同様です。

次の例では、Collectionプロトコルの連想型ElementがInt型と一致する場合にのみ利用可能となるエクステンションを定義し、sumプロパティで各要素の合計を返します。

```
extension Collection where Element == Int {
    var sum: Int {
        return reduce(0) { return $0 + $1 }
    }
}

let integers = [1, 2, 3]
integers.sum // 6

let strings = ["a", "b", "c"]
// stringsの要素はInt型でないため、sumプロパティは利用できない
strings.sum // コンパイルエラー
```

9.5 まとめ

本章では、プロトコルを定義する目的、プロトコルの定義方法、プロトコルの準拠方法を説明しました。

プロトコルは、異なる型どうしに共通するプロパティやメソッドを定義し、さらに連想型や型制約によってそれらの型の関係性を記述します。プロトコルを活用することで、複数の型を共通のインタフェースで扱え、より簡潔で拡張性の高いプログラムを記述できます。

第10章

ジェネリクス

汎用的な関数と型

ジェネリクスとは、型をパラメータとして受け取ることで汎用的なプログラムを記述するための機能です。Swiftではジェネリクスはジェネリック関数とジェネリック型として提供されており、これらを活用すれば関数や型を汎用的かつ型安全に記述できます。

本章では、はじめにジェネリクスを理解するうえで必要となる基本的な概念について触れ、次いでジェネリクスの持つ汎用性と型安全性について説明します。そのあと、ジェネリクスを用いた関数や型の具体的な定義方法について解説します。

10.1 汎用的なプログラム

ジェネリクスの利便性を知るために、まずはジェネリクスを使用しない汎用的なプログラムの例を見てみましょう。特定の処理を汎用化するには、その処理に対して任意の入力値を与えられるようにします。たとえば、「1 == 1の結果を返す関数」が行っているのは特定の値どうしの比較ですが、「xとyという任意の引数を取り、x == yを返す関数」を作れば、任意の整数どうしを比較する汎用的な処理を行えます。

```
func isEqual() -> Bool {
    return 1 == 1
}

func isEqual(_ x: Int, _ y: Int) -> Bool {
    return x == y
}

isEqual() // true
isEqual(1, 1) // true
```

しかし、このisEqual(_:_:)関数が汎用的であるのは、あくまで整数どうしの比較においてのみです。ほかの型どうしの比較を行うには、型ごとに同様の関数をオーバーロードする必要があります。

```
func isEqual(_ x: Float, _ y: Float) -> Bool {
    return x == y
}

isEqual(1.1, 1.1) // true
```

ジェネリクスを利用すれば、複数の型の間においても汎用的な処理を実装できます。ジェネリクスの基本的なコンセプトは、入力値の型も任意にすることによってプログラムの汎用性をさらに高めるというものです。ジェネリクスを利用して先ほどのisEqual(_:_:)関数を書き換えると、次のようになります。

```
func isEqual<T : Equatable>(_ x: T, _ y: T) -> Bool {
    return x == y
}

isEqual("abc", "def") // false
isEqual(1.0, 3.14) // false
isEqual(false, false) // true
```

上記の<T : Equatable>が意味するのは、「Equatableプロトコルに準拠したあらゆる型」です。たとえば、StringやFloatやBoolといった型はすべてEquatableプロトコルに準拠しているので、この関数で比較できます。

10.2 ジェネリクスの基本

本節では、ジェネリクスの基本的な定義方法や利用方法、そしてジェネリクスの型安全性について説明します。

定義方法

ジェネリック関数やジェネリック型を定義するには、通常の定義に型引数を追加します。型引数は<>で囲み、複数ある場合は,区切りで<T, U>のように定義します。以下は、通常の関数とジェネリック関数の定義方法の違いです。

通常の関数

```
func 関数名(引数名: 型) -> 戻り値の型 {
    関数呼び出し時に実行される文
}
```

ジェネリック関数

```
func 関数名<型引数>(引数名: 型引数) -> 戻り値の型 {
    関数呼び出し時に実行される文
}
```

型引数として宣言された型は、ジェネリック関数やジェネリック型の内部で通常の型と同等に扱えます。また、ジェネリック関数の戻り値の型としても利用できます。

```
func someFunction<T, U>(x: T, y: U) -> U {
    let _: T = x // 型アノテーションとして使用
    let _ = x // 型推論に対応
    let _ = 1 as? T // 型のキャストに使用
    return y
}
```

第3章で解説したOptional<Wrapped>型や、第4章で解説したArray<Element>型といった、<>内にプレースホルダ型を持つ型はジェネリック型です。プレースホルダ型という呼称は、型引数の別名です。

特殊化方法

ジェネリック関数やジェネリック型の内部では型引数として型を抽象的に表現できますが、実際にジェネリック関数を呼び出したり、ジェネリック型をインスタンス化したりするときには、型引数に具体的な型を指定する必要があります。ジェネリクスを使用して汎用的に定義されたものに対して、具体的な型引数を与えて型を確定させることを特殊化(*specialization*)と言います。

次のジェネリック型Container<Content>における型引数Contentは抽象的な型ですが、実際に使用する際には具体的な型であるString型やInt型に置き換えられて特殊化されています。特殊化の方法は大きく分けて2つあり、一つは<>内に型引数を明示する方法で、もう一つは型推論によって型引数を推論する方法です。

```
// Contentは型引数
struct Container<Content> {
    let content: Content
}

// 型引数がStringであることを明示する
let stringContainer = Container<String>(content: "abc") // Content<String>

// 型引数を型推論する
let intContainer = Container(content: 1) // Content<Int>
```

第3章や第4章では、Optional<Wrapped>型やArray<Element>型のWrapped

型やElement型に、Int型やString型などの具体的な型を当てはめてInt?型やArray<String>型として使用していましたが、これも特殊化の一つです。

仮型引数と実型引数

6.2節で解説したように関数では、関数の定義時に宣言する引数と関数の呼び出し時に指定する引数を明示的に区別する場合、前者を仮引数、後者を実引数と言います。同様にジェネリクスでも、ジェネリクスの定義時に使用する型引数とジェネリクスの特殊化時に指定する型引数を明示的に区別する場合、前者を仮型引数、後者を実型引数と言います。

汎用性と型安全性の両立

ジェネリクスは単なる汎用化ではなく、静的型付けによる型安全性を保ったうえでの汎用化です。型引数はジェネリック関数やジェネリック型に保持され続けるため、型引数として与えられた型は通常の型と同等の型安全性を持っています。

たとえば引数をそのまま戻り値とするジェネリック関数identity(_:)を見てみましょう。identity(_:)関数は引数の型を型引数Tとして受け取り、戻り値を同じ型Tで返却します。つまり、型引数としてInt型を渡せばInt型が、String型を渡せばString型が戻り値の型となります。同じ型Tとして表現された引数の型と戻り値の型が同じであることが保証されています。

```
func identity<T>(_ argument: T) -> T {
    return argument
}

let int = identity(1) // Int型
let string = identity("abc") // String型
```

Any型との比較

先ほどは「型安全性を保ったうえでの汎用化」という表現を用いましたが、Swiftには「型安全ではない汎用化」も存在します。それが、3.6節で解説したAny型による汎用化です。

Any型はすべての型が暗黙的に準拠しているプロトコルです。つまり、どのような型でも表現できます。Any型を具体的な型として扱うにはダウンキャストが必要です。

先ほどと同じ、受け取った値をそのまま返却する関数を例にして、ジェネリクスとAny型の違いを見てみましょう。次のidentityWithGenericValue(_:)関数とidentityWithAnyValue(_:)関数はどちらも汎用的になっており、Int型もString型も引数に取ることができています。しかし、ジェネリクスを使用した関数の戻り値の型が型引数に応じて変化するのに対し、Any型を使った関数の戻り値の型は常にAny型です。つまり、Any型を使った関数の戻り値の型はすべてAny型へとまとめられてしまい、実際の型の情報は失われてしまいます。

```
// ジェネリクスを使った関数
func identityWithGenericValue<T>(_ argument: T) -> T {
    return argument
}

let genericInt = identityWithGenericValue(1) // Int型
let genericString = identityWithGenericValue("abc") // String型

// Anyを使った関数
func identityWithAnyValue(_ argument: Any) -> Any {
    return argument
}

let anyInt = identityWithAnyValue(1) // Any型
let anyString = identityWithAnyValue("abc") // Any型

if let int = anyInt as? Int {
    // ここでようやくInt型として扱えるようになる
    print("anyInt is \(int)")
} else {
    // Int型へのダウンキャストが失敗した場合を考慮する必要がある
    print("The type of anyInt is not Int")
}
```

実行結果

```
anyInt is 1
```

10.3 ジェネリック関数
汎用的な関数

ジェネリック関数とは型引数を持つ関数のことです。本節では、ジェネリック関数の定義方法や特殊化について説明します。

定義方法

ジェネリック関数は型引数を関数定義の関数名の直後に追加して、次のように定義します。

```
func 関数名<型引数>(引数) -> 戻り値の型 {
    関数呼び出し時に実行される文
}
```

型引数として受け取った型は、引数や戻り値だけでなく、関数内の文でも使用できます。

次のidentity(_:)関数では、引数と戻り値に型引数Tを使用しています。

```
func identity<T>(_ x: T) -> T {
    return x
}

identity(1) // 1
identity("abc") // "abc"
```

特殊化方法

ジェネリック関数の実行には、特殊化が必要となります。ジェネリック関数を特殊化するには、引数から型推論によって型引数を決定する方法と、戻り値から型推論によって型引数を決定する方法の2つが用意されています。

引数からの型推論による特殊化

引数からの型推論によって特殊化を行うには、ジェネリック関数の引数のうちの少なくとも1つの型が型引数となっている必要があります。

```
func someFunction<T>(_ argument: T) -> T {
    return argument
}

let int = someFunction(1) // 1
let string = someFunction("a") // "a"
```

引数によって特殊化されたジェネリック関数someFunction(_:)は、結果として次の関数と同等になります。

```
// someFunction(_:)にInt型の引数を渡した場合と同等の関数
func someFunction(_ argument: Int) -> Int {
    return argument
}

let int = someFunction(1) // 1

// someFunction(_:)にString型の引数を渡した場合と同等の関数
func someFunction(_ argument: String) -> String {
    return argument
}

let string = someFunction("a") // "a"
```

型引数が複数の引数や戻り値で使用される場合、それらの実際の型は一致する必要があります。たとえば次のsomeFunction(_:_:)関数では、第1引数と第2引数の型は同じ型引数Tで表されているため、2つの引数の型は一致する必要があります。someFunction(_:_:)関数の引数に1と"abc"のような異なる型を与えた場合はコンパイルエラーとなります。

```
func someFunction<T>(_ argument1: T, _ argument2: T) {}

someFunction(1, 2) // OK
someFunction("abc", "def") // OK
someFunction(1, "abc") // 型引数が一致しないためコンパイルエラー
```

戻り値からの型推論による特殊化

戻り値からの型推論によって特殊化を行うには、ジェネリック関数の戻り値の型が型引数となっていて、かつ、戻り値の代入先の型が決まっている必要があります。

たとえば次のsomeFunction(_:)関数では、String?型の変数や定数へ戻り値を代入する場合はT型をString型と決定でき、Int?型の変数や定数へ戻り値を代入する場合はT型をInt型と決定できます。しかし、戻り値の代入先がない場合や、戻り値の代入先の型が決まっていない場合はT型を決定する要因がないため、コンパイルエラーとなります。

```
func someFunction<T>(_ any: Any) -> T? {
    return any as? T
}
```

```
let a: String? = someFunction("abc") // Optional("abc")
let b: Int? = someFunction(1) // Optional(1)
let c = someFunction("abc") // Tが決定できずコンパイルエラー
```

型制約 —— 型引数に対する制約

準拠すべきプロトコルやスーパークラスなど、型引数にはさまざまな制約を設けることができます。これを型制約と言います。型制約を利用することで、ジェネリック関数やジェネリック型をより細かくコントロールできます。型制約がない型引数ではどのような型でも受け取れるため、型の性質を利用した記述ができませんでした。型引数に型制約を設けることで、型の性質を利用できます。型引数に必要十分な型制約を与えると、汎用性と型の性質を利用した具体的な処理とを両立できます。

型制約の種類は、スーパークラスや準拠するプロトコルに対する制約、連想型のスーパークラスや準拠するプロトコルに対する制約、型どうしの一致を要求する制約の3つに大別できます。

本項では、ジェネリック関数におけるこれら3つの型制約の定義方法を説明します。

スーパークラスや準拠するプロトコルに対する制約

型引数のスーパークラスや準拠するプロトコルに対する制約を指定するには、型引数のあと:に続けてプロトコル名やスーパークラス名を指定します。

```
func 関数名<型引数 : プロトコル名やスーパークラス名>(引数) {
    関数呼び出し時に実行される文
}
```

次の例では、引数に使用される型引数TをEquatableプロトコルに準拠したものに限定しています。この型制約を設けることにより、isEqual(_:_:)関数内のT型に対してEquatableプロトコルで定義されている演算子==が利用できます。

```
func isEqual<T : Equatable>(_ x: T, _ y: T) -> Bool {
    return x == y
}

isEqual("abc", "def") // false
```

連想型のスーパークラスや準拠するプロトコルに対する制約

型引数にはwhere節を追加でき、where節では型引数の連想型についての型制約を定義できます。連想型の型制約では、連想型のスーパークラスや準拠すべきプロトコルについての制約と、型どうしの一致を要求する制約を設けることもできます。本項で前者について、次項で後者について解説します。

連想型のスーパークラスや準拠すべきプロトコルについての制約を指定するには、where節内で連想型のあと:に続けてプロトコル名やスーパークラス名を指定します。

```
func 関数名<型引数 : プロトコル>(引数) -> 戻り値の型
    where 連想型 : プロトコルやスーパークラス {

    関数呼び出し時に実行される文
}
```

次のジェネリック関数sorted(_:)の例では、型引数Tが4.6節で解説したCollectionプロトコルに準拠していることを要求しているのに加えて、where節でT.Element型がComparableプロトコルに準拠していることを要求しています。このような型制約を設けることで、sorted(_:)関数の引数は比較可能な要素を持ったコレクションに限定されるため、ソート処理を実装できます。

```
func sorted<T : Collection>(_ argument: T) -> [T.Element]
    where T.Element : Comparable {
    return argument.sorted()
}

sorted([3, 2, 1]) // [1, 2, 3]
```

型どうしの一致を要求する制約

型引数と連想型の一致や連想型どうしの一致を要求する型制約を設けるには、where節内で一致すべき型どうしを==演算子で結びます。

```
func 関数名<型引数1 : プロトコル1, 型引数2 : プロトコル2>(引数) -> 戻り値の型
    where プロトコル1の連想型 == プロトコル2の連想型 {

    関数呼び出し時に実行される文
}
```

次のジェネリック関数concat(_:_:)は2つのCollection型の値を連結します。concat(_:_:)関数はCollectionプロトコルに準拠した別々の型引数TとUを受け

取りますが、これらの連想型T.ElementとU.Elementが一致することを要求しています。例に登場するSet<Element>型は、数学における集合を表すジェネリック型であり、Collectionプロトコルに準拠しています。Set([1, 2, 3])はSet<Element>型をInt型で特殊化したSet<Int>型となります。このような型制約を設けることで、concat(_:_:)関数の引数に対し、「配列や集合といったコレクションの種類は問わないものの、その要素の型は一致していないといけない」という限定的な制限を設けることができます。したがって、異なる型でありながらも要素の型は一致している[Int]型とSet<Int>型を引数に取ることができます。

```
func concat<T : Collection, U : Collection>(
    _ argument1: T, _ argument2: U) -> [T.Element]
    where T.Element == U.Element {

    return Array(argument1) + Array(argument2)
}

let array = [1, 2, 3] // [Int]型
let set = Set([1, 2, 3]) // Set<Int>型
let result = concat(array, set) // [1, 2, 3, 2, 3, 1]
```

10.4 ジェネリック型
汎用的な型

ジェネリック型とは、型引数を持つクラス、構造体、列挙型のことです。本節では、ジェネリック型の定義方法や特殊化について説明します。

定義方法

ジェネリック型は、型定義の型名の直後に型引数を追加して、次のように定義します。

```
構造体
struct 構造体名<型引数> {
    構造体の定義
}
```

```
クラス
class クラス名<型引数> {
    クラスの定義
}

列挙型
enum 列挙型名<型引数> {
    列挙型の定義
}
```

型引数は型の内部で通常の型と同じように使用できます。

次の例で、ジェネリック型GenericStruct<T>は、型引数をプロパティとして使用し、GenericClass<T>型ではメソッドの引数として使用しています。また、GenericEnum<T>型では、型引数を列挙型の連想値の型として使用しています。

```
// 構造体
struct GenericStruct<T> {
    var property: T
}

// クラス
class GenericClass<T> {
    func someFunction(x: T) {}
}

// 列挙型
enum GenericEnum<T> {
    case SomeCase(T)
}
```

特殊化方法

ジェネリック型のインスタンス化や、ジェネリック型のスタティックメソッドの実行には、特殊化が必要となります。ジェネリック型を特殊化するには、明示的に型引数を指定する方法と、型推論によって型引数を決定する方法の2つが用意されています。

型引数の指定による特殊化

ジェネリック型では、型引数の直接指定による特殊化を行えます。

たとえば先ほどのContainer<Content>型は、Content型にInt型やString型などの型を指定することでContainer<Int>型やContainer<String>型とし

て特殊化できます。次の例でContainer<Int>型のプロパティcontentの型はInt型であるため、イニシャライザの引数にはInt型の値しか与えることができません。異なる型を与えた場合はコンパイルエラーとなります。

```
struct Container<Content> {
    var content: Content
}

let intContainer = Container<Int>(content: 1)
let stringContainer = Container<String>(content: "abc")

// 型引数とイニシャライザの引数の型が一致しないのでコンパイルエラー
let container = Container<Int>(content: "abc")
```

型推論による特殊化

ジェネリック型では、明示的に型引数を指定しなくとも、イニシャライザやスタティックメソッドの引数からの型推論によって特殊化を行えます。型推論によるジェネリック型の特殊化は、ジェネリック関数での特殊化と同様に引数の型が型引数となります。

型推論による特殊化を利用すると、前述のContainer<Int>型のインスタンス化は次のように書きなおせます。この場合での特殊化は、Container<Content>型のイニシャライザの引数が(content: Content)となっており、この引数に与えられる値の型が型引数として扱われています。

```
struct Container<Content> {
    var content: Content
}

let intContainer = Container(content: 1) // Container<Int>型
let stringContainer = Container(content: "abc") // Container<String>型
```

型制約 —— 型引数に対する制約

ジェネリック関数と同様に、ジェネリック型の型引数にも型制約を設けられます。しかし、使用できる型制約の種類や場所にはいくつかの違いがあります。本項では、それらについて説明します。

型の定義で使用できる型制約

ジェネリック関数では、3つの種類の型制約を使用できました。ジェネリック型の型の定義ではその3つのうち、型引数のスーパークラスや準拠するプロトコルに対する制約が使用できます。型引数のスーパークラスや準拠するプロトコルに対する制約を指定するには、型引数のあと:に続けてプロトコル名やスーパークラス名を指定します。

```
struct 型名<型引数 : プロトコル名やスーパークラス名> {
    構造体の定義
}
```

残り2つの型制約である、連想型のスーパークラスや準拠するプロトコルに対する制約、型どうしの一致を要求する制約は、where節を必要とする型制約でしたが、これらはジェネリック型の定義では使用できません。

ジェネリック型の型制約付きエクステンション

ジェネリック型では、型引数が特定の条件を満たす場合にのみ有効となるエクステンションを定義でき、これを型制約付きエクステンションと言います。ジェネリック型の型制約付きエクステンションを利用すると、型制約を満たす型が持つプロパティやメソッドを使った機能を、汎用的に実装することができます。

型制約付きエクステンションを定義するには、エクステンションの型名に続けてwhere節を追加します。

```
extension ジェネリック型名 where 型制約 {
    制約を満たす場合に有効となるエクステンション
}
```

型の定義では型引数のスーパークラスや準拠するプロトコルに対する制約しか使用できませんでしたが、エクステンションではすべての種類の型制約が使用できます。次の例では、ジェネリック型Pair<Element>に対して、型引数ElementがString型の場合のエクステンションを定義しています。型制約付きエクステンションが有効となるPair<String>型では定義したメソッドが使用できる一方で、無効となるPair<Int>型ではメソッドが存在しないためコンパイルエラーとなります。

```
struct Pair<Element> {
    let first: Element
    let second: Element
}

extension Pair where Element == String {
    func hasElement(containing character: Character) -> Bool {
```

```
        return first.contains(character) || second.contains(character)
    }
}

let stringPair = Pair(first: "abc", second: "def")
stringPair.hasElement(containing: "e") // true

let integerPair = Pair(first: 1, second: 2)
integerPair.hasElement(containing: "e") // メソッドが存在しないためコンパイルエラー
```

型制約付きエクステンションで定義したhasElement(containing:)メソッドは、指定された文字が入った要素がペア内にあるかどうかを調べるメソッドで、その実装にはString型のcontains(_:)メソッドを使用しています。この例のように、型制約でElement型を限定することによって使用できるようになったプロパティやメソッドを使うのが、型制約付きエクステンションを定義する目的です。

プロトコルへの条件付き準拠

ジェネリック型の型制約付きエクステンションでは、プロトコルへの準拠も可能です。これをプロトコルへの条件付き準拠(*conditional conformance*)と言い、ジェネリック型は型引数が型制約を満たすときのみプロトコルへ準拠します。プロトコルへの条件付き準拠を行うには、型制付きエクステンションの型名に続けて: 条件付き準拠するプロトコル名を追加することで、プロトコルへの準拠の宣言を追加します。

```
extension ジェネリック型名 : 条件付き準拠するプロトコル名 where 型制約 {
    制約を満たす場合に有効となるエクステンション
}
```

プロトコルへの条件付き準拠が役立つ典型的なケースは、型引数があるプロトコルに準拠する時に、元のジェネリック型も同じプロトコルに準拠させるというケースです。例えば、前項でも登場したPair<Element>型の型引数ElementがEquatableプロトコルに準拠している場合、Pair<Element>型もまたEquatableプロトコルに準拠させることができます。

```
struct Pair<Element> {
    let first: Element
    let second: Element
}
```

```
extension Pair : Equatable where Element : Equatable {
    static func ==(_ lhs: Pair, _ rhs: Pair) -> Bool {
        return lhs.first == rhs.first && lhs.second == rhs.second
    }
}

let stringPair1 = Pair(first: "abc", second: "def")
let stringPair2 = Pair(first: "def", second: "ghi")
let stringPair3 = Pair(first: "abc", second: "def")
stringPair1 == stringPair2 // false
stringPair1 == stringPair3 // true
```

Pair<String>型の値どうしが==演算子で比較できていることから、Pair<String>型がEquatableプロトコルに準拠できていることがわかります。

プロトコルへの条件付き準拠は標準ライブラリでも活用されています。例えば、[Int]型や[String]型が==演算子によって比較が可能なのは、Array<Element>型が次のようにしてEquatableプロトコルに条件付き準拠しているためです。

```
extension Array : Equatable where Element : Equatable {
    (省略)
}
```

同様の設計は、標準ライブラリやコアライブラリのいたるところで発見できます。これと似たような状況が生じた際には、プロトコルへの条件付き準拠が利用できないか検討するとよいでしょう。

10.5 まとめ

本章では、ジェネリクスについて解説しました。

ジェネリクスを活用することで、汎用性と型安全性を両立させることができます。また、どれくらい汎用的にするかは型制約によって調節できます。強い型制約を設ければ汎用性は限定的になりますが、そのぶんだけ型の性質を利用した具体的な処理の実装が可能となります。ジェネリクスをうまく活用するには、適切な型制約を設けて汎用性と実装の詳細度のバランスをとることが重要です。

第11章

モジュール

配布可能なプログラムの単位

モジュールとは、複数のソースコードを含む配布可能なプログラムの単位で、ほかのプログラムへのインポートが可能です。また、Swiftでのモジュールは、プログラムの名前空間を区切る単位にもなっています。

本章では、はじめにモジュールの定義方法を説明し、続いてモジュールによって定義された名前空間の利用方法について解説します。最後に、モジュールのアクセスコントロールとそれを活用したプログラムの設計について説明します。

なお、11.4節のドキュメントコメントに関するものを除いて、本章のサンプルコードはモジュールの挙動を紹介するためのコードであって、Playground上での実行は想定していません。

11.1 再利用可能かつ配布可能なプログラム

特定のプロジェクトからの独立性が高いプログラムは、ほかのプロジェクトでも再利用できる可能性があります。モジュールには、そのような汎用的なプログラムをうまく再利用するためのしくみが備わっています。たとえば、名前空間を定義することでモジュール間の名前の衝突を解消したり、公開するインタフェースを絞ることでモジュール外からの想定外の利用を防いだりできます。したがって、複数のプロジェクトで利用されることを想定したプログラムを書く場合は、モジュール化を前提にするとよいでしょう。

11.2 モジュールの作成と利用

モジュールを作成するには、Swift Package Managerでビルドターゲットを定義します。ビルドターゲットはパッケージのビルドの単位で、パッケージ内に複数定義できます。1つのビルドターゲットに対し、1つのモジュールが定義されます。

ビルドターゲットの定義

ビルドターゲットを作成する前に、ビルドターゲットを含めるパッケージを作成します。ここではExampleという名前のパッケージを作成します。

```
$ mkdir Example
$ cd Example
$ touch Package.swift
```

ビルドターゲットは、マニフェストファイルPackage.swiftの中で定義します。ここでは、Libraryという名前のビルドターゲットを定義しています。

```
// swift-tools-version:5.1

import PackageDescription

let package = Package(
    name: "Example",
    targets: [
        .target(name: "Library"),
    ]
)
```

この例のように、パッケージやビルドターゲットには大文字始まりの名前を付けるのが一般的です。しかし、ビルドターゲットがエントリポイントのmain.swiftを含む場合は、ビルドターゲットの名前が実行ファイルの名前となるため、小文字始まりの名前を付けることもあります。

続いて、定義したターゲット名と同名のディレクトリをSources以下に作成します。

```
$ mkdir -p Sources/Library
```

ビルドターゲットに含めるソースコードは、このディレクトリに配置します。配置されたソースコードはビルドターゲットに含まれ、モジュールとして外部のプログラムから再利用が可能となります。なお、エントリポイントのmain.swiftが含まれる場合は外部のプログラムから利用できなくなるため、注意してください。

ビルドターゲットの依存関係の定義

あるモジュールからほかのモジュールを利用可能にするには、マニフェストファイルPackage.swiftに依存関係を記述します。具体的には、ビルドターゲットの定義の引数dependenciesに、[String]型でターゲット名を["ターゲット名"]のように記述します。

たとえばパッケージ内にLibraryとAnotherLibraryというビルドターゲットがあったとして、AnotherLibraryからLibararyを利用する場合、依存関係を次のように記述します。

```
// swift-tools-version:5.1

import PackageDescription

let package = Package(
    name: "Example",
    targets: [
        .target(name: "Library"),
        .target(name: "AnotherLibrary", dependencies: ["Library"]),
    ]
)
```

このように依存関係を定義しておくと、ビルドターゲットAnotherLibraryをビルドする前にビルドターゲットLibraryがビルドされ、モジュールLibraryが利用可能な状態になります。利用可能となったモジュールのコード上での利用方法は次節で説明します。

外部パッケージの利用

Swift Package Managerは、パッケージ内のモジュールだけでなく、外部パッケージのモジュールも利用できます。外部パッケージの利用の設定は、マニフェストファイルPackage.swiftで行います。Package型のイニシャライザの引数dependenciesに、利用するパッケージのURLとバージョンのセットを列挙します。

次の例では、外部パッケージとしてRxSwift[注1]を定義するため、Packageクラスのイニシャライザの引数dependenciesを追加しています。

```
// swift-tools-version:5.1

import PackageDescription
```

注1　https://github.com/ReactiveX/RxSwift

```
let package = Package(
    name: "Example",
    dependencies: [
        .package(url: "https://github.com/ReactiveX/RxSwift.git", .upToNextMa
jor(from: "5.0.0")),
    ],
    targets: [
        .target(name: "Library", dependencies: ["RxSwift"]),
    ]
)
```

パッケージが依存する外部パッケージに含まれるモジュールは、パッケージ内で定義されたモジュールと同様に扱えます。上記の例では、ビルドターゲットLibraryの依存にビルドターゲットRxSwiftを指定し、LibraryモジュールからRxSwiftモジュールを利用可能にしています。

11.3 名前空間
名前が一意となる範囲

名前空間とは、型名や変数名や定数名や関数名などの名前が一意となる範囲で、名前の衝突を避けつつも名前を適切な短さに保つことに役立ちます。モジュールは名前空間を区切る単位となっており、1つのモジュールを定義すると1つの名前空間が定義されます。同じモジュール内のグローバルスコープでは、同一の名前を持つ型、変数、定数、関数を複数存在させることはできませんが、別のモジュールであれば可能です。たとえば、HTTP通信を行うモジュールと永続ストアにアクセスするモジュールの両方にRequestという型が存在したとしても、両方の型は同時に使用できます。

本節では、名前空間がどのように作用するかを説明します。

import文 —— モジュールのインポートを行う文

同一モジュール内であれば、そのアクセスレベルがprivateやfileprivateでない限り、別のファイルの要素であっても自由にアクセスできます。アクセスレベルについては次節で説明します。

一方、別のモジュールにある要素にアクセスするには、import文を使用して事前にそのモジュールをインポートする必要があります。

```
import モジュール名
```

インポートを行うと、インポートしたファイル内では、インポートされたモジュールが公開している型や変数、定数を、モジュール内の型や変数、定数と同様に扱えます。

```
import モジュール名

// ここではモジュールで公開されている要素に何も指定することなくアクセス可能
```

import文によるインポートの有効範囲はファイル単位です。別のファイルで同じモジュールを使用する場合は、そのファイルでもインポートが必要です。

名前の衝突の回避

前述したように、モジュールは名前空間の単位でもあるため、モジュール間で使用する名前が重複しても問題ありません。ただし、インポートした複数のモジュール間で重複した名前を使用するときは、あいまいさを回避するために名前の先頭にモジュール名を加えて明示する必要があります。どのモジュールを指しているのかあいまいなものは、コンパイルエラーとして指摘されます。

モジュール名を明示するには、モジュール名のあと.に続けて、アクセスしたい要素を指定します。次の凡例では、あるモジュール内の定数にアクセスしています。

```
モジュール名.定数名
```

たとえば、FrameworkAとFrameworkBの2つのモジュールがあり、それぞれにglobalIntConstantというグローバルスコープの定数が定義されているとすると、その挙動は次のようになります。

```
import FrameworkA
import FrameworkB

// FrameworkAで定義されたglobalIntConstantが代入される
let a = FrameworkA.globalIntConstant

// FrameworkBで定義されたglobalIntConstantが代入される
```

```
let b = FrameworkB.globalIntConstant

// globalIntConstantが指すものがあいまいなのでコンパイルエラー
let c = globalIntConstant
```

11.4 アクセスコントロール
外部からの使用の制限

アクセスコントロールとは、モジュール内の型や型の要素に対する外部からのアクセスを制限するしくみのことです。アクセスコントロールを行うには、アクセスレベルを指定します。適切なアクセスレベルを指定することで、内部的な処理に外部からアクセスできないようにしつつ、モジュール外からの利用を想定したもののみを外部に公開できます。

また、モジュール外に公開されたインタフェースは、モジュールヘッダを通じて確認できます。つまり、適切なアクセスレベルを指定することは、モジュールが想定していない方法で利用されることを防ぐだけでなく、利用者から見て、余計な情報のない理解しやすいインタフェースを提供することにもつながります。

本節では、このアクセスレベルとモジュールヘッダについて解説します。

アクセスレベル —— 公開範囲の分類

アクセスレベルを指定することで、外部から個々の要素へアクセス可能な範囲を指定できます。

指定方法

アクセスレベルには、公開範囲が広い順に次の5つがあります。

- `open`
  モジュール内外のすべてのアクセスを許可する
- `public`
  モジュール内外のすべてのアクセスを許可するが、モジュール外ではクラスを継承したりオーバーライドしたりすることはできない
- `internal`
  同一モジュール内のアクセスのみを許可する

- fileprivate
  同一ソースファイル内のアクセスのみを許可する
- private
  対象の要素が属しているスコープ内のアクセスのみを許可する

モジュール外に公開されるAPIは、アクセスレベルがopen、publicのものだけです。

アクセスレベルを指定するには、定義文の前に、それぞれのアクセスレベルを表すopen、public、internal、fileprivate、privateキーワードを追加します。

```
// モジュール外から使用可能な型
open class SomeOpenClass {}

// モジュール外から使用可能だが、モジュール外で継承不可能な型
public class SomePublicClass {
    // モジュール内でのみ使用可能なプロパティ
    internal let someInternalConstant = 1

    // 同一ソースファイル内でのみ使用可能なプロパティ
    fileprivate var someFileprivateVariable = 1

    // SomePublicClass内でのみ使用可能なメソッド
    private func somePrivateMethod() {}
}
```

デフォルトのアクセスレベル

型全体のアクセスレベルと、プロパティやメソッドなどの型を構成する要素のアクセスレベルは独立しています。それぞれにデフォルトのアクセスレベルが定められており、何も指定しなかった場合はデフォルトのアクセスレベルとなります。

型全体のデフォルトのアクセスレベルは、internalです。

型を構成する要素のデフォルトのアクセスレベルは、型全体のアクセスレベルによって異なります。型全体のアクセスレベルがprivate、fileprivateの場合は、型を構成する要素のデフォルトのアクセスレベルも同じです。型全体のアクセスレベルがopen、public、internalの場合は、型を構成する要素のデフォルトのアクセスレベルはinternalです。

8.3節で説明したように、構造体にはデフォルトでメンバーワイズイニシャライザが用意されています。メンバーワイズイニシャライザのデフォルトのアクセス

レベルは、ストアドプロパティのアクセスレベルによって異なります。ストアドプロパティのいずれかがprivateまたはfileprivateの場合はアクセス範囲が狭いほうと同じアクセスレベルになり、それ以外の場合はinternalになります。

アクセスレベルがpublicである次のSomeStruct型を例に、型の要素のアクセスレベルの挙動を確認してみましょう。

```
public struct SomeStruct {
    var id: Int

    func someMethod() {}
}
```

SomeStruct型自身のアクセスレベルはpublicですが、idプロパティやsomeMethod()メソッドのアクセスレベルはデフォルトのinternalです。したがってモジュール外からは、これらのSomeStruct型のプロパティやメソッドは参照できません。

```
public struct SomeStruct {
    // idプロパティ、someMethod()メソッドはモジュール外からは見えない
}
```

また、idプロパティのアクセスレベルがinternalであるため、メンバーワイズイニシャライザのアクセスレベルはデフォルトのinternalとなります。したがって上記の例では、モジュール外に公開されたイニシャライザが存在しないため、モジュール外からインスタンス化を行えません。

もちろん明示的にアクセスレベルを指定すれば、デフォルト以外のアクセスレベルにできます。SomeStruct型のすべての要素へのアクセスをモジュール外からも可能にするには、各要素のアクセスレベルをpublicに指定し、かつ、アクセスレベルがpublicなイニシャライザを追加する必要があります。

```
public struct SomeStruct {
    public var id: Int

    public init(id: Int) {
      self.id = id
    }

    public func someMethod() {}
}
```

エクステンションのアクセスレベル

型の定義とそのエクステンションのスコープは本来別々ですが、同一ファイル内のエクステンションに限り、同一スコープとみなされます。これにより、もとの型のprivateな要素に同一ファイル内のエクステンションからもアクセスできます。

次の例では、SomeStruct型のprivateなプロパティaとbに、エクステンション内のスタティックメソッド==(_:_:)からアクセスしています。

```
struct SomeStruct {
    private var a: Int
    private var b: Int
}

extension SomeStruct : Equatable {
    static func ==(_ lhs: SomeStruct, _ rhs: SomeStruct) -> Bool {
        return lhs.a == rhs.a && lhs.b == rhs.b
    }
}
```

この仕様は、9.2節で説明したプロトコルへの準拠をエクステンションで行う場合に役立ちます。もとの型でprivateとして宣言されていている要素にエクステンションからアクセスできるため、これらの要素のアクセスレベルをfileprivateに変更する必要がないためです。

モジュールヘッダ ―― モジュール外から参照可能なインタフェース

C言語などとは異なりSwiftでは、インタフェースを記述するヘッダファイルをプログラマーが記述する必要はありません。そのためヘッダファイルは存在しませんが、その代わりにXcodeを通じて、外部からアクセス可能なインタフェースのみが記述されたモジュールのヘッダ情報を閲覧できます。本書ではこのヘッダ情報をモジュールヘッダと呼びます。モジュールヘッダを閲覧すると、モジュールの利用者はモジュールの実装を読み飛ばして、インタフェースとドキュメントコメントを読むことに集中できます。

閲覧方法

モジュールヘッダを閲覧するには、control + command を押しながら、対象のモジュールをクリックします。

たとえば、control + command を押しながら次のFoundationをクリックすると、Foundationのモジュールヘッダを閲覧できます。

```
import Foundation
```

表示されるFoundationのモジュールヘッダは次のようになっています。表示例のBool型のイニシャライザのように、モジュールヘッダでは実装が表示されず、インタフェースだけが表示されます。

```
import Combine
import CoreFoundation
import CoreGraphics

（省略）

extension Bool {

    @available(swift, deprecated: 4, renamed: "init(truncating:)")
    public init(_ number: NSNumber)

    public init(truncating number: NSNumber)

    public init?(exactly number: NSNumber)
}

（省略）
```

モジュールヘッダに記述される情報

モジュールヘッダにはモジュール外から利用可能なもののみが記述されるため、open、publicキーワードが指定されたもののみが出力されます。

たとえば、次のSomeStruct型をモジュール外から参照するとします。

```
public struct SomeStruct {
    public let id: Int
    public let name: String

    public init?(dictionary: [String : Any]) {
        guard let id = dictionary["id"] as? Int,
              let name = dictionary["name"] as? String else {
            return nil
        }

        self.id = id
        self.name = SomeStruct.decorate(name: name)
    }
```

```
    private static func decorate(name: String) -> String {
        return "【\(name)】"
    }
}
```

このSomeStruct型のモジュールヘッダへの出力は、次のようになります。

```
public struct SomeStruct {
    public let id: Int
    public let name: String

    public init?(dictionary: [String : Any])
}
```

このようにモジュールヘッダでは、イニシャライザinit?(dictionary:)の実装がどのようになっているかといった情報や、内部的に使われているメソッドなどは出力されず、モジュール外から利用できるインタフェースの情報のみが表示されます。

ドキュメントコメント ── コードの意図や使用方法の説明

Swiftのコメントは、通常のコメントとドキュメントコメントの2種類に分けられます。通常のコメントは実装に対するコメントとして扱われ、モジュールヘッダにはエクスポートされません。一方、ドキュメントコメントはインタフェースに対するコメントとして扱われ、モジュールの利用者が閲覧できるようにモジュールヘッダにも表示されます。

通常のコメントは// 行コメントや/* ブロックコメント */で記述し、ドキュメントコメントは/// 行コメントや/** ブロックコメント */で記述します。

```
通常のコメント
// コメント

/*
 * コメント
 */

ドキュメントコメント
/// ドキュメントコメント
```

```
/**
 * ドキュメントコメント
 */
```

ドキュメントコメントではMarkdown記法が使用でき、スタイル指定やリンクの設定を行えます。また、箇条書きでparameter、returns、throwsなどのキーワードを先頭に追加すると、引数や戻り値やエラーに対する説明を追加できます。

```
/// メソッドの説明です。
/// **太字**や[リンク](https://example.com/)が使用できます。
/// - parameter arg1: 第1引数の説明です。
/// - parameter arg2: 第2引数の説明です。
/// - returns: 戻り値の説明です。
/// - throws: エラーの説明です。
func someMethod(arg1: String, arg2: String) {}
```

これらドキュメントコメントはXcodeのQuick Helpに反映されます。Quick Helpは、Xcodeのメニューから「View」➡「Inspectors」➡「Show Quick Help Inspector」(option + command + 3 キー)を選択することで確認できます。上記のコメントは、Quick Help上では**図11.1**のように表示されます。

図11.1 Quick Helpに表示されたドキュメントコメント

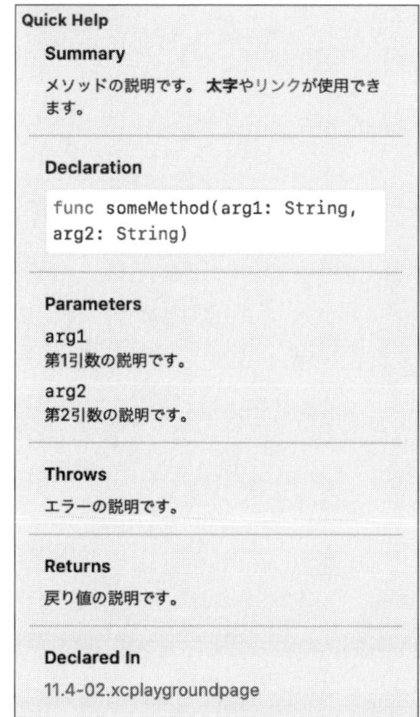

11.5 まとめ

本章では、モジュールの使用方法と、モジュールのドキュメントの提供方法について説明しました。

機能的にまとまったプログラムをモジュールとしてパッケージ化することで、異なるプログラムから再利用できます。モジュールを作成する際には、利用者がモジュールヘッダ上の情報だけで十分理解できるように、実装の詳細を意識させない設計を心がけましょう。モジュールヘッダに十分な情報が含まれていれば、モジュールの利用者が実装の詳細まで追う必要がありません。Swiftの標準ライブラリやコアライブラリもモジュールとなっていますので、これらのモジュールヘッダを理想的なインタフェースの参考にしてください。

第12章

型の設計指針

Swiftの特徴の一つとして、構造体、列挙型、プロトコルの表現力が豊かであることが挙げられます。その表現力の向上に伴って、型を設計する際の選択肢が広がりました。また、オプショナル型やlet、varキーワードによって、型のプロパティの特性も細かくコントロールできます。

本章では、こうした多くの選択肢の中から、どのような指針で何を選択すべきかを説明します。

12.1 クラスに対する構造体の優位性

8.3節で説明したとおり、Swiftではクラスで実現可能なことの大半は構造体でも実現できます。したがって、型を設計するたびに、クラスにするべきか構造体にするべきかを検討することになります。

ただ実際には、Swiftの標準ライブラリの型のほとんどが構造体として宣言されていることから明らかなとおり、Swiftでは構造体を積極的に利用した設計が推奨されています。できるだけ構造体を利用することを検討し、そのうえで要求を満たせない場合に初めてクラスでの実装を検討するべきでしょう。

本節では、構造体とクラスを比較しながら、クラスに比べて構造体が優れている点を説明します。

参照型のクラスがもたらすバグ

なぜ、Swiftでは構造体が重視されているのでしょうか。その理由は、構造体の持つ特性にあります。

構造体の特性を知るために、まずは比較対象であるクラスの持つ特性について考えます。例として、気温を表すTemperature型と国を表すCountry型を定義し、国とその気温を表現してみましょう。

```
class Temperature {
    var celsius: Double = 0
}

class Country {
    var temperature: Temperature
```

```
    init(temperature: Temperature) {
        self.temperature = temperature
    }
}

let temperature = Temperature()
temperature.celsius = 25
let Japan = Country(temperature: temperature)
temperature.celsius = 40
let Egypt = Country(temperature: temperature)
Japan.temperature.celsius // 40
Egypt.temperature.celsius // 40
```

このコードは日本の気温を25度に、エジプトの気温を40度に設定する意図があるように見えますが、期待する結果になっていません。どちらも40度になってしまっています。

これは、クラスが参照型であることに起因します。参照型では、インスタンスが引数として渡されたとき、そのインスタンスの参照が渡されます。つまり上記の例では、同じTemperature型のインスタンスが2つのCountry型のインスタンスから参照されていることになります。そのため、temperatureプロパティの値を変更すると、それを参照している両方のインスタンスに影響してしまうのです。

とはいえ、上記のようなミスは初歩的で、少し気を付ければ避けることができます。しかし、もう少し複雑になってくるとどうでしょうか。次の例には非同期処理が含まれており、dispatchQueue.async(_:)の引数として与えられているクロージャは非同期に実行されます。非同期処理は実行中にほかの処理を止めない処理です。そのため、クロージャの実行と後続のコードの実行順序は保証されません[注1]。

```
import Dispatch

class Temperature {
    var celsius: Double = 0
}

let temperature = Temperature()
temperature.celsius = 25
```

注1　非同期処理について詳しくは、第14章で説明します。

```
// 別スレッドでtemperatureの値を編集
let dispatchQueue = DispatchQueue.global(qos: .default)
dispatchQueue.async {
    temperature.celsius += 1
}

temperature.celsius += 1
temperature.celsius // 非同期処理の実行タイミングによって結果が異なる
```

このようなケースでは、処理の実行順によって結果が変わってしまう可能性があります。クラスはさまざまな箇所で共有され、それぞれの箇所で値が更新されます。つまり、そのインスタンスがどのような経路をたどってきたかによって実行結果が変わってしまい、コードの一部を見ただけで結果を推論することは困難になってしまいます。このようなクラスの特性は、バグの温床となりがちです。

値型の構造体がもたらす安全性

一方で、構造体は値型です。値型では、インスタンスが引数として渡されるとき、その参照ではなく値そのものが渡されます。つまり、インスタンスのコピーが渡されます。

先ほどのTemperature型とCountry型を構造体として宣言し、同様に国とその気温を表現してみましょう。

```
struct Temperature {
    var celsius: Double = 0
}

struct Country {
    var temperature: Temperature
}

var temperature = Temperature()
temperature.celsius = 25
let Japan = Country(temperature: temperature)
temperature.celsius = 40
let Egypt = Country(temperature: temperature)
Japan.temperature.celsius // 25
Egypt.temperature.celsius // 40
```

今度は期待どおりの結果になりました。Temperature型のインスタンスは受け渡されるたびにコピーされるので、それぞれのCountry型のインスタンスは別々のTemperature型のインスタンスを保持しています。別の見方をすれば、ある構造体の所有者は常に1つであることが保証されているということです。

構造体の持つこうした特性によって、クラスとは異なりコードの実行結果を容易に推測できます。この構造体の持つ安全性こそが、Swiftで構造体の利用が推奨されている理由です。

コピーオンライト —— 構造体の不要なコピーを発生させない最適化

前述のとおり、構造体は代入や変更のたびにコピーが発生します。Array<Element>型やDictionary<Key, Value>型などのコレクションを表す型はサイズの大きいデータを扱う可能性があるため、代入のたびに毎回コピーを行うとパフォーマンスの低下が予想されます。この問題を回避するため、Array<Element>型やDictionary<Key, Value>型にはコピーオンライトという最適化が導入されており、必要になるまでコピーが行われなくなっています。

次の例ではArray<Element>型のインスタンスのコピーが発生します。この例を用いて、コピーオンライトの動作を説明します。

```
var array1 = [1,2,3]
var array2 = array1
array1.append(4)
array1 // [1, 2, 3, 4]
array2 // [1, 2, 3]
```

Array<Element>型は構造体であるため、変数array2には変数array1のコピーが代入され、array1への変更はarray2には影響しません。上記のコードは、array1をarray2に代入した時点でコピーが発生しているように見えます。しかし、Array<Element>型ではコピーオンライトが導入されているため、実際にはarray1.append(4)が実行されてarray1とarray2に違いが生じるときに初めてコピーが発生します。結果として、array1は4が追加されて[1, 2, 3, 4]となり、array2は[1, 2, 3]のままとなります。

例からわかるように、コピーオンライトが導入されていても、値の変更を共有しないという値型のルールは保たれます。つまり、コピーオンライトはコストを必要最小限に抑えつつ値型の特性を実現するしくみです。

クラスを利用するべきとき

さて、ここまでSwiftでは構造体を利用した設計が重視されていることを説明してきました。しかし、これはクラスが不要であることを意味するわけではありません。次のケースではクラスを利用する必要があります。

- **参照を共有する必要がある**
- **インスタンスのライフサイクルに合わせて処理を実行する**

これらは、クラスにしかない特徴、つまり参照型の特性を利用するケースです。以降では、これらのケースについて説明します。

参照を共有する

参照を共有することによって、ある箇所での操作をほかの箇所へ共有させたいケースにはクラスが適しています。

たとえば、定期的にイベントを発行するタイマーに、通知を受け取るターゲットを登録する例を考えてみましょう。次の例のTimer型がタイマーに、Target型がターゲットに対応しています。Timer型にはTarget型の値を登録でき、Timer型はstart()メソッドの呼び出し後、Target型の値のaction()メソッドを5回連続で実行します。Target型のcountプロパティには、イベントが何回発行されたかが記録されています。

```
protocol Target {
    var identifier: String { get set }
    var count: Int { get set }
    mutating func action()
}

extension Target {
    mutating func action() {
        count += 1
        print("id: \(identifier), count: \(count)")
    }
}

struct ValueTypeTarget : Target {
    var identifier = "Value Type"
    var count = 0

    init() {}
```

```
}

class ReferenceTypeTarget : Target {
    var identifier = "Reference Type"
    var count = 0
}

struct Timer {
    var target: Target

    mutating func start() {
        for _ in 0..<5 {
            target.action()
        }
    }
}

// 構造体のターゲットを登録してタイマーを実行
let valueTypeTarget: Target = ValueTypeTarget()
var timer1 = Timer(target: valueTypeTarget)
timer1.start()
valueTypeTarget.count // 0

// クラスのターゲットを登録してタイマーを実行
let referenceTypeTarget = ReferenceTypeTarget()
var timer2 = Timer(target: referenceTypeTarget)
timer2.start()
referenceTypeTarget.count // 5
```

実行結果

```
id: Value Type, count: 1
id: Value Type, count: 2
id: Value Type, count: 3
id: Value Type, count: 4
id: Value Type, count: 5
id: Reference Type, count: 1
id: Reference Type, count: 2
id: Reference Type, count: 3
id: Reference Type, count: 4
id: Reference Type, count: 5
```

この例では、最初は構造体のターゲットを、次にクラスのターゲットを登録してタイマーを実行しています。構造体のターゲットの場合はタイマーの登録時にターゲットがコピーされているため、登録したターゲットがイベントを受け取るわけではありません。そのため、登録に使用したターゲットのcountプロパティを参照しても、その値は0のままです。一方、クラスのターゲットでは、登録したターゲットがタイマーと共有されます。そのため、countプロパティを通じて正しい実行回数を取得できます。このタイマーとターゲットの例では、登録されたターゲットがイベントを受け取ることが期待されるため、参照型のクラスの利用が適していると言えるでしょう。

先ほどのTemperature型の例ではインスタンスが表すものは気温という1つの値だったため、値が変更されれば別のものとして扱われるべきであり、値の変更を複数の国が共有するべきではありませんでした。しかしタイマーのターゲットやユーザーインタフェースなどでは、値が変わっても同じインスタンスとして扱われることに意味があるため、クラスの利用が適切です。

インスタンスのライフサイクルに合わせて処理を実行する

クラスにあって構造体にはない特徴の一つに、デイニシャライザがあります。デイニシャライザはクラスのインスタンスが解放された時点で即座に実行されるため、インスタンスのライフサイクルに関連するリソースの解放操作を結び付けることができます。

次のSomeClass型は初期化時に一時ファイルを作成しますが、破棄されるタイミングでデイニシャライザを通じて一時ファイルを削除します。変数someClassにnilを代入することでSomeClass型のインスタンスが破棄され、その結果デイニシャライザが実行され、一時ファイルも削除されています。

```
var temporaryData: String?

class SomeClass {
    init() {
        print("Create a temporary data")
        temporaryData = "a temporary data"
    }

    deinit {
        print("Clean up the temporary data")
        temporaryData = nil
    }
}

var someClass: SomeClass? = SomeClass()
temporaryData // a temporary data

someClass = nil
temporaryData // nil
```

実行結果

```
Create a temporary data
Clean up the temporary data
```

つまり、このSomeClass型のインスタンスのライフサイクルは、一時ファイルのライフサイクルと一致しています。このようにインスタンスのライフサイクルに合わせてほかの処理を実行する場合はクラスが適しています。

12.2 クラスの継承に対するプロトコルの優位性

抽象概念を表現する方法として最も一般的なのはクラスの継承でしょう。Swiftでは値型の利用を積極的に推奨していますが、値型である構造体や列挙型には継承に相当する概念はありません。Swiftにはプロトコルという抽象概念を表すもう一つの方法があり、構造体や列挙型はプロトコルに準拠するという形で抽象的な概念を具象化できます。

本節では、クラスの継承とプロトコルを比較しながら、クラスの継承に比べてプロトコルが優れている点を説明します。

クラスの継承がもたらす期待しない挙動

典型的な例を題材に、クラスの継承の挙動を確認しましょう。動物という抽象的な概念を表すAnimalクラスと、犬、猫、野生の鷲という具象的なものを表すDog、Cat、WildEagleサブクラスを用意します。Animalクラスには、動物に共通した行動であるsleep()、move()メソッドと、飼い主を表すownerプロパティを用意します。それぞれの動物は動き方が異なるため、サブクラスではmove()メソッドをオーバーライドします。

```
class Animal {
    var owner: String?
    func sleep() { print("Sleeping") }
    func move() {}
}

class Dog : Animal {
```

```
    override func move() {
        print("Running")
    }
}

class Cat : Animal {
    override func move() {
        print("Prancing")
    }
}

class WildEagle : Animal {
    override func move() {
        print("Flying")
    }
}
```

クラスの継承を利用することで、次の挙動を得ることができました。

- **move()メソッドの多態性が実現されている**
- **それぞれのサブクラスで実装せずともsleep()メソッドを利用できる**

しかし、クラスの継承は次のような予期せぬ挙動も招きます。

- **Animalクラスは特定の動物を表さない抽象的な概念であるためインスタンス化は不可能であるべきだが、インスタンス化が可能になってしまっている**
- **野生であるためownerプロパティが不要なWildEagleクラスにも、継承によって自動的にownerプロパティが追加されてしまっている**

これらの不要なイニシャライザやプロパティはクラスの誤用を招く可能性があるため、望ましくありません。

プロトコルによるクラスの継承の問題点の克服

プロトコルとプロトコルエクステンションを利用すれば、クラスの継承で実現可能な挙動を満たしたうえで、クラスの継承の問題点も克服できます。さらに、値型に対しても適用できます。

型は複数のプロトコルに準拠できるため、Animalクラスをプロトコルとして表す場合は、より適切な意味の単位で分割できます。ここでは、Animalクラスで表されていたsleep()メソッド、move()メソッド、ownerプロパティの

3つの要素を、動物の行動を表すsleep()メソッドとmove()メソッドという2つのメソッドを含むAnimalプロトコルと、飼うことができることを表すownerプロパティを含むOwnableプロトコルに分割するケースを考えてみましょう。

```
protocol Ownable {
    var owner: String { get set }
}

protocol Animal {
    func sleep()
    func move()
}

extension Animal {
    func sleep() { print("sleeping") }
}

struct Dog : Animal, Ownable {
    var owner: String
    func move() { print("Running") }
}

struct Cat : Animal, Ownable {
    var owner: String
    func move() { print("Prancing") }
}

struct WildEagle : Animal {
    func move() { print("Flying") }
}
```

クラスの継承を利用した実装とこの実装とを比較してみましょう。

クラスの継承で実現できていた挙動は、次のようにプロトコルでも実現できています。

- **move()メソッドの多態性が実現されている**
  ➡共通のインタフェースをプロトコルで実現している
- **それぞれのサブクラスで実装せずともsleep()メソッドを利用できる**
  ➡Animalプロトコルを拡張することで、sleep()メソッドのデフォルト実装を定義している

さらにプロトコルでは、クラスの継承の招く予期せぬ挙動は次のように克服されています。

- **Animalクラスは特定の動物を表さない抽象的な概念であるためインスタンス化は不可能であるべきだが、インスタンス化が可能になってしまっている**
  ➡Animalはプロトコルなのでインスタンス化できない
- **野生であるためownerプロパティが不要なWildEagleクラスにも、継承によって自動的にownerプロパティが追加されてしまっている**
  ➡クラスは多重継承できないが、複数のプロトコルに準拠する型を実装することはできる。上記の例ではownerプロパティが必要な型だけをOwnableプロトコルに準拠させている

このように、Swiftではプロトコルを利用することで、クラスの継承と同等、もしくはそれ以上に利便性の高い抽象概念の実装を実現できます。加えて、継承ができない構造体の利用が推奨されている以上、継承よりもプロトコルの利用が主流になります。そのため、プロトコルは抽象概念を実装する際に第一の選択肢となります。

クラスの継承を利用するべきとき

さて、ここまでプロトコルが継承よりも優れていることを説明してきましたが、依然としてクラスの継承を利用したほうがよいケースもあります。

複数の型の間でストアドプロパティの実装を共有する

プロトコルエクステンションを利用すれば、クラスの継承を用いずとも、複数の型の間でデフォルト実装を共有できることを説明しました。しかし、プロトコルエクステンションにはストアドプロパティを実装できないという制限があるため、実装を共有できないケースもあります。

たとえば、次のAnimalクラスを値型とプロトコルを用いて書き換える場合を考えてみましょう。Animalクラスのownerプロパティにはプロパティオブザーバが定義されており、これを継承したほかのクラスにも、このプロパティオブザーバの挙動が引き継がれます。

```
class Animal {
    var owner: String? {
        didSet {
            guard let owner = owner else { return }
            print("\(owner) was assigned as the owner")
        }
    }
}
```

```
class Dog : Animal {}

class Cat : Animal {}

class WildEagle : Animal {}

let dog = Dog()
dog.owner = "Yusei Nishiyama"
```

実行結果
```
Yusei Nishiyama was assigned as the owner
```

これも先ほどと同様に、値型とプロトコルを用いて簡単に書き換えられるように思えるかもしれません。しかし、プロトコルエクステンションではストアドプロパティやプロパティオブザーバの追加はできないので、次のようには実装できません。

```
protocol Ownable {
    var owner: String { get set }
}

extension Ownable {
    // コンパイルエラー
    var owner: String {
        didSet {
            print("\(owner) was assigned as the owner")
        }
    }
}
```

同様の挙動をプロトコルで実現しようとすると、次のようになってしまいます。

```
protocol Ownable {
    var owner: String { get set }
}

struct Dog : Ownable {
    var owner: String {
        didSet {
            print("\(owner) was assigned as the owner")
        }
    }
}
```

```
struct Cat : Ownable {
    var owner: String {
        didSet {
            print("\(owner) was assigned as the owner")
        }
    }
}

struct WildEagle {}

var dog = Dog(owner: "Yosuke Ishikawa")
dog.owner = "Yusei Nishiyama"
```

実行結果

```
Yusei Nishiyama was assigned as the owner
```

これは、まったく同じ実装が複数ヵ所に現れるため、たいへん冗長です。また、プロパティオブザーバの挙動を変更する際に複数ヵ所を修正する必要があるため、変更に弱いコードでもあります。

ストアドプロパティを含む実装の共有はプロトコルでは実現できないため、このようなケースではクラスの継承を用いましょう。

12.3 オプショナル型の利用指針

Swiftの特徴的な言語仕様であるオプショナル型を正しく利用することは、安全なコードを書くための要です。

本節では、オプショナル型の利用指針を次の3つに分けて説明します。

- Optional<Wrapped>型を利用するべきとき
- 暗黙的にアンラップされたOptional<Wrapped>型を利用するべきとき
- 比較検討するべきとき

Optional<Wrapped>型を利用するべきとき

すべてのプロパティをOptional<Wrapped>型として宣言することもできま

すが、コードの厳密性を損ね、かつ冗長なコードを招く原因となります。本項では、どういうときに、Optional<Wrapped>型を利用するべきかについて説明します。

値の不在が想定される

Optional<Wrapped>型は、その値の不在が想定される場合にのみ使用します。

たとえば、あるサービスへの登録時にユーザー名は必須であるが、メールアドレスは必須でないとします。また、それぞれのユーザーに対して、アプリケーションが一意のIDを割り当てるとします。次のUser型は、そのサービスのユーザーを表現しています。

```
struct User {
    let id: Int
    let name: String
    let mailAddress: String?
}
```

このサービスでは、ユーザーがメールアドレスを持っていない可能性もあるため、mailAddressプロパティの型をString?型としています。

ただし、必然性のないOptional<Wrapped>型のプロパティは排除する

先ほどの、User型において、idプロパティやnameプロパティをそれぞれ、Int?型やString?型のプロパティとして宣言することもできます。しかし、ここで想定しているサービスの仕様では、これらの値が存在しないことは想定していないため、非オプショナル型のプロパティとして宣言しました。このように、プロパティごとのnilの許容性は、できる限り仕様を厳密に表現しているべきです。

厳密であるべき理由を説明するために、サーバから受け取ったJSONからUser型のインスタンスを生成する例について考えます。JSONが[String : Any]型で表されているとすると、JSONを受け取るUser型のイニシャライザは次のようになります。JSONはデータ記述言語の一つで、データをキーと値で表現します。

```
struct User {
    let id: Int
    let name: String
```

```
    let mailAddress: String?

    init(json: [String : Any]) {
        // 初期化処理
    }
}
```

続いて、イニシャライザの実装を考えてみましょう。JSONの型は[String : Any]型となっているため、必ずしも指定したキーに対して想定した型の値が存在するとは限りません。したがって、各ストアドプロパティを初期化するには、型のダウンキャストが必要となります。しかし、as?演算子によるダウンキャストでは型がOptional<Wrapped>型となってしまうため、非オプショナル型のストアドプロパティを初期化できず、コンパイルエラーとなります。

```
struct User {
    let id: Int
    let name: String
    let mailAddress: String?

    // idとnameがOptional<Wrapped>型となるためコンパイルエラー
    init(json: [String : Any]) {
        id = json["id"] as? Int
        name = json["name"] as? String
        mailAddress = json["mailAddress"] as? String
    }
}
```

idプロパティとnameプロパティの型をそれぞれInt?型とString?型に変更するとコンパイル可能となりますが、これではidプロパティとnameプロパティの値は必須で、mailAddressプロパティの値の有無は任意であるという仕様を表せなくなってしまいます。idプロパティとnameプロパティは必須という仕様であるにもかかわらずそれらをOptional<Wrapped>型で表すということは、本来ならば不要となるはずのnilを想定した処理をUser型の利用側に要求することになります。これは、User型のインスタンスが仕様どおりのものであるかどうかの検証を利用側に任せているということにもなります。次の例では、User型のすべてのプロパティをOptional<Wrapped>型として定義しています。そのため、idプロパティやnameプロパティを使用するたびに、各プロパティが値を持っているかどうかを検証する必要があります。

```
// コンパイル可能だがidとnameが必須であるという仕様を表現していない
struct User {
    let id: Int?
    let name: String?
    let mailAddress: String?

    init(json: [String : Any]) {
        id = json["id"] as? Int
        name = json["name"] as? String
        mailAddress = json["mailAddress"] as? String
    }
}

let json: [String : Any] = [
    "id": 123,
    "name": "Yusei Nishiyama"
]

let user = User(json: json)

// idとnameがnilでないことを確認する必要がある
if let id = user.id, let name = user.name {
    print("id: \(id), name: \(name)")
} else {
    print("Invalid JSON")
}
```

実行結果

```
id: 123, name: Yusei Nishiyama
```

このような状況を避けるために、JSONからの値の取り出しの失敗をインスタンス化自体の失敗とみなし、必須のプロパティは仕様どおりに非オプショナル型とします。このように変更することで、インスタンスの検証をイニシャライザに一元化できるだけでなく、仕様どおりでないインスタンスの生成を未然に防げます。次の例では、JSONの検証がイニシャライザで行われているため、User型の初期化後にidプロパティやnameプロパティがnilであることを考慮する必要はありません。

```
struct User {
    // idとnameの値は仕様どおりに必須とする
    let id: Int
    let name: String
    let mailAddress: String?
```

```
    init?(json: [String : Any]) {
        guard let id = json["id"] as? Int,
              let name = json["name"] as? String else {
            // idやnameを初期化できなかった場合は
            // インスタンスの初期化が失敗する
            return nil
        }

        self.id = id
        self.name = name
        self.mailAddress = json["email"] as? String
    }
}

let json: [String : Any] = [
    "id": 123,
    "name": "Yusei Nishiyama"
]

if let user = User(json: json) {
    print("id: \(user.id), name: \(user.name)")
} else {
    // 不正なインスタンスは初期化の時点で検出される
    print("Invalid JSON")
}
```

実行結果

```
id: 123, name: Yusei Nishiyama
```

上記のUser型を生成し利用するコードからもわかるとおり、プロパティから仕様として必然性のないOptional<Wrapped>型を排除することは、型のインスタンスの利用を簡潔かつ安全にすることにつながります。

暗黙的にアンラップされたOptional<Wrapped>型を利用するべきとき

暗黙的にアンラップされたOptional<Wrapped>型はnilとなることが可能ではあるものの、アクセス時には毎回自動的に強制アンラップを行われるため、これをプロパティとして使用することは、当然安全ではありません。

次の例のように、初期化されていない値にアクセスすれば、実行時エラーが発生します。

```
class Sample {
    var value: String!
}

let sample = Sample()
sample.value.isEmpty // 実行時エラー
```

しかし、次のケースでは暗黙的にアンラップされたOptional<Wrapped>型をプロパティとして宣言することが有効です。

- **初期化時にのみ値が決まっていない**
- **サブクラスの初期化より前にスーパークラスの初期化が必要**

以降では、これらのケースについて説明します。

初期化時にのみ値が決まっていない

初期化時には値が決まらないものの、初期化以降に何かしらの値が必ず設定され、その値を使用するときにはnilであることは絶対にない値について考えましょう。

Storyboardを利用する例で説明します。StoryboardはiOSアプリケーションのレイアウトを表現するためのファイルで、XcodeはこれをGUI上で編集するためのエディタを提供しています。また、IBOutlet属性とともに宣言されたプロパティをアウトレットと呼び、このプロパティをStoryboard上の要素と紐付けることで、その内容をGUI上から編集できます。アウトレットはStoryboard上の要素から自動的に生成できますが、その際、宣言は次のようになります。

```
@IBOutlet weak var someLabel: UILabel!
```

このsomeLabelプロパティは、これを所有する型がインスタンス化されるときには空ですが、そのあとに必ずStoryboardから生成された値が設定されます。そのため、暗黙的にアンラップされたOptional<Wrapped>型となっています。

もし、これが通常のOptional<Wrapped>型の値であれば、このラベルを使用するたび、次のようなオプショナルバインディングが必要となります。もしくは、使用するたびに強制的なアンラップが必要になります。

```
オプショナルバインディングを行う場合
if let label = someLabel {
    label.text
}

強制アンラップを行う場合
someLabel!.text
```

しかし、値の有無を意図的に使い分けるのでなければ、このようなコードは単に冗長であるにすぎません。さらに、これが通常のOptional<Wrapped>型として宣言されていたら、値がnilになる可能性を考慮したコードを書かなければならないかのような誤解を与えてしまいます。

サブクラスの初期化より前にスーパークラスを初期化する

スーパークラスの値を使用して、サブクラスの値を初期化するケースを考えてみましょう。

```
class SuperClass {
    let one = 1
}

class BaseClass : SuperClass {
    let two: Int

    override init() {
        // 初期化される前のoneにアクセスしているためコンパイルエラー
        two = one + 1
        super.init()
    }
}
```

上記のコードはコンパイルできません、なぜなら、super.init()を実行する前に、スーパークラスのプロパティを参照しているためです。スーパークラスを初期化するまで、スーパークラスの値にアクセスすることはできません。

では、先にスーパークラスを初期化するとどうなるでしょうか。

```
class SuperClass {
    let one = 1
}
```

```
class BaseClass : SuperClass {
    let two: Int

    override init() {
        // twoの初期化前にスーパークラスを
        // 初期化しようとしているためコンパイルエラー
        super.init()
        two = one + 1
    }
}
```

残念ながらこちらもコンパイルできません。Swiftでは、スーパークラスのイニシャライザを呼び出す前に、サブクラスのプロパティが初期化されている必要があるためです。

このようなケースでは、サブクラスのプロパティを暗黙的にアンラップされたOptional<Wrapped>型として定義します。

```
class SuperClass {
    var one = 1
}

class BaseClass : SuperClass {
    var two: Int!

    override init() {
        super.init()
        two = one + 1
    }
}

BaseClass().one // 1
BaseClass().two // 2
```

このように定義すれば、スーパークラスの初期化時にはnilが、それ以降は初期化された値が代入されます。

Optional<Wrapped>型と暗黙的にアンラップされたOptional<Wrapped>型を比較検討するべきとき

ここまで、Optional<Wrapped>型と暗黙的にアンラップされたOptional<Wrapped>型それぞれを使用するべきケースについて説明しました。しかし、一概にどちらを使用するべきか、もしくは、どちらも使用しないべきかを断定できないケースがあります。

一時的にnilになることがあっても、アクセス時にはnilになり得ないプロパティに対し、暗黙的にアンラップされたOptional<Wrapped>型を使用することは仕様に厳密であると言えるでしょう。しかし、アクセス時に暗黙的にアンラップされたOptional<Wrapped>型の値がnilにならないことをコンパイラが保証できるわけではなく、そのような結果にならないようにプログラマーが気を付けないといけません。つまり、誤った実装をした場合には実行時エラーが発生する可能性があることを意味し、安全ではありません。

一方で、冗長ではあるものの、こうしたケースに対して常にOptional<Wrapped>型を使用すれば、予期せぬnilへのアクセスによる実行時エラーは起こり得ません。こちらは、厳密ではないものの、安全です。

安全性をとるか仕様に対する厳密性をとるかの選択は、プログラムが予期しない不正な状態に陥ったときに、どうなってほしいかを選択することと等価です。予期しない状態になった場合、プログラムが終了することが望ましいのであれば暗黙的にアンラップされたOptional<Wrapped>型を選択するべきです。一方、不正な状態でも可能な限り実行を継続して動作してほしいのであれば、できる限りOptional<Wrapped>型を選択するべきです。

12.4 まとめ

本章では、アプリケーションを実装するうえでの基礎となる、型の設計について説明しました。

値型とプロトコルを利用した設計、オプショナル型などは、Objective-Cのような言語にはない考え方です。もちろん、こうした新しい概念を使わずに実装することもできますが、これらを駆使することで、Swiftらしく、かつ安全なコードを実現できます。

第13章

イベント通知

UI要素のタップやプロパティの値の変更など、アプリケーション内で発生するあらゆる事象のことをイベントと言います。また、イベントの発生箇所となるオブジェクトが、ほかのオブジェクトにイベントの発生を伝えることをイベント通知と言います。イベント通知を行う方法は複数あり、用途によって適切な方法が異なります。

本章では、オブジェクト間での連携に関するパターンと、その実装方法を説明します。

13.1 Swiftにおけるイベント通知のパターン

オブジェクト間で相互にイベント通知が発生するのはどのようなケースでしょうか。たとえば、あるオブジェクトが別のオブジェクトに処理を依頼したり、特定の処理の開始や終了を伝えたりするケースが考えられます。

複数のオブジェクトが互いにイベント通知を行い合う場合、やみくもにオブジェクトどうしを参照させ合えばよいわけではありません。やみくもに実装すると、依存関係が複雑になりすぎてメンテナンスが不可能になってしまったり、メモリリークが発生してしまったりする可能性があります。オブジェクト間のイベント通知には、用途ごとに適切な方法があります。

iOSやmacOS向けのアプリケーションをSwiftで実装する場合、Appleが開発したCocoa、Cocoa Touchというオブジェクト指向のAPI群を利用します。これらのAPIにおいて、オブジェクト間のイベント通知の方法は次の3つに大別されます。

- **デリゲートパターン**
- **クロージャ**
- **オブザーバパターン**

これら3つのパターンの正しい理解は、Cocoa、Cocoa Touchを利用するときだけでなく、みなさんがアプリケーションを実装する際にも有用です。

本章では、この3つの方法を順番に説明していきます。

13.2 デリゲートパターン
別オブジェクトへの処理の委譲

本節ではデリゲートパターンについて説明します。macOSアプリケーションのウィンドウを管理するためのNSWindowクラスや、iOSアプリケーションでリスト形式の情報を表示するためのUITableViewクラスなどのCocoa、Cocoa Touchの主要なコンポーネントの多くは、デリゲートパターンを用いて実装されています。

デリゲートパターンはデリゲート(委譲)という名前のとおり、あるオブジェクトの処理を別のオブジェクトに代替させるパターンです。デリゲート元のオブジェクトは適切なタイミングで、デリゲート先のオブジェクトにメッセージを送ります。デリゲート先のオブジェクトはメッセージを受けて、自分自身や別のオブジェクトの状態を変更したり、何かしらの結果をデリゲート元のオブジェクトに返したりします。

デリゲートパターンを用いると、デリゲート先のオブジェクトを切り替えることでデリゲート元の振る舞いを柔軟に変更できます。一方で、必要な処理はプロトコルとして事前に宣言されている必要があり、記述するコードは多くなりがちです。

実装方法

デリゲートパターンでは、委譲する処理をプロトコルのメソッドとして宣言します。デリゲート先のオブジェクトはそのプロトコルに準拠し、デリゲート元のオブジェクトからの処理の委譲に応えられるようにします。デリゲート元のオブジェクトはデリゲート先のオブジェクトをプロパティとして持ち、デリゲート先のメソッドを実行して処理を委譲します。

例として、デリゲートパターンを利用した、ゲームを表現するプログラムを実装してみましょう。

```
protocol GameDelegate : class {
    var numberOfPlayers: Int { get }
    func gameDidStart(_ game: Game)
    func gameDidEnd(_ game: Game)
}
```

```
class TwoPersonsGameDelegate : GameDelegate {
    var numberOfPlayers: Int { return 2 }
    func gameDidStart(_ game: Game) { print("Game start") }
    func gameDidEnd(_ game: Game) { print("Game end") }
}

class Game {
    weak var delegate: GameDelegate?

    func start() {
        print("Number of players is \(delegate?.numberOfPlayers ?? 1)")
        delegate?.gameDidStart(self)
        print("Playing")
        delegate?.gameDidEnd(self)
    }
}

let delegate = TwoPersonsGameDelegate()
let twoPersonsGame = Game()
twoPersonsGame.delegate = delegate
twoPersonsGame.start()
```

実行結果

```
Number of players is 2
Game start
Playing
Game end
```

ここでは、プレイヤーの人数とゲームの開始、終了時の処理を委譲するためのインタフェースをGameDelegateプロトコルとして宣言しています。TwoPersonsGameDelegateクラスは、このGameDelegateプロトコルに準拠したクラスです。

GameクラスはdelegateプロパティをFって持っており、その型はGameDelegateです。Swiftではプロトコルも型として扱うことができるため、delegateプロパティにはGameDelegateプロトコルに準拠した型であればなんでも代入できます。Gameクラスはstart()メソッドの中で、このdelegateプロパティを通じてデリゲート先にプレイヤーの人数を問い合わせています。また、ゲームの開始、終了のタイミングをデリゲート先に伝えています。

命名規則

デリゲートパターンでは、デリゲート先にデリゲート元から呼び出されるメソッド群を実装する必要があります。どのようなメソッド群を実装する必要があるかは、プロトコルとして宣言します。

プロトコルやメソッドの命名については、Cocoa、Cocoa Touchフレームワーク内で利用されているデリゲートパターンの実装を参考にしましょう。たとえば、UITableViewクラスはデリゲートパターンが使われているコンポーネントの中でも特に利用頻度が高いものの一つですが、そのデリゲートメソッドのうち、UITableViewのセルがタップされた際に実行されるデリゲートメソッドは次のように宣言されています。

```
public protocol UITableViewDelegate : NSObjectProtocol,
                                      UIScrollViewDelegate {
    (省略)
    optional public func tableView(
        _ tableView: UITableView,
        didSelectRowAt indexPath: IndexPath)
```

デリゲートパターンではさまざまなタイミングでデリゲート先のメソッドが実行されるため、「どのタイミングで呼び出されるか」ということをdidやwillといった助動詞を用いて表現します。このメソッドはセルがタップされた「直後」に実行されるのでdidSelectという形になっています。

また、デリゲート元はデリゲート先が必要としているであろう情報を引数を通じて渡します。ここでは「どのインデックスのセルがタップされたか」という情報が必要ですので、IndexPath型が引数となっています。IndexPath型は入れ子になった配列の特定のノードを指すための構造体です。

さて、ここまでの説明から、次のメソッド名で事足りるように思われるかもしれません。

```
func didSelectRowAt(indexPath: IndexPath)
```

しかし、このままでは、複数のプロトコルに準拠する際に、似たような役割を持ったデリゲートメソッドどうしの名前が衝突する可能性があります。そこでCocoaのデリゲートパターンでは、メソッド名をデリゲート元のオブジェクト名から始め、第1引数にデリゲート元のオブジェクトを渡すことになっています。tableView(_:didSelectRowAt:)メソッドのデリゲート元はUITableViewクラスであるため、メソッド名前はtableViewから始まり、これが名前空間の役割を果たします。

以上の命名規則をまとめると、次のようになります。

- **メソッド名はデリゲート元のオブジェクト名から始め、続いてイベントを説明する**
- **`did`や`will`などの助動詞を用いてイベントのタイミングを示す**
- **第1引数にはデリゲート元のオブジェクトを渡す**

こうした命名規則によって、このメソッドを誰が、いつ、どういう場合に呼ぶのかが明確になります。`tableView(_:didSelectRowAt:)`メソッドの例では、セルが選択された(`selectRow`)あと(`did`)に`UITableView`クラスが呼ぶということが、メソッド名を見ただけでわかります。

これらの命名規則は、自分自身で定義したデリゲートメソッドにも適用するべきでしょう。名前の衝突を回避できるという実用上の効果がありますし、既存のCocoa、Cocoa Touchフレームワークと違和感なく協調させることができるので、利用する側が扱いやすいというメリットもあります。

弱参照による循環参照への対処

8.4節にて、ARCでは使用中のインスタンスのメモリが解放されてしまうことを防ぐために、プロパティ、変数、定数からクラスのインスタンスへの参照がいくつあるかを参照カウントとしてカウントしていること、そして参照カウントが0になったときにクラスのインスタンスのメモリの解放が行われることを説明しました。

参照についてより詳しく説明すると、クラスのインスタンスへの参照には、強参照と弱参照の2種類があります。強参照は参照カウントを1つカウントアップし、弱参照はカウントアップしません。

デフォルトでは強参照となります。前述したように参照カウントの数によってメモリを解放するかどうかを決定しているので、カウントアップして使用中のインスタンスのメモリが解放されないようにするためです。

`weak`キーワードとともにプロパティを宣言すると、弱参照となります。弱参照は循環参照の解消に用います。循環参照とは2つのインスタンスが互いに強参照を持ち合う状態を指し、この状態では参照カウントが0になることはあり得ません。そのため、仮にこれらのインスタンスが不要になっても、そのメモリは確保されたままとなってしまいます。このような、メモリが確保されたまま解放されない問題全般はメモリリークと言います。メモリリークは、メモリ領域の圧迫によってパフォーマンスの低下を招いたり、場合によってはアプリケーションを終了させてしまったりします。

デリゲートパターンでは、デリゲート先のオブジェクトとデリゲート元のオブジェクトが互いに参照し合う可能性があります。そのため通常は、デリゲート元からデリゲート先への参照を弱参照として、循環参照を回避します。たとえばUITableViewクラスのdelegateプロパティは、次のようにweakキーワードとともに宣言されています。

```
open class UITableView : UIScrollView, NSCoding {
    (省略)
    weak open var delegate: UITableViewDelegate?
}
```

利用するべきとき

本項では、どういうときにデリゲートパターンを利用するべきかについて説明します。

2つのオブジェクト間で多くの種類のイベント通知を行う

2つのオブジェクト間で多くの種類のイベント通知を実現したい場合、デリゲートパターンはたいへん有効です。たとえば、非同期処理中に発生するイベントに応じて実行する関数を切り替えたいケースは珍しくありません。たとえば、非同期処理を行うアプリケーションではイベントに応じて次のように処理を実行します。

❶非同期処理を開始したタイミングで、プログレスバーを表示する
❷非同期処理の途中で、定期的にプログレスバーを更新する
❸非同期処理が完了したタイミングで、プログレスバーを非表示にする
※非同期処理が失敗したタイミングで、エラーダイアログを表示する

後述するクロージャによるコールバックでは、コールバック時の処理を非同期処理の開始位置と同じ箇所に記述できます。しかし、このように複数のコールバックが存在するケースでは、かえって煩雑になってしまいます。したがって、通知するイベントの種類が多い場合はデリゲートパターンとして実装するのがよいでしょう。

外部からのカスタマイズを前提としたオブジェクトを設計する

オブジェクトの中には外部からのカスタマイズを前提とした設計が適しているものがあり、そのようなケースではデリゲートパターンを採用するのがよいでしょう。デリゲートパターンでは、カスタマイズ可能な処理をプロトコルとして定義するため、オブジェクトのどの振る舞いがカスタマイズ可能かは明らかです。たとえば、先のUITableViewクラスの場合、画面によって異なるセルの選択時の動作をデリゲート先に委譲できるようにしています。

特定のクラスをカスタマイズする方法として、デリゲートパターンではなく継承を使うことも考えられます。あるクラスを継承すると、そのクラスのパブリックなAPIはすべてカスタマイズ可能になりますが、クラスによってはカスタマイズして利用されることを想定していない場合もあります。UITableViewクラスの場合、その基本的な機能は定まっており、変更できません。しかし、どのような情報を、どのような見た目で表示するか、タップされたときにどのような振る舞いをするかということに関しては、利用する側が自由に定義できる必要があります。このように、APIの一部をカスタマイズ可能にしたいという場合には、継承ではなくデリゲートパターンを選択するべきです。

13.3 クロージャ 別オブジェクトへのコールバック時の処理の登録

本節ではクロージャを利用したコールバックについて説明します。6.3節で説明したクロージャは、コールバックとしてよく利用されます。たとえば非同期処理のためのDispatchモジュールのAPIの多くは、コールバックをクロージャで受け取ります。

クロージャを用いると、呼び出し元と同じ場所にコールバック処理を記述できるので、処理の流れを追いやすくなります。一方で、複数のコールバック関数が必要であったり、コールバック時の処理が複雑な場合は、クロージャの性質上、ネストが深くなり可読性が下がってしまいます。

実装方法

クロージャによるコールバックの受け取りを実装するには、非同期処理を行うメソッドの引数にクロージャを追加します。非同期処理を行うメソッドでは、処理の完了時にコールバックを受け取るクロージャを実行し、結果をクロージャの引数に渡します。

先ほどのGameクラスの例でクロージャによるコールバックの実装をしてみましょう。start()メソッドの引数にクロージャを追加し、ゲーム終了時の結果をこのクロージャに渡します。次の例では、ゲームの終了時に結果を表示する処理をstart(completion:)メソッドの引数に与えています。

```
class Game {
    private var result = 0

    func start(completion: (Int) -> Void) {
        print("Playing")
        result = 42
        completion(result)
    }
}

let game = Game()
game.start { result in
    print("Result is \(result)")
}
```

実行結果

```
Playing
Result is 42
```

キャプチャリスト —— キャプチャ時の参照方法の制御

6.3節で解説したように、クロージャのキャプチャとは、クロージャが定義されたスコープに存在する変数や定数への参照を、クロージャ内のスコープでも保持することを言います。ここでは、キャプチャ時の参照方法の制御について説明します。

デフォルトでは、キャプチャはクラスのインスタンスへの強参照となります。そのため、クロージャが解放されない限りはキャプチャされたクラスのインスタンスは解放されません。次の例では、ローカルスコープで定義されたクラスの定数objectを、3秒後に実行されるクロージャ内で使用しています。DispatchQueue型のasyncAfter(deadline:execute:)メソッドは、一定時間後に処理を実行するという関数です。asyncAfter(deadline:execute:)メソッドの引数として渡されているクロージャにキャプチャされている定数objectは3秒後まで生存し、実行結果にも値が出力されています。強参照によって、クロージャの実行までクラスのインスタンスが生存していることがわかります。

```
import PlaygroundSupport
import Dispatch

// Playgroundでの非同期実行を待つオプション
PlaygroundPage.current.needsIndefiniteExecution = true

class SomeClass {
    let id: Int

    init(id: Int) {
        self.id = id
    }

    deinit {
        print("deinit")
    }
}

do {
    let object = SomeClass(id: 42)

    let queue = DispatchQueue.main

    queue.asyncAfter(deadline: .now() + 3) {
        print(object.id)
    }
}
```

実行結果

```
42
deinit
```

キャプチャリスト(*capture list*)を用いることで、弱参照を持つこともできます。キャプチャを弱参照にすると、クロージャの解放状況に依存せずにクラスのインスタンスの解放が行われます。また、キャプチャを弱参照にすることは、クロージャとキャプチャされたクラスのインスタンスの循環参照の解消にも役立ちます。

キャプチャリストを定義するには、クロージャの引数の定義の前に[]を追加し、内部にweakキーワードもしくはunownedキーワードと変数名もしくは定数名の組み合わせを,区切りで列挙します。それぞれのキーワードの動作については後述します。

```
{ [weakまたはunowned 変数名または定数名] (引数) -> 戻り値 in
    クロージャの呼び出し時に実行される文
}
```

次の例では、定数object1とobject2をクロージャclosureから参照し、キャプチャリストでそれぞれweakキーワードとunownedキーワードを指定しています。

```
class SomeClass {
    let id: Int

    init(id: Int) {
        self.id = id
    }
}

let object1 = SomeClass(id: 42)
let object2 = SomeClass(id: 43)

let closure = { [weak object1, unowned object2] () -> Void in
    print(type(of: object1))
    print(type(of: object2))
}

closure()
```

実行結果

```
Optional<SomeClass>
SomeClass
```

weakキーワード —— メモリ解放を想定した弱参照

weakキーワードを指定して変数や定数をキャプチャした場合、クロージャはOptional<Wrapped>型の同名の変数を新たに定義し、キャプチャ対象となる変数や定数の値を代入します。weakキーワードを指定してキャプチャした変数や定数は、参照先に対して弱参照を持ちます。弱参照ということは、クロージャの実行時に参照先のインスタンスがすでに解放されている可能性があることを意味します。

参照先のインスタンスがすでに解放されていた場合、weakキーワードを指定してキャプチャした変数や定数の値は自動的にnilとなります。そのため、不正な変数や定数へのアクセスを心配する必要はありません。

次の例では、クロージャclosure内で参照するクラスの定数objectにweakキーワードを指定しています。ローカルスコープの実行中と、実行から1秒経過後のそれぞれにクロージャclosureを実行し、キャプチャされた定数objectの値を出力しています。

```
import PlaygroundSupport
import Dispatch

// Playgroundでの非同期実行を待つオプション
PlaygroundPage.current.needsIndefiniteExecution = true

class SomeClass {
    let id: Int

    init(id: Int) {
        self.id = id
    }
}

do {
    let object = SomeClass(id: 42)
    let closure = { [weak object] () -> Void in
        if let o = object {
            print("objectはまだ解放されていません: id => \(o.id)")
        } else {
            print("objectはすでに解放されました")
        }
    }

    print("ローカルスコープ内で実行: ", terminator: "")
    closure()

    let queue = DispatchQueue.main

    queue.asyncAfter(deadline: .now() + 1) {
        print("ローカルスコープ外で実行: ", terminator: "")
        closure()
    }
}
```

実行結果

```
ローカルスコープ内で実行: objectはまだ解放されていません: id => 42
ローカルスコープ外で実行: objectはすでに解放されました
```

ローカルスコープの実行中は、定数objectの値はまだ解放されていません。しかしローカルスコープから抜けた1秒後では、定数objectの値はnilとなっており、すでに解放されています。

unownedキーワード ── メモリ解放を想定しない弱参照

weakキーワードの場合と同様に、unownedキーワードを指定して変数や定数をキャプチャした場合も、クロージャは同名の新たな変数や定数を定義し、キャプチャ対象となる変数や定数の値を代入します。unownedキーワードを指定してキャプチャした変数や定数も参照先に対して弱参照を持つため、クロージャの実行時に参照先のインスタンスがすでに解放されている可能性があります。

しかしweakキーワードとは異なり、参照先のインスタンスがすでに解放されていた場合も、unownedキーワードを指定してキャプチャした変数や定数の値はnilになりません。参照先のインスタンスが解放されたあとにunownedキーワードが指定された変数や定数へアクセスすると不正アクセスになり、実行時エラーを招きます。

先ほどの例のweakキーワードをunownedキーワードに置き換えて、動作の違いを見てみましょう。

```
import PlaygroundSupport
import Dispatch

// Playgroundでの非同期実行を待つオプション
PlaygroundPage.current.needsIndefiniteExecution = true

class SomeClass {
    let id: Int

    init(id: Int) {
        self.id = id
    }
}

do {
    let object = SomeClass(id: 42)
    let closure = { [unowned object] () -> Void in
        print("objectはまだ解放されていません: id => \(object.id)")
    }

    print("ローカルスコープ内で実行: ", terminator: "")
    closure()

    let queue = DispatchQueue.main
    queue.asyncAfter(deadline: .now() + 1) {
        print("ローカルスコープ外で実行:")
        closure() // この時点で実行時エラーとなる
    }
}
```

実行結果
```
ローカルスコープ内で実行: objectはまだ解放されていません: id => 42
ローカルスコープ外で実行:
```

先ほどと同様に、ローカルスコープの実行中は定数objectの値がまだ解放されていないため正常に実行できます。しかしローカルスコープから抜けた1秒後では、定数objectの値がすでに解放されているため実行時エラーとなります。したがって、Playgroundではエラーとなります。

キャプチャリストの使い分け

weakキーワードとunownedキーワードはどのように使い分けるべきでしょうか。場合によっては実行時エラーを招くunownedキーワードに比べ、weakキーワードのほうが安全であるため、常にweakキーワードを選択しておけばよいと思うかもしれません。しかし、実行中にnilになることが有り得ない箇所ではunownedキーワードを使用することで、nilになることはないという仕様を明確にできます。また、予期せぬ状態になった際に、実行時エラーという形でバグを早期に発見できます。

上記の点を踏まえキャプチャリストの使い分け方についてまとめると、次のようになります。

- **循環参照を招かない参照**
  - ⓐクロージャの実行時に参照するインスタンスが必ず存在すべき場合は、キャプチャリストを使用しない
  - ⓑクロージャの実行時に参照するインスタンスが存在しなくてもよい場合は、weakキーワードを使用する
- **循環参照を招く参照**
  - ⓒ参照するインスタンスが先に解放される可能性がある場合は、weakキーワードを使用する
  - ⓓ参照するインスタンスが先に解放される可能性がない場合は、weakキーワードまたはunownedキーワードを使用する

まず、循環参照を招かない参照について考えましょう。ⓐのケースでは、クロージャの実行時まで参照されたインスタンスが生存できるようにするために、キャプチャリストを使用せずに強参照のままにします。ⓑのケースでは、クロージャの実行時まで参照されたインスタンスの寿命を延ばすことは無駄になるため、キャプチャを弱参照にすることが望ましいでしょう。このケースでは、参照されたインスタンスが解放されている場合も考慮する必要があるため、weakキーワードを使用するのが適切です。

続いて、循環参照を招く参照について考えましょう。ⓒとⓓのケースでは、いずれもキャプチャを弱参照にして循環参照を解消する必要がありますが、weakキーワードとunownedキーワードのどちらを使用するべきかは異なります。ⓒのケースでは、参照するインスタンスが先に解放された場合を考慮する必要があるため、weakキーワードによる弱参照が適切です。一方、ⓓのケースでは、参照するインスタンスが先に解放された場合を考慮する必要がないため、unownedキーワードを使うこともできます。unownedキーワードはweakキーワードとは異なりキャプチャした定数がOptional<Wrapped>型とならないため、クロージャ内でも簡単にキャプチャした定数を扱えるというメリットがあります。しかし、将来に設計が変わった場合に実行時エラーが発生する可能性があるというデメリットも同時に抱えることになります。このようにweakキーワードとunownedキーワードのどちらも利用できるⓓのケースでは、それぞれにメリットとデメリットがあるため、どちらを採用すべきか一概には言えません。ただ、大きいプロジェクトでは、より安全なweakキーワードのメリットのほうが大きくなるでしょう。

escaping属性によるselfキーワードの必須化

イニシャライザ、プロパティ、メソッドの内部では、selfキーワードを省略してインスタンス自身のプロパティやメソッドにアクセスできると7.2節で説明しました。ただし、escaping属性を持つクロージャの内部は例外であり、インスタンス自身のプロパティやメソッドにアクセスするにはselfキーワードを付ける必要があります。escaping属性を持つクロージャでselfキーワードが必須である理由は、キャプチャによる循環参照に気付きやすくするためです。

例として、escaping属性を持つクロージャを引数に取るexecute(_:)メソッドと、それを呼び出すexecutePrintInt()メソッドを持つExecutor型を見てみましょう。

```
class Executor {
    let int = 0
    var lastExecutedClosure: (() -> Void)? = nil

    func execute(_ closure: @escaping () -> Void) {
        closure()
        lastExecutedClosure = closure
    }
```

```
    func executePrintInt() {
        execute {
            print(self.int)
        }
    }
}
```

上記の例では、executePrintInt()メソッド内のexecute(_:)メソッドの呼び出しでselfのキャプチャが行われ、execute(_:)メソッド内ではキャプチャを行ったクロージャをストアドプロパティlastExecutedClosureに保存しています。selfはクロージャにキャプチャされ、クロージャはselfのストアドプロパティに保存されているため、循環参照が発生しています。

例のクロージャ内ではselfを使用してintプロパティにアクセスしているため、selfがキャプチャされ循環参照の可能性があることに気付きやすくなっています。逆に、もしselfを使用せずにintプロパティにアクセス可能だった場合、selfがキャプチャされることに気付きにくくなってしまいます。

typealiasキーワードによる複雑なクロージャの型への型エイリアス

typealiasキーワードを用いることで、複雑なクロージャの型に型エイリアスを設定できます。

それぞれのクロージャにも型があり、その型は引数と戻り値の型で決まります。たとえば、Int型の引数を1つ受け取り、String型を戻り値として返すクロージャの型は(Int) -> Stringです。

しかし、引数に複雑な型のクロージャを取る関数の定義は、かなり読みにくくなってしまいます。次の例では、引数のクロージャの型が(Int?, Error?, Array<String>?) -> Void型となっており、型の意味の理解には時間がかかります。

```
func someMethod(completion:(Int?, Error?, Array<String>?) -> Void) {}
```

このようなケースでは、typealiasキーワードを用いてクロージャの型の型エイリアスを設定すると、可読性が高くなります。次の例では、(Int?, Error?, Array<String>?) -> Void型のクロージャにCompletionHandler型という型エイリアスを設定した結果、型の意味の理解が簡単になりました。

```
typealias CompletionHandler = (Int?, Error?, Array<String>?) -> Void

func someMethod(completion: CompletionHandler) {}
```

このようにすれば、何度も同じクロージャの型が出てくる場合もコードが煩雑になりません。また、そのクロージャが何を意味しているかも型エイリアスを通じて明確にできます。

利用するべきとき

本項では、どういうときにクロージャを利用するべきかについて説明します。

処理の実行とコールバックを同じ箇所に記述する

先述のGameクラスの例からも明らかなように、クロージャによるコールバックでは、処理の実行と、そのコールバック時の処理を同じ箇所に実装できます。

```
game.start { result in
    print("Result is \(result)")
}
```

実装箇所を見ればコールバック時の処理も把握できるので、デリゲートパターンに比べると処理の流れが追いやすいです。特に、この例のような処理の完了イベントだけを受け取れればよいといったシンプルなケースでは、クロージャを選択するべきです。

一方で、コールバックの種類がいくつもあるケースでは、デリゲートパターンの利用も検討してください。いくつものクロージャを引数に受け取るメソッドは可読性が低くなりがちです。

13.4 オブザーバパターン
状態変化の別オブジェクトへの通知

本節ではオブザーバパターンについて説明します。

ここまで、オブジェクト間でのイベント通知の方法として、デリゲートパターンとクロージャを用いた方法を説明してきましたが、これらは1対1のイベント通知でしか有効ではありません。たとえば、デリゲートパターンではデリゲート先となるオブジェクトは1つで、同じイベントを複数のオブジェクトが受け取ろうとすると、その数だけデリゲート先を追加しなければなりません。同じくコールバックも、呼び出し元しか、その結果を知ることはできません。

しかし、1つのイベントの結果を複数のオブジェクトが知る必要がある場合もあります。たとえば、特定のオブジェクトが変更されたタイミングで、複数の画面が更新されるというようなケースが考えられます。オブザーバパターンはこうした1対多のイベント通知を可能にします。実際に、Cocoa Touchではアプリケーションの起動やバックグラウンドへの遷移のイベントの通知にオブザーバパターンを使用しています。

オブザーバパターンの構成要素は、サブジェクトとオブザーバです。オブザーバは通知を受け取る対象で、サブジェクトはこのオブザーバを管理し、必要なタイミングでオブザーバに通知を発行します。通常、この通知は、オブザーバのメソッドを呼び出すことで行われます。

サブジェクトがオブザーバに関して知っておく必要があるのは、オブザーバの通知の受け口であるメソッドのインタフェースだけです。そのため、疎結合を保ったままオブジェクト間を連携させることができます。一方で、その柔軟さのために、むやみに多用してしまうと、どのタイミングで通知が発生するか予想しづらくなり、処理を追うのが難しくなってしまいます。

実装方法

通常、iOSやmacOSアプリケーションでは、オブザーバパターンをCocoaが提供する Notification型と NotificationCenterクラスを用いて実装します。

NotificationCenterクラスはサブジェクトであり、文字どおり中央に位置するハブのような役割をしています。このクラスを通じてオブジェクトは通知の送受信を行います。また、オブザーバはこのクラスに登録され、登録の際に、通知を受け取るイベントと受け取る際に利用するメソッドを指定します。1つのイベントに対して複数のオブザーバを登録できるので、1対多の関係のイベント通知が可能になります。

Notification型はNotificationCenterクラスから発行される通知をカプセル化したものです。Notification型はname、object、userInfoというプロパティを持っています。nameプロパティは通知を特定するためのタグを、object

プロパティは通知を送ったオブジェクトを、userInfoプロパティは通知に関連するそのほかの情報をそれぞれ意味します。

これらを用いたオブジェクト間のイベント通知は、次のような手順で実装します。

❶通知を受け取るオブジェクトにNotification型の値を引数に持つメソッドを実装する

❷NotificationCenterクラスに通知を受け取るオブジェクトを登録する

❸NotificationCenterクラスに通知を投稿する

例を通じて具体的な手順を確認しましょう。ここでは、通知を発生させるPoster型と通知を受け取るObserver型を定義し、"SomeNotification"という名前の通知をやりとりします。

```
import Foundation

class Poster {
    static let notificationName = Notification.Name("SomeNotification")

    func post() {
        NotificationCenter.default.post(
            name: Poster.notificationName, object: nil)
    }
}

class Observer {
    init() {
        NotificationCenter.default.addObserver(
            self,
            selector: #selector(handleNotification(_:)),
            name: Poster.notificationName,
            object: nil)
    }

    deinit {
        NotificationCenter.default.removeObserver(self)
    }

    @objc func handleNotification(_ notification: Notification) {
        print("通知を受け取りました")
    }
}
```

```
var observer = Observer()
let poster = Poster()
poster.post()
```

実行結果

```
通知を受け取りました
```

Observer型はNotification型の値を引数に持つメソッドhandleNotification(_:)を持っており、このメソッドを通じて通知を受け取ります。

オブザーバのNotificationCenterクラスへの登録はaddObserver(_:selector:name:object:)メソッドを用い、通知を受け取るオブジェクト、通知を受け取るメソッド、受け取りたい通知の名前を登録します。Observer型ではイニシャライザでこのメソッドを実行しており、"SomeNotification"という名前の通知をhandleNotification(_:)メソッドで受け取るように登録しています。

NotificationCenterクラスへの通知の投稿はpost(name:object:)メソッドを用い、通知の名前、通知を送るオブジェクト(多くの場合は自分自身)を渡します。このメソッドはNotification型のインスタンスを自動的に作成するので、自分自身で作成する必要はありません。Poster型はpost()内でこのメソッドを呼び出しており、"SomeNotification"という名前の通知を投稿しています。

Poster型とObserver型の値をインスタンス化し、Poster型のpost()メソッドを呼び出すと、サブジェクトであるNotificationCenterクラスを通じてSomeNotificationという名前の通知が発行されます。Observer型はこの通知をhandleNotification(_:)メソッドで受け取り、"通知を受け取りました"というメッセージを出力しています。

注意しないといけないのは、オブザーバが破棄されるタイミングで、そのオブザーバへの通知をやめるという処理を明示的に記述する必要があるということです。上記の例では、Observer型のdeinit内でremoveObserver(_:)メソッドを呼び出しています。

Selector型 —— メソッドを参照するための型

ここまでで、Notification型とNotificationCenterクラスの使い方について説明しましたが、その中で次のaddObserver(_:selector:name:object:)メソッドを利用しました。

```
open func addObserver(_ observer: Any,
                      selector aSelector: Selector,
                      name aName: NSNotification.Name?,
                      object anObject: Any?)
```

このメソッドはSelector型の引数を持っており、この型はObjective-Cのセレクタという概念を表現します。セレクタはメソッドの名前を表す型で、これを利用することで、メソッドをそれが属する型とは切り離して扱うことができます。addObserver(_:selector:name:object:)メソッドに渡されるセレクタは、オブザーバの実行するメソッドの決定に使われます。

Selector型を生成するには、#selectorキーワードを利用します。#selectorキーワードに参照したいメソッド名を渡すことで、Selector型の値を生成できます。また、プロパティ名の前にsetterやgetterラベルを記述することで、セッタやゲッタのセレクタを取得できます。自身が属するスコープ内のメソッドを参照する場合は型名を省略できます。

```
#selector(型名.メソッド名)
#selector(setter: 型名.プロパティ名)
```

セレクタはObjective-Cの概念であるため、Selector型を生成するにはメソッドがObjective-Cから参照可能である必要があります。メソッドをObjective-Cから参照可能にするには、objc属性を指定します。次の例では、SomeClass型のsomeMethod()メソッドにobjc属性を指定し、someMethod()メソッドを表すSelector型のインスタンスを生成しています。

```
import Foundation

class SomeClass : NSObject {
    @objc func someMethod() {}
}

let selector = #selector(SomeClass.someMethod)
```

利用するべきとき

本項では、どういうときにオブザーバパターンを利用するべきかについて説明します。

1対多のイベント通知を行う

本節の冒頭で説明したとおり、1対多のイベント通知が発生する場合はオブザーバパターンを利用します。たとえば、ユーザー情報を表示している画面が複数あり、ユーザーがプロフィールを更新するなどして、それらすべての画面を再描画する必要が生じたとします。このようなケースでは、更新する必要がある画面をすべてオブザーバとして登録しておき、プロフィールが更新されたタイミングで登録された画面すべてに通知を送り、再描画を行います。

一方で、オブザーバパターンは、その性質上、どの処理がいつ実行されるかをコード上からただちに読み取ることが困難であり、濫用するべきではありません。1対1の処理では、オブザーバパターンではなく、デリゲートパターンやクロージャによるコールバックを利用しましょう。

13.5 まとめ

本章では、オブジェクト間のイベント通知を行う方法として、デリゲートパターン、クロージャ、オブザーバパターンを説明しました。

それぞれに特徴があり、有効なケースは異なります。それぞれの特徴を理解し適切に利用しましょう。また、オブジェクトが相互にイベント通知を行うという性質上、循環参照によるメモリリークには常に気を付けてください。

オブザーバパターンで説明したように、CocoaのフレームワークはSwiftとはまったく異なるパラダイムを持ったObjective-Cという言語で構成されています。Swiftの登場によってObjective-Cが置き換わるのではなく、両者を協調させながらアプリケーションを実装していく必要があります。必ずしもObjective-Cの仔細にまで立ち入る必要はありませんが、無視できるわけではないことを意識しておきましょう。

第14章

非同期処理

複数の処理を並列化することで効率の良いプログラムを実現するための非同期処理は、アプリケーションの応答性を高めるうえで欠かせない手法です。一方で、適切に実装しなければ、保守性が低いコードになりやすく、また、バグの温床となりがちです。

本章では、非同期処理を実現するための複数の方法と、それぞれの使い分けについて説明します。

14.1 Swiftにおける非同期処理

実行中に別の処理を止めない処理のことを非同期処理と言います。非同期処理を利用すれば、ある処理を行っている間に、その終了を待たずに別の処理を実行できるので、結果として処理の高速化やレスポンシブなGUIの実現につながります。

Swiftでは、スレッドを利用して非同期処理を実現します。スレッドはCPU利用の仮想的な実行の単位です。通常、プログラムはメインスレッドという単一のスレッドから開始しますが、メインスレッドから別のスレッドを作成することもでき、そこで行われる処理はメインスレッドの処理とは並列に実行されます。このように複数のスレッドを使用して処理を並列に行うことをマルチスレッド処理と言います。

一方で、マルチスレッド処理は正しく実装しなければ深刻な問題を招くプログラミング手法でもあります。スレッドの過度な使用によりメモリが枯渇したり、複数のスレッドから同一のデータを更新しようとして不整合が発生したり、スレッドが互いに待ち合いを行うデッドロックが発生したりと、注意しなければさまざまな問題が発生します。こうしたことが起きないように、複数のスレッドがどのように実行されるかをプログラマーが把握し管理しないといけないわけですから、たいへん難しい手法と言えます。

スレッドそのものを操作するために、コアライブラリのFoundationは`Thread`というクラスを提供しています。また、同じくコアライブラリであるlibdispatchが提供するGCDによって、スレッドを直接操作しなくとも容易に非同期処理が行えるようになっています。libdispatchを利用するには`Dispatch`モジュールをインポートする必要があります。GCDはC言語ベースの低レベルなAPIですが、これをFoundationのクラスとして提供したOperation、OperationQueueというものもあります。つまり、非同期処理を行うには次の3つの方法があります。

- **GCDを用いる方法**
- Operation、OperationQueue**クラスを用いる方法**
- Thread**クラスを用いる方法**

以降では、これら3つの方法を順に説明していきます。

14.2 GCD
非同期処理のための低レベルAPI群

GCD（*Grand Central Dispatch*）は、iOS 4.0、Mac OS X 10.6から導入された、非同期処理を容易にするためのC言語ベースのシステムレベルでの技術です。GCDではキューを通じて非同期処理を行い、直接スレッドを管理することはありません。スレッドの管理はシステムが担当し、CPUのコア数や負荷の状況などを考慮して自動的に処理を最適化します。したがって、処理の並列数やスケジューリングや、どの処理がどのスレッドで実行されるかなどについて、プログラマーが考える必要はありません。

プログラマーが行う必要があるのは、タスクをキューへと追加することだけです。キューに追加されたタスクはそれぞれ適切なスレッドで実行されるわけですが、これらのスレッドは都度生成されるわけではありません。あらかじめ用意されたスレッドの中から、空いているスレッドにタスクが割り振られ、もし空いているスレッドがなければスレッドが空くまで待機します。このように、あらかじめ準備されたスレッドを使いまわすスレッド管理の手法をスレッドプールと言います。

実装方法

本項では、GCDを用いて非同期処理を実装する方法を説明します。

ディスパッチキューの種類

GCDのキューはディスパッチキューと言います。ディスパッチキューはタスクの実行方式によって次の2種類に大別されます。

- **直列ディスパッチキュー(*serial dispatch queue*)**
  現在実行中の処理の終了を待ってから、次の処理を実行する
- **並列ディスパッチキュー(*concurrent dispatch queue*)**
  現在実行中の処理の終了を待たずに、次の処理を並列して実行する

ディスパッチキューを利用するには、既存のディスパッチキューを取得するか、新規のディスパッチキューを生成します。

既存のディスパッチキューの取得

GCDは既存のディスパッチキューとして、1つのメインキュー(*main queue*)と複数のグローバルキュー(*global queue*)を提供しています。

メインキューはメインスレッドでタスクを実行する直列ディスパッチキューです。メインキューの取得は、`DispatchQueue`型の`main`クラスプロパティを通じて行います。

```
import Dispatch

let queue = DispatchQueue.main // メインディスパッチキューを取得
```

iOSやmacOS向けのアプリケーションでは、ユーザーインタフェースの更新は常にメインキューで実行されます。ほかのディスパッチキューで実行した非同期処理の結果をユーザーインタフェースへ反映させる場合、メインキューを取得してタスクを追加することになるでしょう。

グローバルキューは並列ディスパッチキューで、実行優先度を指定して取得します。優先度のことをQoS(*Quality of Service*)と言い、優先度の高い順に次の5種類があります。

❶userInteractive
アニメーションの実行など、ユーザーからの入力に対してインタラクティブに実行され、即時に実行されなければフリーズしているように見える処理に用いる

❷userInitiated
ユーザーインタフェース上の何かをタップした場合など、ユーザーからの入力を受けて実行される処理に用いる

❸default

userInitiatedとutilityの中間の実行優先度。QoSが何も指定されていない場合に利用される。明示的に指定するべきではない

❹utility

プログレスバー付きのダウンロードなど、視覚的な情報の更新を伴いながらも、即時の結果を要求しない処理に用いる

❺background

バックアップなど、目に見えないところで行われて、数分から数時間かかっても問題ない処理に用いる

QoSは列挙型DispatchQoS.QoSClassとして次のように定義されています。

```
public struct DispatchQoS : Equatable {
    (省略)

    public enum QoSClass {
        case background
        case utility
        case `default`
        case userInitiated
        case userInteractive
         (省略)
    }
}
```

なお、Swiftでは一部のキーワードは予約語となっており、変数や型などの名前として利用できません。予約語は、`（バッククオート）で囲むことで名前として利用できるようになります。上記のコードでケース名のdefaultが`で囲まれているのは、defaultキーワードがswitch文でデフォルトケースを指定するための予約語となっているためです。

グローバルキューの取得はDispatchQueue型のglobal(qos:)クラスメソッドを通じて行い、引数にはDispatcnhQoS.QoSClass型の値を指定します。次の例では、QoSに.userInitiatedを指定してグローバルキューを取得しています。

```
import Dispatch

// グローバルキューを取得
let queue = DispatchQueue.global(qos: .userInitiated)
```

QoSとして指定した優先度に応じて処理の実行順序が決定されます。専用のディスパッチキューを必要とする非同期処理でなければ、通常はグローバルキューを使いましょう。

新規のディスパッチキューの生成

DispatchQueue型のイニシャライザから、新たにディスパッチキューを生成する方法もあります。

```
import Dispatch

// com.my_company.my_app.upload_queueという名前の並列ディスパッチキューを生成
let queue = DispatchQueue(
    label: "com.my_company.my_app.upload_queue",
    qos: .default,
    attributes: [.concurrent])
```

引数labelには、ディスパッチキューの名前を指定します。この名前はXcode上でのデバッグ時に参照できるので、適切な名前を設定しておくのがよいでしょう。通常、名前には逆順DNS（*Domain Name System*）形式のものを使用します。たとえば上記の例com.my_company.my_app.upload_queueでは、トップレベルドメイン.会社名.アプリケーション名.キューの役割というようになっています。逆順DNS形式を用いる目的は、階層構造を用いて名前を一意にすることにあります。こうすることで、ほかのライブラリで使用されているキューとの名前の重複を防げます。

引数qosには、生成するディスパッチキューのQoSを指定します。

引数attributesにはさまざまなオプションが追加でき、生成するディスパッチキューを直列にするか並列にするかもこの引数で決定します。引数の[]内に.concurrentを追加すると並列ディスパッチキューが生成され、追加しなければ直列ディスパッチキューが生成されます。

ディスパッチキューへのタスクの追加

取得あるいは生成したディスパッチキューにタスクを追加するには、DispatchQueue型のasync(execute:)メソッドを用います。ディスパッチキューではタスクはクロージャで表され、async(execute:)メソッドの引数となっています。直列ディスパッチキューも並列ディスパッチキューもタスクの追加方法は同様です。

次の例では、並列ディスパッチキューに対してasync(execute:)メソッドを呼び出して非同期処理を行っています。ThreadクラスのisMainThreadクラスプロパティの値を確認することで、現在の処理がメインスレッド上で行われているかを問い合わせることができます。この例では非同期処理中なので、isMainThreadクラスプロパティの戻り値はfalseとなっています。Threadクラスについては後述します。

```
import Foundation
import PlaygroundSupport

PlaygroundPage.current.needsIndefiniteExecution = true

let queue = DispatchQueue.global(qos: .userInitiated)
queue.async {
    Thread.isMainThread // false
    print("非同期の処理")
}
```

実行結果

```
非同期の処理
```

利用するべきとき

本項では、どういうときにGCDを利用するべきかについて説明します。

シンプルな非同期処理を実装する

GCDではタスクをクロージャとして表現できるため、単純な非同期処理の実装に向いています。

メインスレッドから時間のかかる処理を別のスレッドに移し、その処理が終わればメインスレッドに通知する、という例を考えます。このような挙動は、DispatchQueue型のglobal(qos:)クラスメソッド、async(execute:)メソッド、mainクラスプロパティを組み合わせることで実現できます。

```
import Foundation
import PlaygroundSupport

PlaygroundPage.current.needsIndefiniteExecution = true

let queue = DispatchQueue.global(qos: .userInitiated)
queue.async {
    Thread.isMainThread // false
    print("非同期の処理")
    let queue = DispatchQueue.main
    queue.async {
        Thread.isMainThread // true
        print("メインスレッドでの処理")
    }
}
```

実行結果

```
非同期の処理
メインスレッドでの処理
```

実行結果から、非同期の処理が行われたあとに、メインスレッドに制御が戻っていることがわかります。こうしたシンプルな非同期処理は、既存のディスパッチキューのみを使用して実現可能であり、新たなディスパッチキューを生成する必要はありません。

このように、特定の処理を別のスレッドに移したいだけというような典型的な非同期処理のケースでは、GCDの利用を検討してみましょう。逆に、タスクどうしの依存関係の定義や、条件に応じたタスクのキャンセルをGCDで実装するのは容易ではありません。そのような複雑な非同期処理を実装する場合は、次節で説明するOperationクラスとOperationQueueクラスの利用を検討しましょう。

14.3 Operation、OperationQueueクラス
非同期処理を抽象化したクラス

GCDはコアライブラリのlibdispatchで実装されていますが、同じくコアライブラリのFoundationにも非同期処理を実現するクラスのOperation、OperationQueueがあります。Operationクラスは、実行されるタスクとその情報をカプセル化したものです。このOperationクラスのインスタンスがキューに入れられて順次実行されるわけですが、ここでキューの役割を果たすのがOperationQueueクラスです。

実装方法

本項では、Operation、OperationQueueクラスを用いて非同期処理を実装する方法を説明します。

タスクの定義

タスクは、Operationクラスのサブクラスとして定義します。GCDではタスクをクロージャとして表していましたが、Operationではこれをクラスと

して表すことによって扱いやすいインタフェースを提供しています。Operationクラスの処理はmain()メソッドの中に実装します。

次の例では、1秒待ったあとに初期値を出力するSomeOperation型を実装しています。

```
import Foundation

class SomeOperation : Operation {
    let number: Int
    init(number: Int) { self.number = number }

    override func main() {
        // 1秒待つ
        Thread.sleep(forTimeInterval: 1)
        print(number)
    }
}
```

キューの生成

次に、このタスクを実行するキューとなるOperationQueueクラスのインスタンスを生成します。OperationQueueは引数なしのイニシャライザでインスタンス化でき、各種設定はあとからプロパティ経由で指定します。

```
import Foundation

let queue = OperationQueue()
```

nameプロパティを設定するとキューに名前を付けることができ、この値にはGCDと同様に逆順DNS形式を使用することが一般的です。

特定のキューが同時に実行できるタスクの数はシステムの状況から適切に判断されますが、maxConcurrentOperationCountプロパティに値を設定することで、自分でその数を決めることができます。当然、非現実的なほど大きな数を設定しても、高速になるわけではありません。

また、GCDのQoSに相当する実行優先度を表すQualityOfService型も用意されており、qualityOfServiceプロパティにQualityOfService型の値を設定することで実行優先度を設定できます。QualityOfService型のそれぞれの値の役割は、GCDの同名のQoSと同様です。

```
public enum QualityOfService : Int {
    case userInteractive
    case userInitiated
```

```
    case utility
    case background
    case `default`
}
```

次の例では、com.example.my_operation_queueという名前で、最大2つのタスクを並列実行する、QoSが.userInitiatedのキューを生成しています。

```
import Foundation

let queue = OperationQueue()
queue.name = "com.example.my_operation_queue"
queue.maxConcurrentOperationCount = 2
queue.qualityOfService = .userInitiated
```

GCDのメインキューのように、OperationQueueクラスもメインスレッドでタスクを実行するキューOperationQueue.mainを持っています。ただし、GCDのグローバルキューのように汎用的な非同期処理のためのあらかじめ用意されたキューは存在しません。

キューへのタスクの追加

キューへタスクを追加するには、OperationQueueクラスのaddOperation(_:)メソッドを使用し、引数にはOperationクラスの値を渡します。OperationQueueクラスには複数のOperationクラスの値を渡すためのaddOperations(_:waitUntilFinished:)メソッドも用意されており、このメソッドの第1引数の型は[Operation]型となっています。

次の例では1秒待つタスクSomeOperation型の値を10個作成し、addOperations(_:waitUntilFinished:)メソッドでキューに追加しています。waitUntilFinishedにtrueを与えると、すべてのタスクの実行が終わるまで呼び出したスレッドをブロックします。ここではfalseを与えているので、タスクの終了を待たずにそのまま次の処理を実行しようとします。

```
import Foundation
import PlaygroundSupport

PlaygroundPage.current.needsIndefiniteExecution = true

class SomeOperation : Operation {
    let number: Int
```

```
    init(number: Int) { self.number = number }

    override func main() {
        // 1秒待つ
        Thread.sleep(forTimeInterval: 1)
        print(number)
    }
}

let queue = OperationQueue()
queue.name = "com.example.my_operation_queue"
queue.maxConcurrentOperationCount = 2
queue.qualityOfService = .userInitiated

var operations = [SomeOperation]()

for i in 0..<10 {
    operations.append(SomeOperation(number: i))
}

queue.addOperations(operations, waitUntilFinished: false)
print("Operations are added")
```

実行結果

```
Operations are added
0
1
2
3
4
5
6
7
8
9
```

※出力順序は、環境によって異なる場合もある

maxConcurrentOperationCountプロパティの値に2を指定しているため、タスクは最大2個まで並列に実行されます。したがって、0から9までの数値が2つずつ1秒おきに出力され、10個すべてのタスクが完了するまでにはおよそ5秒ほどかかります。

タスクのキャンセル

Operationクラスにはタスクをキャンセルするためのしくみが備わってい

ます。cancel()メソッドを呼び出すことで、タスクに対してキャンセルしたことを伝えます。しかし、これだけで実際にタスクの実行がキャンセルされるわけではありません。Operationクラスのサブクラスにキャンセル時の処理を追加する必要があります。

次の例では、先述のSomeOperation型のmain()メソッドの中に、キャンセル時の処理を追加しています。isCancelledプロパティを参照することで、タスクがキャンセルされたかどうかを判定できます。通常、main()メソッドの中身はこれ以上に複雑になるはずです。その場合は、処理の途中でisCancelledプロパティを何度も参照して適切に中断処理を行う必要があります。

```
import Foundation
import PlaygroundSupport

PlaygroundPage.current.needsIndefiniteExecution = true

class SomeOperation : Operation {
    let number: Int
    init(number: Int) { self.number = number }

    override func main() {
        Thread.sleep(forTimeInterval: 1)

        guard !isCancelled else { return }

        print(number)
    }
}

let queue = OperationQueue()
queue.name = "com.example.my_operation_queue"
queue.maxConcurrentOperationCount = 2
queue.qualityOfService = .userInitiated

var operations = [SomeOperation]()

for i in 0..<10 {
    operations.append(SomeOperation(number: i))
}

queue.addOperations(operations, waitUntilFinished: false)
operations[6].cancel()
```

実行結果

```
0
1
```

```
2
3
4
5
7
8
9

※出力順序は、環境によって異なる場合もある
```

operations[6].cancel()によってタスクの1つがキャンセルされているため、先ほどの例とは異なり6が出力されていないことがわかります。

タスクの依存関係の設定

Operationクラスは複数のタスク間での依存関係を設定するためのインタフェースを持っています。あるタスクに対して、それよりも先に実行されるべきタスクを指定するには、OperationクラスのaddDependency(_:)メソッドで先に実行されるべきタスクを引数に渡します。

次の例では、addDependency(_:)メソッドを使用して、1つ前のタスクとの依存関係を作っています。そのため、maxConcurrentOperationCountプロパティの値は2ですが、次のタスクが前のタスクの実行を待つため、結果としてタスクは1つずつ実行されます。

```
import Foundation
import PlaygroundSupport

PlaygroundPage.current.needsIndefiniteExecution = true

class SomeOperation : Operation {
    let number: Int
    init(number: Int) { self.number = number }

    override func main() {
        Thread.sleep(forTimeInterval: 1)

        if isCancelled { return }

        print(number)
    }
}

let queue = OperationQueue()
queue.name = "com.example.my_operation_queue"
```

```
queue.maxConcurrentOperationCount = 2
queue.qualityOfService = .userInitiated

var operations = [SomeOperation]()

for i in 0..<10 {
    operations.append(SomeOperation(number: i))
    if i > 0 {
        operations[i].addDependency(operations[i-1])
    }
}

queue.addOperations(operations, waitUntilFinished: false)
```

実行結果

```
0
1
2
3
4
5
6
7
8
9
```

実行結果から、0から9までの数値が1つずつ順番に出力されるていることがわかります。

利用するべきとき

本項では、どういうときにOperation、OperationQueueクラスを利用するべきかについて説明します。

複雑な非同期処理を実装する

Operation、OperationQueueクラスは非同期処理をオブジェクト指向で抽象化したものです。単純なスレッドの切り替えのほかにも、タスクの依存関係の定義やキャンセルなどの機能が備わっているため、複雑な非同期処理に向いています。

Operation、OperationQueueクラスは内部ではGCDを利用しているので、基本的にGCDで実現できることはOperation、OperationQueueクラスでも実現できます。Operation、OperationQueueクラスを利用する場合、タスクの定義やキューの生成が必須となりますが、GCDではタスクはクロージャで表され、キューを生成しなくてもグローバルキューを利用できます。したがって、単純な非同期処理を実装する場合、GCDを利用するほうがよいでしょう。

タスクのキャンセルとタスク間の依存関係の設定に関しては、Operation、OperationQueueクラスを用いたほうが容易に実装できます。キャンセルや依存関係を実装する必要がある場合は、Operation、OperationQueueクラスの利用を検討しましょう。

14.4 Threadクラス 手動でのスレッド管理

GCDやOperation、OperationQueueクラスはキューを通じてタスクの管理を行い、スレッドの管理はシステムに任せるというものでした。これらとは別に、コアライブラリのFoundationはスレッドそのものをThreadクラスとして実装しています。これを用いることで、スレッドの生成と制御をプログラマー自身で行うことができます。

実装方法

Threadクラスのサブクラスを実装することで、自分自身でスレッドを定義できます。スレッドのエントリポイントは、main()メソッドをオーバーライドして実装します。Threadクラスのインスタンスはstart()メソッドを呼び出して実行します。

次の例では、生成したスレッドでprint("executed.")を実行しています。

```
import Foundation

class SomeThread : Thread {
    override func main() {
        print("executed.")
    }
}

let thread = SomeThread()
thread.start()
```

実行結果
```
executed.
```

処理を実行しているスレッドをカレントスレッドと言い、Threadクラスにはカレントスレッドを操作するための次のような機能が用意されています。

- sleep(forTimeInterval:) **クラスメソッド**
  このメソッドが実行されているスレッドを、指定した秒数だけ停止させる
- sleep(until:) **クラスメソッド**
  時刻を表すDate型の値を引数に取り、その時刻までカレントスレッドを休止させる
- exit() **クラスメソッド**
  カレントスレッドの実行を途中で終了する
- isMainThread **クラスプロパティ**
  カレントスレッドがメインスレッドかどうかを判定する

利用するべきとき

本項では、どういうときにThreadクラスを利用するべきかについて説明します。

特になし

スレッドを利用する多くのケースでは、スレッドの作成、管理そのものよりも、非同期処理によってパフォーマンスやユーザビリティを改善することが目的となります。そのような場合には、複雑かつバグを生みやすいスレッドの管理をシステムレベルで行ってくれるGCDやOperation、OperationQueueクラスを利用するべきです。こうした理由から、Threadクラスを利用してスレッドの管理を手動で行う必要があるケースはまれです。

14.5 非同期処理の結果のイベント通知

非同期処理の開始や終了のイベントを非同期処理の呼び出し元に通知したい場合、前章で解説したイベント通知を用います。

非同期処理の結果の最も一般的な通知方法は、クロージャを用いたものです。次の`runAsynchronousTask()`関数は、非同期に`0`から`1000000`までの数値の合計を求め、その結果をクロージャの引数として呼び出し元に伝えます。

```
import Dispatch
import PlaygroundSupport

PlaygroundPage.current.needsIndefiniteExecution = true

func runAsynchronousTask(handler: @escaping (Int) -> Void) {
    let globalQueue = DispatchQueue.global()
    globalQueue.async {
        let result = Array(0...1000000).reduce(0, +)

        let mainQueue = DispatchQueue.main
        mainQueue.async {
            handler(result)
        }
    }
}

runAsynchronousTask() { result in
    print(result)
}
```

実行結果

```
500000500000
```

14.6 まとめ

本章では、非同期処理を実現する手段として、GCDを利用する方法、`Operation`、`OperationQueue`クラスを利用する方法、`Thread`クラスを利用する方法を紹介しました。

GCDと`Operation`、`OperationQueue`クラスは排他的な概念ではありません。基本的には同じことを実現できますが、それぞれに特徴があるので、特徴を正しく理解し、解決したい問題に合わせてうまく使い分けることが重要です。

第15章

エラー処理

Swiftは、静的な型チェックやオプショナル型の導入によって実行時の安全性が高い言語になっています。しかし、それでもなお、I/Oやネットワーク処理など、エラーの発生が避けられない処理があります。本章ではまず、Swiftの特性を活かしながら、こうしたエラーを処理する方法について説明します。

また、想定外の状況が発生した際にエラー処理を行わず、プログラムを終了させる方法もあります。プログラムを終了させてしまうことはデメリットしかないように感じるかもしれませんが、メリットもあります。本章の後半では、プログラムを終了させる方法と、それを利用するべきときについて説明します。

15.1 Swiftにおけるエラー処理

Swiftのエラー処理の方法は複数あり、Optional<Wrapped>型によるエラー処理、Result<Success, Failure>型によるエラー処理、do-catch文によるエラー処理があります。これらの中から適切なエラー処理の方法を選ぶためには、それぞれが適しているシチュエーションを知っておく必要があります。

また、想定外の状況に陥ったときにアプリケーションを終了させる方法には、fatalError(_:)関数によるものとアサーションによるものの2つがあります。

本章では、これらの方法を順に説明します。

15.2 Optional<Wrapped>型によるエラー処理
値の有無による成功、失敗の表現

本節では、Optional<Wrapped>型によるエラー処理を説明します。3.5節にて、Optional<Wrapped>型によって値の有無を表現できるということを説明しました。値があることを成功、値がないことを失敗とみなせば、Optional<Wrapped>型も立派なエラー処理の機構として機能します。

実装方法

本項では、Optional<Wrapped>型を用いたエラー処理の実装方法について説明します。

Optional<Wrapped>型を用いたエラー処理では、処理の結果をOptional<Wrapped>型で表し、値が存在すれば成功、存在しなければ失敗とみなします。たとえばエラーが発生し得る関数であれば、その戻り値の型をOptional<Wrapped>にします。

例として、ユーザーIDを渡すと、対応するユーザーを返すfindUser(byID:)関数を定義するとします。戻り値の型をOptional<Wrapped>型にして、対応するユーザーが存在しない場合はnilを返却するようにすれば、結果の有無を処理の成否として扱えます。

```
struct User {
    let id: Int
    let name: String
    let email: String
}

func findUser(byID id: Int) -> User? {
    let users = [
        User(id: 1,
             name: "Yusei Nishiyama",
             email: "nishiyama@example.com"),
        User(id: 2,
             name: "Yosuke Ishikawa",
             email: "ishikawa@example.com"),
    ]

    for user in users {
        if user.id == id {
            return user
        }
    }

    return nil
}

let id = 1
if let user = findUser(byID: id) {
    print("Name: \(user.name)")
} else {
    print("Error: User not found")
```

```
}
```

実行結果

```
Name: Yusei Nishiyama
```

Optional<Wrapped>型を処理の成否に利用している例としては、ほかにも7.4節で解説した失敗可能イニシャライザがあります。次のUser型は各プロパティの初期値を渡してインスタンス化できますが、引数のメールアドレスが文字@によって2分割できなければ不正なデータとみなしてインスタンス化を失敗させています。

```
import Foundation

struct User {
    let id: Int
    let name: String
    let email: String

    init?(id: Int, name: String, email: String) {
        let components = email.components(separatedBy: "@")
        guard components.count == 2 else {
            return nil
        }

        self.id = id
        self.name = name
        self.email = email
    }
}

if let user = User(id: 0,
                   name: "Yosuke Ishikawa",
                   email: "ishikawa.example.com") {
    print("Username: \(user.name)")
} else {
    print("Error: Invalid data")
}
```

実行結果

```
Error: Invalid data
```

利用するべきとき

本項では、どういうときにOptional<Wrapped>型によるエラー処理を利用するべきかを説明します。

値の有無だけで結果を十分に表せる

Optional<Wrapped>型によるエラー処理のメリットは簡潔に記述できる点にあります。エラーを発生させる側は結果を表す値の型をOptional<Wrapped>にするだけで済み、エラーを処理する側も3.5節で解説したオプショナルチェイン、オプショナルバインディングなどを用いて簡潔に記述できます。

一方、Optional<Wrapped>型によるエラー処理のデメリットは呼び出し元にエラーの詳細な情報を提供できない点にあります。Optional<Wrapped>型は値の有無しか表すことができないため、どのようなエラーが発生したのかは表現できません。したがって、失敗の原因に応じてメッセージを表示したり、復旧処理を行ったりするのであれば、Optional<Wrapped>型では不十分です。

以上をまとめると、Optional<Wrapped>型によるエラー処理は、値の有無だけで処理の結果を十分に表せる場合に利用すべきでしょう。このケースでは、エラーを発生させる側もエラーを処理する側も実装を簡潔に記述できます。

15.3 Result<Success, Failure>型によるエラー処理
列挙型による成功、失敗の表現

本節では、Result<Success, Failure>型によるエラー処理を説明します。前節のOptional<Wrapped>型によるエラー処理では、成功を結果の値で、失敗をnilで表していました。それに対してResult<Success, Failure>型によるエラー処理では、成功を結果の値で、失敗をエラーの詳細で表します。これにより、エラーの詳細を表すことができないという、Optional<Wrapped>型によるエラー処理のデメリットを克服できます。

Result<Success, Failure>型は、Swift 5から標準ライブラリで提供されるようになりました。標準ライブラリで提供される以前は、コミュニティによってメンテナンスされているantitypical/Result[注1]がよく使われていましたが、現在は特に準備することなく使用できます。

注1　https://github.com/antitypical/Result

実装方法

本項では、Result<Success, Failure>型を用いたエラー処理の実装方法について説明します。

Result<Success, Failure>型は型引数を2つ取る列挙型で、.successと.failureの2つのケースを持ちます。型引数のSuccessは成功時の値の型を表し、Failureは失敗時のエラーの型を表します。

```
// Result<Success, Failure>は2つのケースを持つ列挙型
public enum Result<Success, Failure> where Failure : Error {
    case success(Success) // .successの場合はSuccess型の連想値を持つ
    case failure(Failure) // .failureの場合はFailure型の連想値を持つ
}
```

Swiftの標準ライブラリにはエラーを表すプロトコルのErrorがあります[注2]。Result<Success, Failure>型の型引数Failureはエラーを表すため、このプロトコルに準拠します。

次の例では、前節のfindUser(byID:)関数をResult<Success, Failure>型を用いて書きなおしています。連想値から、成功時はその結果を、失敗時は発生したエラーを取得できます。失敗時のエラーは列挙型DatabaseErrorとして定義し、データが見つからないエラーを.entryNotFound、重複したデータによるエラーを.duplicatedEntry、不正なデータによるエラーを.invalidEntryとしています。そしてswitch文を用いて、これらすべてのエラーに対して網羅的にエラー時の動作を実装しています。

```
enum DatabaseError : Error {
    case entryNotFound
    case duplicatedEntry
    case invalidEntry(reason: String)
}

struct User {
    let id: Int
    let name: String
    let email: String
}

func findUser(byID id: Int) -> Result<User, DatabaseError> {
```

注2　Errorプロトコルについて詳しくは、次節で説明します。

```
    let users = [
        User(id: 1,
             name: "Yusei Nishiyama",
             email: "nishiyama@example.com"),
        User(id: 2,
             name: "Yosuke Ishikawa",
             email: "ishikawa@example.com"),
    ]

    for user in users {
        if user.id == id {
            return .success(user)
        }
    }

    return .failure(.entryNotFound)
}

let id = 0
let result = findUser(byID: id)

switch result {
case let .success(user):
    print(".success: \(user)")
case let .failure(error):
    switch error {
    case .entryNotFound:
        print(".failure: .entryNotFound")
    case .duplicatedEntry:
        print(".failure: .duplicatedEntry")
    case .invalidEntry(let reason):
        print(".failure: .invalidEntry(\(reason))")
    }
}
```

実行結果

```
.failure: .entryNotFound
```

利用するべきとき

本項では、どういうときにResult<Success, Failure>型によるエラー処理を利用するべきかを説明します。

エラーの詳細を提供する

Optional<Wrapped>型とは違い、Result<Success, Failure>型では連想値

を通じて失敗時にエラーの値を返します。したがって、エラー発生時には必ずエラーの詳細を受け取ることができ、詳細に応じてエラー処理の挙動を細かくコントロールできます。たとえば、通信を必要とする処理中にエラーが発生した場合、通信エラーであれば数回リトライし、サーバがエラーを返した場合はリトライせずにエラーを表示するといった制御を行えます。

また、Result<Success, Failure>型ではエラーの型が型引数となっているため、任意の型でエラーの情報を表現できます。エラーを任意の型で表現できることには、発生し得るエラーの種類をあらかじめ把握できるというメリットや、エラー処理に必要な情報を受け取ることができるというメリットがあります。たとえば、先ほどのfindUser(byID:)のエラーはDatabaseError型で表現されるため、.entryNotFoundと.duplicatedEntryと.invalidEntryの3種類のエラーが発生し得るということがわかります。

さらに、switch文の網羅性チェックを利用することにより、すべてのエラーに対する処理が実装されていることをコンパイル時に保証することもできます。

成功か失敗のいずれかであることを保証する

Result<Success, Failure>型には、処理の結果が成功か失敗かのいずれかに絞られるというメリットがあります。

Result<Success, Failure>型を用いずに、成功時の値と失敗時の値のそれぞれに別の定数を用意するケースを想定してみます。次のメソッドは、成功時の値と失敗時の値を含むタプルを返却します。

```
func someFunction() -> (value: Int?, error: Error?) {}
```

成功時はerrorの値が存在せず、失敗時はvalueの値が存在しないので、どちらもOptional<Wrapped>型となっています。この場合、それぞれの値の有無の組み合わせには**表15.1**の4つのパターンがあります。

4パターンのうち「？」となっている箇所は、成功か失敗かわかりません。もちろん、このような不正な結果にならないように関数が実装されているべき

表15.1 valueとerrorの値の有無の組み合わせ

value	error	成否
nil	nil	？
nil	nilではない	失敗
nilではない	nil	成功
nilではない	nilではない	？

ですが、コンパイラが保証してくれるわけではなく、関数を提供する側の責任に委ねられています。したがって、関数を利用する側では、関数を提供する側を信頼して不正なパターンを無視した実装をするか、不正なパターンまで考慮した実装をするかのいずれかを選択する必要があります。

それに対してResult<Success, Failure>型を用いた場合は、値は.successか.failureのどちらかに必ずなるため、その結果は成功か失敗のいずれかであることを保証できます。したがって、不正なパターンを考慮する必要が一切なくなります。

非同期処理のエラーを扱う

Result<Success, Failure>型は値として処理の結果を表せるため、関数やクロージャの引数や戻り値に指定できます。たとえば、14.5節で説明したクロージャを用いて非同期処理の結果を呼び出し元に通知する例で、クロージャの引数の型をResult<Success, Failure>型にすれば、呼び出し元にエラー情報も伝えることができます。一方、次節で解説するdo-catch文によるエラー処理は、非同期に発生したエラーを呼び出し元に伝えることができません。

Optional<Wrapped>型も値として処理の結果を表しているため第13章で説明したどのイベント通知方法にも使用できますが、値の有無だけでは十分なエラー処理が行えないケースでは、Result<Success, Failure>型を使用するのがよいでしょう。

15.4 do-catch文によるエラー処理
Swift標準のエラー処理

本節では、do-catch文によるエラー処理を説明します。do-catch文はSwift 2.0で追加されたSwift標準のエラー処理機構です。

do-catch文によるエラー処理では、エラーが発生する可能性のある処理をdo節内に記述します。エラーが発生すると、catch節へプログラムの制御が移ります。catch節内ではエラーの詳細情報にアクセスすることができるため、Result<Success, Failure>型と同様にエラー詳細を用いたエラー処理を行えます。

実装方法

本項では、do-catch文を用いたエラー処理の実装方法について説明します。

do-catch文は、throw文によるエラーが発生する可能性のある処理をdo節に記述し、catch節にエラー処理を記述します。throw文はエラーを発生させる文で、Errorプロトコルに準拠した値を使ってthrow エラー値のように書きます。

```
do {
    throw文によるエラーが発生する可能性のある処理
} catch {
    エラー処理
    定数errorを通じてエラー値にアクセスできる
}
```

do節の実行中にthrow文によるエラーが発生すると、catch節に実行が移ります。また、catch節では暗黙的に宣言された定数errorを通じて発生したエラー値を取得できます。

次の例では、Errorプロトコルに準拠したSomeError型を定義し、do節の冒頭でthrow文を用いてエラーを発生させています。do節のprint(_:)関数が実行される前にエラーが発生するため、このprint(_:)関数は実行されず、catch節のprint(_:)関数が実行されます。

```
struct SomeError : Error {}

do {
    throw SomeError()
    print("Success")
} catch {
    print("Failure: \(error)")
}
```

実行結果

```
Failure: SomeError()
```

catch節では処理するエラーの条件を絞ることができ、条件の絞り込みにはパターンマッチを使用します。ただし、パターンを持つcatch節では暗黙的に宣言された定数errorは使用できません。catch節は複数続けて書くことができ、最初にマッチしたcatch節のブロックのみが実行されます。パターンマッチの文法は5.2節で説明したswitch文と同様で、パターンマッチによってすべてのケースが網羅されていなければならない点もswitch文と同様です。

パターンの指定がないcatch節はすべてのエラーにマッチし、switch文における default キーワードの役割を果たします。

```
enum SomeError: Error {
    case error1
    case error2(reason: String)
}

do {
    throw SomeError.error2(reason: "何かがおかしいようです")
} catch SomeError.error1 {
    print("error1")
} catch SomeError.error2(let reason) {
    print("error2: \(reason)")
} catch {
    print("Unknown error: \(error)")
}
```

実行結果

```
error2: 何かがおかしいようです
```

Errorプロトコル —— エラー情報を表現するプロトコル

throw文のエラーを表現する型は、Errorプロトコルに準拠している必要があります。Errorプロトコルは準拠した型がエラーを表現する型として扱えることを示すためのプロトコルで、準拠するために必要な実装はありません。

Errorプロトコルに準拠する型は、列挙型として定義することが一般的です。これは、発生するエラーを網羅的に記述できるというメリットがあるためです。また、プログラム全体で起こり得るあらゆるエラーを1つの列挙型で表現するのではなく、エラーの種類ごとに別の型を定義することが一般的です。たとえば次の例では、ローカルのデータベースにアクセスする際に発生するエラーは列挙型DatabaseErrorとして定義し、通信を行う際に発生するエラーは列挙型NetworkErrorとして定義しています。

```
enum DatabaseError : Error {
    case entryNotFound
    case duplicatedEntry
    case invalidEntry(reason: String)
}

enum NetworkError : Error {
    case timedOut
    case cancelled
}
```

また、列挙型のケースの連想値を利用することで、エラーに付随する情報を表現することもできます。上記の例では、DatabaseError型の.invalidEntryの連想値にエラーの理由を持たせています。

throwsキーワード —— エラーを発生させる可能性のある処理の定義

関数、イニシャライザ、クロージャの定義にthrowsキーワードを追加すると、それらの処理の中でdo-catch文を用いずにthrow文によるエラーを発生させることができます。

throwsキーワードを持つ関数の定義は次のような形式となり、throwsキーワードは引数の直後に追加します。

```
func 関数名(引数) throws -> 戻り値の型 {
    throw文によるエラーが発生する可能性のある処理
}
```

次の例では、Int型の値を3倍にして返す関数triple(of:)をthrowsキーワード付きで定義しています。引数がInt.max / 3よりも大きい場合は結果をInt型で表せなくなってしまうため、OperationError.overCapacityを発生させます。

```
enum OperationError : Error {
    case overCapacity
}

func triple(of int: Int) throws -> Int {
    guard int <= Int.max / 3 else {
        throw OperationError.overCapacity
    }

    return int * 3
}
```

定義にthrowsキーワードを指定していない場合、do-catch文で囲まれていないthrow文によるエラーはコンパイルエラーとなります。たとえば、上記のtriple(of:)関数にthrowsキーワードが指定されていない場合はコンパイルエラーとなります。

```
enum OperationError : Error {
    case overCapacity
}

func triple(of int: Int) -> Int {
    guard int <= Int.max / 3 else {
```

```
        // 関数にthrowsキーワードが指定されていないため、
        // do-catch文で囲まれていないthrow文によるエラーはコンパイルエラー
        throw OperationError.overCapacity
    }

    return int * 3
}
```

throwsキーワードはイニシャライザにも使用でき、インスタンス化の途中に発生したエラーを呼び出し元に伝えることができます。次の例では、Teenager型のイニシャライザの引数ageが13以上かつ19以下でなければAgeError.outOfRangeを発生させ、ageが条件を満たさないTeenager型の値をインスタンス化できないようにしています。

```
enum AgeError: Error {
    case outOfRange
}

struct Teenager {
    let age: Int

    init(age: Int) throws {
        guard case 13...19 = age else {
            throw AgeError.outOfRange
        }

        self.age = age
    }
}
```

rethrowsキーワード ——引数のクロージャが発生させるエラーの呼び出し元への伝播

関数やメソッドをrethrowsキーワードを指定して定義することで、引数のクロージャが発生させるエラーを関数の呼び出し元に伝播させることができます。rethrowsキーワードを指定するには、関数やメソッドが少なくとも1つのエラーを発生させるクロージャを引数に取る必要があります。

次のrethorwingFunction()関数は、エラーを発生させるクロージャを引数に取り、関数内でそれを実行します。rethorwingFunction()関数はrethrowsキーワードを用いて定義されているので、クロージャが発生させるエラーの処理を関数の呼び出し元に任せることができます[注3]。

注3　コード中に登場するtryキーワードについて詳しくは、次項で説明します。

```
struct SomeError: Error {}

func rethorwingFunction(_ throwingClosure: () throws -> Void) rethrows {
    try throwingClosure()
}

do {
    try rethorwingFunction {
        throw SomeError()
    }
} catch {
    // 引数のクロージャが発生させるエラーを、関数の呼び出し元で処理
    error // SomeError
}
```

関数内で引数のクロージャが発生させるエラーを処理し、別のエラーを発生させることもできます。次の例では、引数throwingClosureが発生させるエラーSomeError.originalErrorを処理し、catch節内で別のエラーSomeError.convertedErrorを発生させています。

```
enum SomeError: Error {
    case originalError
    case convertedError
}

func rethorwingFunction(_ throwingClosure: () throws -> Void) rethrows {
    do {
        try throwingClosure()
    } catch {
        throw SomeError.convertedError
    }
}

do {
    try rethorwingFunction {
        throw SomeError.originalError
    }
} catch {
    error // ConvertedError
}
```

ただし、引数のクロージャが発生させるエラー以外をもとにしたエラーを発生させることはできません。次のコードは、rethrowsキーワードが指定された関数の中で、引数のクロージャが発生させるエラーとは関係ないエラーを発生させているため、コンパイルできません。

```
struct SomeError: Error {}

func otherThrowingFunction() throws {
    throw SomeError()
}

func rethorwingFunction(_ throwingClosure: () throws -> Void) rethrows {
    do {
        try throwingClosure()

        // 引数のクロージャと関係ない関数がエラーを発生させているため、
        // コンパイルエラー
        try otherThrowingFunction()
    } catch {
        throw SomeError()
    }

    // 関数内で新たなエラーを発生させているため、コンパイルエラー
    throw SomeError()
}
```

tryキーワード —— エラーを発生させる可能性のある処理の実行

throwsキーワードが指定された処理を呼び出すには、それらの処理の呼び出しの前にtryキーワードを追加してtry 関数名(引数)のように記述します。tryキーワードを用いた処理の呼び出しは、throw文と同様に、do-catch文のdo節とthrowsキーワードが指定された処理の内部のみで使用できます。

次の例では、throwsキーワードが指定された関数triple(of:)をdo-catch文の内部で実行し、発生したエラーをcatch節で受け取っています。

```
enum OperationError : Error {
    case overCapacity
}

func triple(of int: Int) throws -> Int {
    guard int <= Int.max / 3 else {
        throw OperationError.overCapacity
    }

    return int * 3
}

let int = Int.max
```

```
do {
    let tripleOfInt = try triple(of: int)
    print("Success: \(tripleOfInt)")
} catch {
    print("Error: \(error)")
}
```

実行結果

```
Error: overCapacity
```

try!キーワード ―― エラーを無視した処理の実行

throwsキーワードが指定された処理であっても、特定の場面では絶対にエラーが発生しないとわかっていて、わざわざエラー処理を記述したくないケースもあるでしょう。その場合は、tryキーワードの代わりにtry!キーワードを使用することでエラーを無視できます。tryキーワードとは異なり、try!キーワードはdo-catch文のdo節やthrowsキーワードが指定された処理の内部でなくても使用できます。

次のtriple(of:)関数は、戻り値がInt.maxを超えてしまう可能性があるため、超えてしまった場合はエラーOperationError.overCapacityを返すように実装されています。しかし、次の例では引数に9を与えているためエラーが発生しないことは明らかです。そのためtry!キーワードを使用して、do-catch文によるエラー処理を実装せずにtriple(of:)関数を呼び出しています。

```
enum OperationError : Error {
    case overCapacity
}

func triple(of int: Int) throws -> Int {
    guard int <= Int.max / 3 else {
        throw OperationError.overCapacity
    }

    return int * 3
}

let int = 9
let tripleOfInt = try! triple(of: int) // do-catch文なしで実行可能
print(tripleOfInt)
```

実行結果

```
27
```

上記の例では、引数の値が許容可能な範囲内の値であるためtriple(of:)

関数の実行が可能ですが、引数を範囲外のInt.maxにすると失敗し、実行時エラーとなります。

```
enum OperationError : Error {
    case overCapacity
}

func triple(of int: Int) throws -> Int {
    guard int <= Int.max / 3 else {
        throw OperationError.overCapacity
    }

    return int * 3
}

let int = Int.max
let tripleOfInt = try! triple(of: int) // 実行時エラー
print(tripleOfInt)
```

try!キーワードは一見したところSwiftの安全性を損ねる機能に見えるかもしれません。しかし、「いかなる場合も、発生し得るすべてのエラーに対処する」というのはあまりに面倒で、現実的ではありません。かといって「暗黙的にエラーを無視できる」としてしまうと、どこでエラーが無視されたのかがわからなくなり、結果としてプログラム全体の信頼性が下がってしまいます。try!キーワードが意図しているのは、両者の間を取った「明示的なエラーの無視」です。つまり、エラーを無視することはできるが、無視するのであれば無視したことを明らかにしたいということです。try!キーワードは実用性と安全性の両方のバランスを保っているSwiftらしい言語仕様と言えるでしょう。強制アンラップにも同じく!が使用されており、!は安全ではない処理を意味しているという点で、記法の一貫性もあります。

try?キーワード —— エラーをOptional<Wrapped>型で表す処理の実行

throwsキーワードが指定された処理であっても、利用時にはエラーの詳細が不要な場合もあります。このようなケースではtry?キーワードを使用できます。try?キーワードを付けてthrowsキーワードが指定された処理を呼び出すとdo-catch文を省略でき、代わりに関数の戻り値がOptional<Wrapped>型となります。処理の成否は値の有無で表されるため、本章で前述したOptional<Wrapped>型によるエラー処理と同様になります。tryキーワードとは異なり、try?キーワードはdo-catch文のdo節やthrowsキーワードが指定された処理の内部でなくても使用できます。

次の例では、triple(of:)関数の引数に9を与えているためエラーが発生しないことは明らかです。そのためtry?キーワードを使用して、do-catch文によるエラー処理を実装せずにtriple(of:)関数を呼び出しています。try!キーワードの例とは異なり、エラーが発生しても実行時エラーとはならないため、将来的に実装が変わってエラーが発生するようになったとしても、try!キーワードを用いた例より安全です。

```
enum OperationError : Error {
    case overCapacity
}

func triple(of int: Int) throws -> Int {
    guard int <= Int.max / 3 else {
        throw OperationError.overCapacity
    }

    return int * 3
}

if let triple = try? triple(of: 9) {
    print(triple)
}
```

実行結果

```
27
```

もちろん、エラーを発生させるイニシャライザに対しても利用できるので、失敗可能イニシャライザのように扱うこともできます。

```
enum AgeError: Error {
    case outOfRange
}

struct Teenager {
    let age: Int

    init(age: Int) throws {
        guard case 13...19 = age else {
            throw AgeError.outOfRange
        }

        self.age = age
    }
```

```
}

if let teenager = try? Teenager(age: 17) {
    print(teenager)
}
```

実行結果

```
Teenager(age: 17)
```

失敗可能イニシャライザやオプショナルチェインにも同じく?が使われていたように、Swiftの記法では一貫して、?が失敗の安全な無視を意味しています。

defer文によるエラーの有無に関わらない処理の実行

5.4節で説明したように、defer文内の処理は、その式が記述されているスコープを抜けた直後に実行されます。

```
do {
    defer {
        print("second")
    }
    print("first")
}
```

実行結果

```
first
second
```

実行結果から、コード上の順番とは異なり、defer文内の処理があとに行われていることがわかります。

defer文による処理の遅延実行は、do-catch文によるエラー処理で特に有効です。たとえばリソースの解放など、エラーが発生したかどうかにかかわらず必ず実行したい処理というものがあります。しかし、通常はエラーが発生した時点で制御がcatch節に移動してしまうので、エラーが発生する可能性のある処理のあとに記述されたコードが実行される保証はありません。

```
enum Error : Swift.Error {
    case someError
}

func someFunction() throws {
    print("Do something")
    throw Error.someError
}
```

```
func cleanup() {
    print("Cleanup")
}

do {
    try someFunction()
    cleanup() // someFunctionでエラーが発生した場合は実行されない
} catch {
    print("Error: \(error)")
}
```

実行結果

```
Do something
Error: someError
```

defer文を利用すれば、エラーの有無にかかわらず実行される処理を記述できます。

```
enum Error : Swift.Error {
    case someError
}

func someFunction() throws {
    print("Do something")
    throw Error.someError
}

func cleanup() {
    print("Cleanup")
}

do {
    defer {
        // do節を抜けたタイミングで必ず実行される
        cleanup()
    }
    try someFunction()
} catch {
    print("Error: \(error)")
}
```

実行結果

```
Do something
Cleanup
Error: someError
```

利用するべきとき

本項では、どういうときにdo-catch文によるエラー処理を利用するべきかを説明します。

エラーの詳細を提供する

do-catch文によるエラー処理では、catch節でエラーの詳細を受け取ります。したがって、エラー発生時にはエラーの詳細に応じて処理を切り替えることができます。たとえばファイルにアクセスする処理では、ファイルへのアクセス権がない場合の処理とファイルが見つからなかった場合の処理を切り替えることができます。

エラーの詳細を受け取ることができるという点ではResult<Success, Failure>型によるエラー処理も同様ですが、Result<Success, Failure>型は型引数Errorと同じ型のエラーしか扱えないのに対し、do-catch文ではErrorプロトコルに準拠した型であればどのような型のエラーも扱えます。エラーの型に制限があるResult<Success, Failure>型には、あらかじめどのようなエラーが発生するのか予測しやすいというメリットがあり、エラーの型に制限のないdo-catch文には、複数の種類のエラーを1ヵ所で扱うことができるというメリットがあります。

エラーの詳細を利用するかどうかはエラーが発生する処理の利用者次第です。try?キーワードを利用すればエラーの詳細を無視できるため、この場合はOptional<Wrapped>型によるエラー処理と等価になります。

成功か失敗のいずれかであることを保証する

Result<Success, Failure>型によるエラー処理と同様に、do-catch文によるエラー処理も、処理の結果が成功か失敗かのいずれかに絞られるというメリットがあります。throw文によるエラーが発生しているにもかかわらずdo節が実行が継続されたり、逆にエラーは発生していないがcatch節が実行されるようなプログラムは、言語仕様上あり得ません。

たとえば、次の例のsomeFunction(arg:)関数の引数argにどのような値を渡したとしても、必ずreturn "Success"かreturn "Failure"のどちらかが実行され、戻り値は"Success"か"Failure"の2つに限定されます。

```
struct SomeError: Error {}

func someFunction(arg: Int) -> String {
```

```
    do {
        guard arg < 10 else {
            throw SomeError()
        }

        return "Success"
    } catch {
        return "Failure"
    }
}
```

連続した処理のエラーをまとめて扱う

do-catch文によるエラー処理はResult<Success, Failure>型によるエラー処理と比べて、連続した処理のエラーをまとめて扱うことに向いています。

連続した処理の例として、ユーザーのリストをIDで検索し、該当するユーザーのメールアドレスのローカル部を取得することを考えましょう。ユーザーのリストをIDで検索する処理をfindUser(byID:)関数、メールアドレスからローカル部を取得する処理をlocalPart(fromEmail:)関数で実装します。findUser(byID:)関数ではユーザーが存在しないというエラーが発生する可能性があり、localPart(fromEmail:)関数では不正なフォーマットのメールアドレスによるエラーが発生する可能性があります。

はじめに、Result<Success, Failure>型によるエラー処理の実装を考えましょう。findUser(byID:)関数とlocalPart(fromEmail:)関数ではそれぞれエラーが発生し得るので、戻り値の型をResult<Success, Failure>型とします。ユーザーリストには2名のユーザーが登録されており、idが1のユーザーは正しいフォーマットのメールアドレスを持ち、idが2のユーザーは不正なフォーマットのメールアドレスを持ちます。次の例では、検索対象の定数userIDの値が1であるため、正しくローカル部の"nishiyama"が取得できています。

```
import Foundation

enum DatabaseError : Error {
    case entryNotFound
    case duplicatedEntry
    case invalidEntry(reason: String)
}

struct User {
    let id: Int
    let name: String
    let email: String
```

```
}

func findUser(byID id: Int) -> Result<User, DatabaseError> {
    let users = [
        User(id: 1,
             name: "Yusei Nishiyama",
             email: "nishiyama@example.com"),
        User(id: 2,
             name: "Yosuke Ishikawa",
             email: "ishikawa@example.com"),
    ]

    for user in users {
        if user.id == id {
            return .success(user)
        }
    }

    return .failure(.entryNotFound)
}

func localPart(fromEmail email: String) ->
    Result<String, DatabaseError> {
        let components = email.components(separatedBy: "@")
        guard components.count == 2 else {
            return .failure(
                .invalidEntry(reason: "Invalid email address"))
    }

    return .success(components[0])
}

let userID = 1

switch findUser(byID: userID) {
case .success(let user):
    switch localPart(fromEmail: user.email) {
    case .success(let localPart):
        print("Local part: \(localPart)")
    case .failure(let error):
        print("Error: \(error)")
    }
case .failure(let error):
    print("Error: \(error)")
}
```

実行結果

```
Local part: nishiyama
```

上記の例からもわかるように、連続したエラー処理ではswitch文がネストが発生し、条件分岐の構造を把握しづらくなります。

続いて、do-catch文によるエラー処理の実装を考えましょう。findUser(byID:)関数とlocalPart(fromEmail:)関数ではそれぞれエラーが発生し得るので、関数定義にthrowsキーワードを追加します。実行結果はResult<Success, Failure>型を使用した実装と同様で、検索対象のユーザーのメールアドレスのローカル部"nishiyama"が取得できます。

```
import Foundation

enum DatabaseError : Error {
    case entryNotFound
    case duplicatedEntry
    case invalidEntry(reason: String)
}

struct User {
    let id: Int
    let name: String
    let email: String
}

func findUser(byID id: Int) throws -> User {
    let users = [
        User(id: 1,
             name: "Yusei Nishiyama",
             email: "nishiyama@example.com"),
        User(id: 2,
             name: "Yosuke Ishikawa",
             email: "ishikawa@example.com"),
    ]

    for user in users {
        if user.id == id {
            return user
        }
    }

    throw DatabaseError.entryNotFound
}

func localPart(fromEmail email: String) throws -> String {
    let components = email.components(separatedBy: "@")
    guard components.count == 2 else {
        throw DatabaseError.invalidEntry(
```

```
            reason: "Invalid email address")
    }

    return components[0]
}

let userID = 1

do {
    let user = try findUser(byID: userID)
    let localPartOfEmail = try localPart(fromEmail: user.email)
    print("Local part: \(localPartOfEmail)")
} catch {
    print("Error: \(error)")
}
```

実行結果

```
Local part: nishiyama
```

Result<Success, Failure>型を使用した実装と比べてコード量こそあまり変わりませんが、より命令的、直感的なコードと言えます。do-catch文は前述したように非同期処理で発生するエラーは扱えませんが、上記のように同期処理ではdo-catch文のほうがエラーを扱いやすいことがあります。

エラー処理を強制する

do-catch文によるエラー処理には、利用する側にエラー処理の実装を強制できるというメリットがあります。

Result<Success, Failure>型は成功と失敗を明確に区別しますが、失敗時にエラーを確実に処理させるしくみではありません。Result<Success, Failure>型の成功時の値を取得するにはswitch文を書くため、同時に失敗時のケースも考慮することになります。しかし、成功時の戻り値がVoidの場合には値に関心を持たないため、エラーを無視しがちです。次の例のregister(user:)関数は、変数registeredUsersにUser型の値を登録する関数です。引数のUser型の値のidが、すでに変数registeredUsersに登録されている値のidと重複している場合はエラーが発生します。register(user:)関数は成功時の値を持たないため、エラーを無視していることがコード上からはわかりません。

```
struct User {
    let id: Int
    let name: String
}
```

```
enum DatabaseError : Error {
    case entryNotFound
    case duplicatedEntry
    case invalidEntry(reason: String)
}

var registeredUsers = [
    User(id: 1, name: "Yusei Nishiyama"),
    User(id: 2, name: "Yosuke Ishikawa"),
]

func register(user: User) -> Result<Void, DatabaseError> {
    for registeredUser in registeredUsers {
        if registeredUser.id == user.id {
            return .failure(.duplicatedEntry)
        }
    }

    registeredUsers.append(user)

    return .success(())
}

let user = User(id: 1, name: "Taro Yamada")
register(user: user) // 処理に失敗するがエラーを無視している
```

一方、do-catch文では、処理の結果がどのような型でもあっても、正しくエラー処理されているかどうかがコンパイラによってチェックされます。上記の例をdo-catch文を使用したエフー処理を使用して書き換えてみましょう。

```
struct User {
    let id: Int
    let name: String
}

enum DatabaseError : Error {
    case entryNotFound
    case duplicatedEntry
    case invalidEntry(reason: String)
}

var registeredUsers = [
    User(id: 1, name: "Yusei Nishiyama"),
    User(id: 2, name: "Yosuke Ishikawa"),
]
```

```
func register(user: User) throws {
    for registeredUser in registeredUsers {
        if registeredUser.id == user.id {
            throw DatabaseError.duplicatedEntry
        }
    }

    registeredUsers.append(user)
}

let user = User(id: 1, name: "Taro Yamada")

do {
    // register(user:)の呼び出しにはtryキーワードが必要
    try register(user: user)
} catch {
    print("Error: \(error)")
}
```

実行結果

```
Error: duplicatedEntry
```

throwsキーワードを持つ関数はtryキーワードを追加せずに呼び出すとコンパイルエラーとなるため、register(user:)関数を呼び出すにはtryキーワードを追加する必要があり、必ずエラー処理を意識することになります。do-catch文によるエラー処理は、エラーを無視しづらいしくみになっています。

15.5 fatalError(_:)関数によるプログラムの終了
実行が想定されていない箇所の宣言

前節まではエラー処理を扱ってきました。エラー処理を適切に行えば、プログラムの利用者が失敗に遭遇する機会を減らしたり、失敗の内容を利用者に伝えて復帰のための操作を促すことができます。しかし、エラーの中にはそもそも発生することが想定されておらず、想定されていないがゆえに、その復帰方法も存在しないようなエラーもあります。そうしたケースではプログラムを終了させてしまうのも選択肢の一つです。

本節と次節では、エラーの発生時にプログラムを終了させる方法を説明します。本節でfatalError(_:)関数について、次節でアサーションについて解説します。

本節で説明するfatalError(_:)関数は、その箇所が実行されること自体が想定外であることを宣言するための関数です。この関数が呼び出されると、プログラムは終了します。

実装方法

fatalError(_:)関数は、引数に終了時のメッセージを取ります。fatalError(_:)関数を実行すると、実行時エラーが発生してプログラムが終了します。終了時には引数で指定したメッセージと、ソースファイル名、行番号を出力します。

```
fatalError("想定しないエラーが発生したためプログラムを終了します")
```

実行結果

```
fatal error: 想定しないエラーが発生したためプログラムを終了します: file /var/folders/22/g9vbyl8d6498c0m5klxxcjpr0000gp/T/./lldb/10467/playground153.swift, line 1
```

Never型 ── 値を返さないことを示す型

fatalError(_:)関数の戻り値の型は、値を返さないことを示すNever型という特殊な型です。値を返さないとは、Void型のように空のタプルを返すという意味ではなく、関数の実行時にプログラムを終了するため値を返すことはないという意味です。Never型を戻り値に持つ関数を実行すると、その箇所以降の処理は実行されないものとみなされるため、戻り値を返す必要がなくなります。

たとえば、次の関数randomInt()の戻り値はInt型ですが、Never型を返すfatalError(_:)関数を実行しているため、Int型の値を返さなくてもコンパイル可能となります。

```
func randomInt() -> Int {
    fatalError("まだ実装されていません")
}
```

Never型のこの性質を利用すると、想定しない状況における処理の実装は不要となります。

例として、それぞれのボタンのインデックスに応じたタイトルを返す関数title(forButtonAt:)を考えましょう。ボタンは3つあり、それぞれに"赤"、"青"、"黄"というタイトルを表示するとします。ボタンは3つしかないため、想定しなければならないインデックスは0、1、2のみです。しかし、これらに対する戻り値を定義するだけではInt型の値を網羅できないため、コンパイルエラーとなります。

```
func title(forButtonAt index: Int) -> String {
    // ケースがInt型の値を網羅できていないためコンパイルエラー
    switch index {
    case 0:
        return "赤"
    case 1:
        return "青"
    case 2:
        return "黄"
    }
}
```

Int型の値を網羅するため、switch文にデフォルトケースを追加しましょう。デフォルトケース内でNever型を戻り値に持つfatalError(_:)関数を呼び出しているため、値を返さずともコンパイルできます。

```
func title(forButtonAt index: Int) -> String {
    switch index {
    case 0:
        return "赤"
    case 1:
        return "青"
    case 2:
        return "黄"
    default:
        fatalError("想定外のボタンのインデックス\(index)を受け取りました")
    }
}
```

もちろん、デフォルトケースで""のような適当な値を返してもコンパイル可能になります。しかし、想定していない状況をより適切に表しているのは値を返さないNever型のほうでしょう。このように、Never型を利用すると想定しない状況における処理の実装は不要となり、仕様にない値を無理に返すことも避けられます。

利用するべきとき

本項では、どういうときにfatalError(_:)関数を利用するべきかを説明します。

想定外の状況ではプログラムを終了させる

想定しない状況が発生した際、プログラムの実行を継続するべきか終了するべきかは場合によって異なります。前述のtitle(forButtonAt:)関数のように、実装上想定外の状況を考慮しなくてもよいことが明らかな場合は、fatalError(_:)関数を利用して想定外の状況ではプログラムを終了してよいでしょう。一方、結果が外部リソースに依存する場合など、想定外の挙動が十分起こり得る場合は、実行を継続できる実装にしたほうがよいでしょう。

15.6 アサーションによるデバッグ時のプログラムの終了
満たすべき条件の宣言

本節では、アサーションによるプログラムの終了について説明します。アサーションとは、プログラムがある時点で満たしているべき条件を記述するための機能で、条件が満たされていない場合はプログラムの実行を終了します。ある処理を行う前に満たされるべき条件がある場合にアサーションを使用します。

アサーションが実行時エラーを発生させてプログラムを終了するのは、デバッグ時のみです。リリース時には条件式の成否によらず処理を継続します。したがって、デバッグ中は想定外の状況を速やかに発見できるようにしつつも、リリース時には影響を与えません。

実装方法

標準ライブラリのassert(_:_:)関数とassertionFailure(_:)関数を利用することで、アサーションを実装します。

assert(_:_:)関数 —— 条件を満たさない場合に終了するアサーション

assert(_:_:)関数は、この関数が実行される際に満たされているべき条件を宣言するための関数です。この関数の実行時に条件が満たされていない場合、プログラムは終了します。

assert(_:_:)関数は、第1引数に満たされるべき条件式を、第2引数に終了時のメッセージを取ります。条件式がtrueのときは通常どおり後続の処理が実行されますが、falseのときは実行時エラーが発生してプログラムが終了します。終了時には第2引数で指定したメッセージと、ソースファイル名、行番号を出力します。assert(_:_:)関数はリリース時には無効になるため、戻り値の型はNever型ではありません。

例として、分と秒を引数に取って日本語表記を返す関数format(minute:second:)を考えてみましょう。次の例では、assert(_:_:)関数によって引数secondが60未満の場合のみを想定していることを宣言しています。

```
func format(minute: Int, second: Int) -> String {
    assert(second < 60, "secondは60未満に設定してください")
    return "\(minute)分\(second)秒"
}

format(minute: 24, second: 48) // 24分48秒
format(minute: 24, second: 72) // 実行時エラー
```

実行結果

```
assertion failed: secondは60未満に設定してください: file /var/folders/22/g9vb
yl8d6498c0m5klxxcjpr0000gp/T/./lldb/10467/playground149.swift, line 2
```

assertionFailure(_:)関数 —— 必ず終了するアサーション

assertionFailure(_:)関数は、条件式を持たない、常に失敗するアサーションです。実行されること自体が条件を満たしていないので、第1引数にfalseをとるassert(_:_:)関数と等価です。つまり、fatalError(_:)関数と同様に、その箇所が実行されること自体が想定外であることを宣言するための関数です。この関数が呼び出されると、プログラムは終了します。

assertionFailure(_:)関数は、引数に終了時のメッセージを取ります。assertionFailure(_:)関数が実行されると、実行時エラーが発生してプログラムが終了します。終了時には引数で指定したメッセージと、ソースファイル名、行番号を出力します。assert(_:_:)関数と同様に、戻り値の型はNever型ではありません。

次の例では、月に応じた季節を出力する関数printSeason(forMonth:)で、monthに1から12以外の値を受け取ったときにassertionFailure(_:)関数を実行しています。

```
func printSeason(forMonth month: Int) {
    switch month {
    case 1...2, 12:
        print("冬")
    case 3...5:
        print("春")
    case 6...8:
```

```
        print("夏")
    case 9...11:
        print("秋")
    default:
        assertionFailure("monthには1から12までの値を設定してください")
    }
}

printSeason(forMonth: 11)
printSeason(forMonth: 12)
printSeason(forMonth: 13)
```

実行結果
```
秋
冬
fatal error: monthには1から12までの値を設定してください: file /var/folders/22
/g9vbyl8d6498c0m5klxxcjpr0000gp/T/./lldb/10467/playground147.swift, line 12
```

コンパイルの最適化レベル ―― デバッグとリリースの切り替え

アサーションはデバッグ時には有効で、リリース時には無効になると説明しましたが、これはSwiftのコンパイル時の最適化レベルによって決まります。最適化レベルとは、実行時間やメモリ使用量が小さくなるようにコンパイラが行う最適化の段階のことです。

Swiftの主な最適化レベルには、-Ononeと-Oの2つがあります。-Ononeでは最適化がまったく行われず、デバッグ時に使用します。-Oでは最適化が行われ、リリース時に使用します。

Xcodeのデフォルト設定では、「Product」➡「Run」メニュー（command＋Rキー）から実行してデバッグする際には-Ononeが、「Product」➡「Archive」メニューからリリース用のビルドを作成する際には-Oが使用されます。

最適化レベルはswiftcコマンドでもオプションとして指定できます。例として、次のようなmain.swiftというソースファイルを用意しましょう。

main.swift
```
assertionFailure("assertionFailure(_:)関数は有効です")
print("assertionFailure(_:)関数は無効です")
```

swiftcコマンドのオプションにそれぞれ-Ononeと-Oを指定して実行ファイルを作成し、実行すると次のようになります。

-Onone
```
$ swiftc -Onone main.swift
$ ./main
```

```
fatal error: assertionFailure(_:)関数は有効です: file main.swift, line 1
Current stack trace:
（省略）

-O
$ swiftc -O main.swift
$ ./main
assertionFailure(_:)関数は無効です
```

実行結果から、swiftcコマンドのオプションに-Oを指定した場合にはassertionFailure(_:)関数が無効になっていることがわかります。

利用するべきとき

本項では、どういうときにアサーションを利用するべきかを説明します。

デバッグ時に想定外の状況を検出する

アサーションを利用して関数が想定する値の範囲を宣言することで、デバッグ時に想定外の値を検出できます。

リリース時は想定外の状況でもプログラムの実行を継続する

アサーションはリリース時には想定外の状況であってもプログラムの実行を継続します。一方、fatalError(_:)関数はリリース時であってもプログラムを終了します。

前節で説明したように、想定外の状況に陥った際にプログラムの実行を継続するべきか、終了するべきかは場合によって異なります。もし、実行を継続するべきと判断した場合はアサーションを使用し、終了すべきと判断した場合はfatalError(_:)関数を使用するとよいでしょう。

15.7 エラー処理の使い分け

本章では、複数のエラー処理の方法について説明しました。最後に、それぞれの手法が有効なケースをまとめます。

- **`Optional<Wrapped>`型**
  エラーの詳細情報が不要で、結果の成否のみによってエラーを扱える場合
- **`Result<Success, Failure>`型**
  非同期処理の場合
- **`do-catch`文**
  同期処理の場合
- **`fatalError(_:)`関数**
  エラー発生時にプログラムの実行を終了したい場合
- **アサーション**
  デバッグ時のみ、エラー発生時にプログラムの実行を終了したい場合

各手法と有効なケースの対応関係を図にすると、**図15.1**のようになります。

15.8 まとめ

本章では、エラー処理の方法について説明しました。

すべてのケースに有効な方法はありません。エラーが発生したときにプログラムがどのように振る舞うべきか、ユーザーに対してどのようにそれらのエラーを通知したいかを考慮し、目的に応じた方法を選択する必要があります。

図15.1 エラー処理の手法と有効なケース

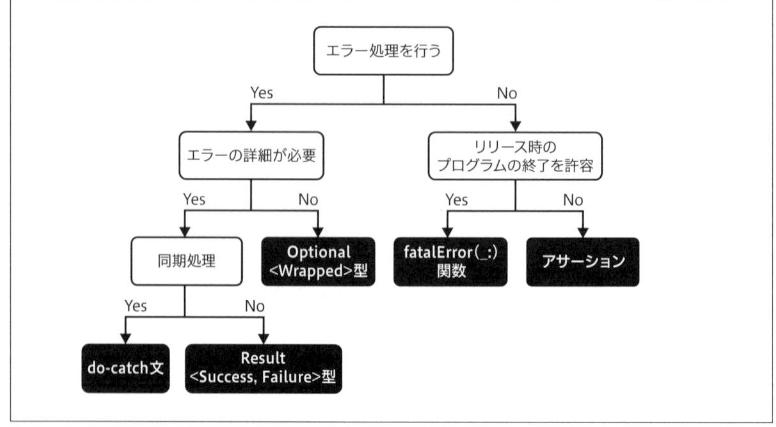

第16章

Webサービスとの連携

Twitter、Facebook、GitHub、Slackなどに代表されるWebサービスの多くは、その機能の一部を外部のプログラムと連携可能にするしくみを提供しています。

本章では、一般的なWebサービスで使用される連携方法を説明します。

16.1 連携のための取り決め

Webサービスとの連携では、お互いの命令を理解するために、クライアントとサーバ間でさまざまな取り決めが必要です。それらの取り決めの中で最も基本的なものが、データフォーマットと通信プロトコルです。Webサービスとの連携では、データフォーマットにJSON、通信プロトコルにHTTPSを使用するのが一般的です。

Swiftでは、コアライブラリであるFoundationを利用すると、JSONの取り扱いやHTTPSによる通信を簡単に実装できます。本章では、JSONとHTTPSによる連携を例にして、データの取り扱いと通信の方法を説明します。

16.2 データの取り扱い

本節では、Webサービスとの連携で必要となるデータの取り扱いについて説明します。はじめに、バイト列を表現する`Data`型を説明します。続いて、Swiftの型と、JSONなど外部システムが理解可能なフォーマットとを相互変換する方法を説明します。

Data型 —— バイト列を表す型

`Data`型はバイト列を表現する構造体で、ファイルの読み書きや通信など、外部システムとデータをやりとりする際に使用します。バイト列はさまざまなデータの表現に使用され、たとえば画像やJSONもバイト列によって表現できます。

エンコードとデコード

エンコードとは、データを一定の規則に基づいて変換することです。また、デコードとは、エンコードしたデータをもとに戻すことです。データをサーバに送信したり、ファイルシステムに保存したりする場合、Swiftの型を対象のシステムが理解できる形式にエンコードします。一方、サーバからデータを受信したり、ファイルシステムからデータを読み込んだりする場合、対象のシステムから取得したデータをSwiftの型にデコードします。

JSONEncoderクラス、JSONDecoderクラス —— JSONをエンコード、デコードする

Foundationには、JSONのエンコーダであるJSONEncoderクラスと、デコーダであるJSONDecoderクラスが用意されています。JSONEncoderはSwiftの値をJSONバイト列にエンコードし、JSONDecoderはJSONバイト列をSwiftの値にデコードします。

これらのクラスを使用するには、まずimport文でFoundationをインポートします。続いて、それぞれのクラスのインスタンスを、引数なしのイニシャライザで生成します。

```
import Foundation

let encoder = JSONEncoder()
let decoder = JSONDecoder()
```

Swiftの値をJSONEncoderクラスやJSONDecoderクラスを通じて扱うには、その型が後述するEncodableプロトコルやDecodableプロトコルに準拠している必要があります。ここでは、すでにこれらのプロトコルに準拠している標準ライブラリの型を用いて、JSONEncoderクラスとJSONDecoderクラスの使い方を紹介します。

例として、[String: String]型の値["key": "value"]をJSONにエンコードし、再度[String: String]型にデコードします。エンコードを行うには、JSONEncoderクラスのencode(_:)メソッドにエンコード対象の値を渡し、結果をData型で受け取ります。デコードを行うには、JSONDecoderクラスのdecode(_:)メソッドに、目的の型とデコード対象のData型の値を渡します。実行結果を確認するために、Data型の値を文字列に変換しています。

```
import Foundation

let encoder = JSONEncoder()
let decoder = JSONDecoder()

let encoded = try encoder.encode(["key":"value"])
let jsonString = String(data: encoded, encoding: .utf8)!
print("エンコード結果:", jsonString)

let decoded = try decoder.decode([String: String].self, from: encoded)
print("デコード結果:", decoded)
```

実行結果
```
エンコード結果: {"key":"value"}
デコード結果: ["key": "value"]
```

実行結果から、Swiftの値である["key": "value"]がJSON{"key": "value"}に変換され、そのJSONがもとの値["key": "value"]に変換できていることがわかります。

Encodable、Decodable、Codableプロトコル —— 型をエンコード、デコードに対応させる

特定の型の値をエンコード、デコードするには、その型がEncodableプロトコルとDecodableプロトコルに準拠している必要があります。これらのプロトコルは、それぞれ次のように定義されています。

```
public protocol Encodable {
    public func encode(to encoder: Encoder) throws
}

public protocol Decodable {
    public init(from decoder: Decoder) throws
}
```

エンコードとデコードの両方に対応させるには、EncodableプロトコルとDecodableプロトコルを組み合わせたCodableプロトコルに準拠します。Codableプロトコルはプロトコルコンポジションを用いて次のように定義されています。

```
public typealias Codable = Decodable & Encodable
```

これらのプロトコルに準拠した型は、さまざまなエンコーダやデコーダによって汎用的に扱えます。

次の例では、JSONEncoderクラスとJSONDecoderクラスを利用して、Codable

に準拠した型からJSONへのエンコードと、JSONからCodableに準拠した型へのデコードを行っています。

```
import Foundation

struct SomeStruct : Codable {
    let value: Int
}

let someStruct = SomeStruct(value: 1)

let jsonEncoder = JSONEncoder()
let encodedJSONData = try! jsonEncoder.encode(someStruct)
let encodedJSONString = String(data: encodedJSONData,
    encoding: .utf8)!
print("Encoded:", encodedJSONString)

let jsonDecoder = JSONDecoder()
let decodedSomeStruct = try! jsonDecoder
    .decode(SomeStruct.self, from: encodedJSONData)
print("Decoded:", decodedSomeStruct)
```

実行結果

```
Encoded: {"value":1}
Decoded: SomeStruct(value: 1)
```

実行結果から、SomeStruct型のインスタンスSomeStruct(value: 1)が{"value":1}というJSONにエンコードされ、そのJSONがSomeStruct型のインスタンスSomeStruct(value: 1)にデコードされていることがわかります。

コンパイラによるコードの自動生成

先ほどの例では、SomeStruct型はEncodableプロトコルのencode(to:)メソッドやDecodableプロトコルのinit(from:)メソッドを実装せずに、Codableプロトコルに準拠していました。これは、コンパイラがコードを自動生成するためです。

このようなコードの自動生成には条件があります。型がEncodableプロトコルに準拠する場合は、すべてのプロパティの型もEncodableプロトコルに準拠している必要があり、型がDecodableプロトコルに準拠する場合は、すべてのプロパティの型もDecodableプロトコルに準拠している必要があります。

次の例では、CodableStruct型はCodableに準拠していない型のプロパティnonCodableStructを持つため、コードは自動生成されません。結果として

Codableプロトコルに準拠できず、コンパイルエラーとなります。

```
struct NonCodableStruct {}

// nonCodableStructプロパティの型が
// Codableに準拠していないためコンパイルエラー
struct CodableStruct : Codable {
    let nonCodableStruct: NonCodableStruct
}
```

上記のCodableStruct型をコンパイル可能にするには、プロパティの型であるNonCodableStruct型をCodableプロトコルに準拠させるか、encode(to:)メソッドとinit(from:)イニシャライザを独自に実装するかの、いずれかが必要です。

16.3 HTTPによるWebサービスとの通信

Foundationは、HTTPによる通信に必要な型を提供します。HTTPリクエストはURLRequest型で表現され、HTTPレスポンスはHTTPURLResponse型で表現されます。URLSessionクラスは、これらの型を用いて実際の通信を実行、制御します。本節では、それぞれの使い方を説明します。

なお、HTTPSはHTTPによる通信をSSL(*Secure Socket Layer*)/TLS(*Transport Layer Security*)というしくみで暗号化したものであるため、本節で説明する内容はHTTPSにも適用できます。

URLRequest型 ―― リクエスト情報の表現

URLRequest型は、通信のリクエストを表現する型です。HTTPリクエストのURL、ヘッダ、メソッド、ボディなどの情報を持ちます。

次の例では、https://api.github.com/search/repositories?q=swiftからJSONを受け取るGETリクエストを組み立てています。addValue(_:forHTTPHeaderField:)メソッドを用いてAcceptヘッダを設定し、呼び出し側が受け入れ可能なコンテンツの形式を指定します。ここでは、JSONを要求するのでapplication/jsonを指定します。

```
let url = URL(string: "https://api.github.com/search/repositories?q=swift")!
var urlRequest = URLRequest(url: url)
urlRequest.httpMethod = "GET"
urlRequest.addValue("application/json", forHTTPHeaderField: "Accept")
```

このようにして組み立てられたURLRequest型のインスタンスは、後述のURLSessionクラスを用いて実際にサーバに送信される際、次のようなHTTPリクエストとして解釈されます。

```
GET /search/repositories HTTP/1.1
Host: api.github.com
Accept: application/json
Accept-Encoding: gzip, deflate
Accept-Language: ja-jp
Connection: keep-alive
User-Agent: Demo/1 CFNetwork/760.1.2 Darwin/15.0.0 (x86_64)
```

Acceptヘッダのほかにも、クライアントが処理可能なエンコード方式を表すAccept-Encodingや、クライアントのソフトウェア情報を表すUser-AgentなどのHTTPヘッダが、URLSessionクラスによって自動的に付与されています。

HTTPURLResponse型 —— HTTPレスポンスのメタデータ

HTTPURLResponse型は、HTTPレスポンスのメタデータを表す型です。ヘッダやステータスコードなどの情報を持ちます。

例として、次のようなHTTPレスポンスをHTTPURLResponse型の値として受け取ってみましょう。

```
HTTP/1.1 200 OK
Transfer-Encoding: chunked
Content-Type: application/json; charset=utf-8
Date: Thu, 16 Jan 2020 14:02:31 GMT
(省略)
```

次のコードでは、URLRequest型とURLSessionクラスを用いてリクエストを発行します。

```
let url = URL(string: "https://api.github.com/search/repositories?q=swift")!
let urlRequest = URLRequest(url: url)
```

```
let session = URLSession.shared
let task = session.dataTask(with: urlRequest) {
    data, urlResponse, error in
    if let urlResponse = urlResponse as? HTTPURLResponse {
        urlResponse.statusCode // 200

        // "Thu, 16 Jan 2020 14:02:31 GMT"
        urlResponse.allHeaderFields["Date"]

        // "application/json; charset=utf-8"
        urlResponse.allHeaderFields["Content-Type"]
    }
}

task.resume()
```

受け取ったHTTPレスポンスのメタデータには、dataTask(with:completionHandler:)メソッドのコールバック関数の中でアクセスできます。コールバック関数の第2引数の型であるURLResponse型は、HTTPURLResponse型のスーパークラスで、HTTPに限らない抽象的なレスポンスを表現します。ここで扱うのはHTTPレスポンスなので、HTTPURLResponse型にダウンキャストして使用します。ステータスコードはstatusCodeプロパティに、ヘッダ情報はallHeaderFieldsプロパティに格納されています。

URLSessionクラス ――URL経由でのデータの送信、取得

URLSessionクラスは、URL経由でのデータの送信、取得を行います。個々のリクエストはタスクと呼ばれ、URLSessionTaskクラスで表現されます。

3種類のタスク ―― 基本、アップロード用、ダウンロード用

タスクには、基本のタスク、アップロード用のタスク、ダウンロード用のタスクの3種類があります。それぞれを、URLSessionTaskのサブクラスであるURLSessionDataTaskクラス、URLSessionUploadTaskクラス、URLSessionDownloadTaskクラスが表現します。この3つのクラスはいずれもデータのアップロードとダウンロードが行えますが、用途に合わせて仕様が少しずつ異なります。

基本のタスクであるURLSessionDataTaskクラスは、iOSではバックグラウ

ンドで動作ができず、かつサーバから受け取るデータをメモリに保存します。そのため、短時間での小さいデータのやりとりを想定していると言えます。

一方、アップロード用のタスクであるURLSessionUploadTaskクラスとダウンロード用のタスクであるURLSessionDownloadTaskクラスは、バックグラウンドでも動作可能です。そのため、時間がかかる通信にも適しています。また、URLSessionDownloadTaskクラスはサーバからダウンロードしたデータをファイルに保存するため、メモリ使用量を抑えつつ大きいデータを受け取ることができます。

本書では、基本のタスクであるURLSessionDataTaskクラスのみを利用します。

タスクの実行

タスクを実行するには、まずURLSessionクラスのインスタンスを取得します。

次の例では、URLSessionクラスのsharedクラスプロパティから、デフォルト値が設定されたインスタンスを取得しています。

```
let session = URLSession.shared
```

キャッシュやCookieなどの動作をより細かく設定したい場合は、新規のインスタンスを生成することもできます。

続いて、URLSessionクラスのdataTask(with:completionHandler:)メソッドに、URLRequest型の値と通信完了時のクロージャを渡して、タスクを生成します。

```
let session = URLSession.shared
let task = session.dataTask(with: urlRequest) {
    data, urlResponse, error in
    // 通信完了時に実行される
}

task.resume()
```

戻り値であるURLSessionDataTaskクラスのインスタンスに対してresume()メソッドを呼び出すと、タスクが実行されます。

16.4 まとめ

本章では、コアライブラリであるFoundationを利用した、Webサービスとの連携方法を説明しました。

JSONやHTTPは広く利用されているため、本章で紹介した方法で多くのWebサービスと連携できます。また、`Codable`プロトコルや`URLSession`クラスは特定のデータフォーマットや通信プロトコルに依存しない設計となっているため、JSONやHTTPを使用しない外部サービスとも同じインタフェースを通じて連携できます。

第17章

ユニットテスト

ユニットテストとは、プログラムの構成要素を個別に検証する手法です。プログラムの各部に対してさまざまな入力を与え、その出力が期待どおりになることを確認します。

本章では、はじめにユニットテストを行う目的と、セットアップの手順を説明します。続いて、非同期処理や外部システムとの連携部をテストする方法を解説します。

なお、本章のサンプルコードは複数のモジュールを必要とするため、Playgroundではなく、Swift Package Managerのパッケージとしています。

17.1 ユニットテストの目的

プログラミングでは、小さなプログラムを組み合わせて、より大きなプログラムを構成します。ユニットテストは、小さなプログラムのレベルで動作の検証を行う手法です。ユニットテストによる検証は、テスト用のプログラムによって行われるため実行コストが低く、プログラムの更新ごとにすべてのテストを繰り返し実行することが一般的です。

では、ユニットテストの例を見てみましょう。なお、テストの実行方法や記述方法は、本章の中であらためて説明します。

ここでは、次のTemperature型をテストします。Temperature型は温度を表し、celsiusプロパティが摂氏温度を、fahrenheitプロパティが華氏温度を返却します。fahrenheitプロパティはcelsiusプロパティの値をもとにしたコンピューテッドプロパティですが、この時点では仮の実装です。

Demo/Sources/Temperature.swift

```
public struct Temperature: Equatable {
    public var celsius: Double
    public var fahrenheit: Double {
        return celcius // 仮の実装
    }

    public init(celsius: Double) {
        self.celsius = celsius
    }
}
```

テストはコアライブラリであるXCTestを使って記述します。ここでは、水の融点と沸点の値が正しいことを検証します。融点ではcelciusプロパティが0、fahrenheitプロパティが32になることが期待されます。同じく、沸点ではcelciusプロパティが100、fahrenheitプロパティが212になることが期待されます。

Demo/Tests/DemoTests/TemperatureTests.swift
```
import XCTest
import Demo

final class TemperatureTests: XCTestCase {
    func testWaterMeltingPoint() {
        let temperature = Temperature(celsius: 0)
        XCTAssertEqual(temperature.celsius, 0)
        XCTAssertEqual(temperature.fahrenheit, 32)
    }

    func testWaterBoilingPoint() {
        let temperature = Temperature(celsius: 100)
        XCTAssertEqual(temperature.celsius, 100)
        XCTAssertEqual(temperature.fahrenheit, 212)
    }
}
```

テストを実行すると、testWaterMeltingPoint()とtestWaterBoilingPoint()のどちらも失敗します。これは、fahrenheitプロパティの実装が仮であるためです。これらのテストを成功させるには、fahrenheitプロパティの実装を次のように置き換えます。

```
public struct Temperature: Equatable {
    public var celsius: Double
    public var fahrenheit: Double {
        return (9.0 / 5.0) * celsius + 32.0
    }

    public init(celsius: Double) {
        self.celsius = celsius
    }
}
```

これで、テストが成功します。今後プログラムを変更したとしても、テストが成功する限りは、テストに記述されている条件におけるTemperature型の動作は保証されています。

ユニットテストを用いることで、プログラムの特定の箇所を、さまざまな条件で検証できます。手入力でのテストに比べると、その実行コストは無視できる程度のものです。そのため、変更の箇所にかかわらず、すべてのテストを実行することが一般的です。そうすることで、予期しない形でバグを混入してしまうことを防げます。

17.2 ユニットテストのセットアップ

ユニットテストを実行するには、テスト用のビルドターゲットであるテストターゲットが必要です。テストターゲットは通常のビルドターゲットとは区別され、プログラムの実行方法や配置するディレクトリなどが異なります。

1.3節で紹介したswift package initコマンドで作成したパッケージには、すでにテストターゲットが追加されています。本項では、Demoというライブラリのパッケージを作成し、それを例としてユニットテストの実行方法を説明します。

```
$ mkdir Demo
$ cd Demo
$ swift package init --type library
```

なお、上記の--type libarayオプションは、ライブラリのパッケージを作成するためのオプションです。

テストターゲットの構成

swift package initコマンドによって生成されたDemoパッケージは、次のディレクトリ構成となっています。

```
Demo
├── Package.swift
├── README.md
├── Sources
│   └── Demo
│       └── Demo.swift
└── Tests
    ├── LinuxMain.swift
    └── DemoTests
```

```
        ├── DemoTests.swift
        └── XCTestManifests.swift
```

マニフェストファイルPackage.swiftの内容は、次のようになっています。

Demo/Package.swift

```
// swift-tools-version:5.1
// The swift-tools-version declares the minimum version of
// Swift required to build this package.

import PackageDescription

let package = Package(
    name: "Demo",
    products: [
        // Products define the executables and libraries
        // produced by a package, and make them visible to
        // other packages.
        .library(name: "Demo", targets: ["Demo"]),
    ],
    dependencies: [
        // Dependencies declare other packages that this
        // package depends on.
        // .package(url: /* package url */, from: "1.0.0"),
    ],
    targets: [
        // Targets are the basic building blocks of a
        // package. A target can define a module or a test
        // suite.
        // Targets can depend on other targets in this
        // package, and on products in packages which this
        // package depends on.
        .target(
            name: "Demo",
            dependencies: []),
        .testTarget(
            name: "DemoTests",
            dependencies: ["Demo"]),
    ]
)
```

テストターゲットは.testTarget(name:dependencies:)の箇所で宣言されており、ターゲット名がDemoTestsであること、テスト対象であるDemoターゲットに依存していることがわかります。

ユニットテストのソースコードは、ターゲット名と同名であるDemoTestsディレクトリ以下に配置します。テンプレートとして生成されるDemoTests.

swiftのtestExample()メソッドには、Demoモジュールで定義されているDemo型に対するテストが記述されています。

Demo/Tests/DemoTests/DemoTests.swift

```
import XCTest
@testable import Demo

final class DemoTests: XCTestCase {
    func testExample() {
        // This is an example of a functional test case.
        // Use XCTAssert and related functions to verify
        // your tests produce the correct results.
        XCTAssertEqual(Demo().text, "Hello, World!")
    }

    static var allTests = [
        ("testExample", testExample),
    ]
}
```

テストの記述方法は次節で説明します。

テストの実行

Swift Package Managerのテストを実行するには、swift testコマンドを実行します。

```
$ swift test
Test Suite 'All tests' started at 2020-01-13 12:31:56.673
Test Suite 'DemoPackageTests.xctest' started at 2020-01-13 12:31:56.674
Test Suite 'DemoTests' started at 2020-01-13 12:31:56.674
Test Case '-[DemoTests.DemoTests testExample]' started.
Test Case '-[DemoTests.DemoTests testExample]' passed (0.093 seconds).
Test Suite 'DemoTests' passed at 2020-01-13 12:31:56.766.
     Executed 1 test, with 0 failures (0 unexpected) in 0.093 (0.093) seconds
Test Suite 'DemoPackageTests.xctest' passed at 2020-01-13 12:31:56.767.
     Executed 1 test, with 0 failures (0 unexpected) in 0.093 (0.093) seconds
Test Suite 'All tests' passed at 2020-01-13 12:31:56.767.
     Executed 1 test, with 0 failures (0 unexpected) in 0.093 (0.093) seconds
```

実行結果から、DemoTests.swiftに記述されていたtestExample()が実行されていることがわかります。

swift testコマンドは、マニフェストファイルPackage.swiftに記述されているすべてのテストターゲットを認識し、そのターゲットに含まれるすべてのテストを実行します。--filterオプションを指定して、実行するテストを絞り込むこともできます。次の例では、--filterオプションを利用して、DemoTests.DemoTests/testExampleというテストのみを実行しています。

```
$ swift test --filter DemoTests.DemoTests/testExample
```

Linux用のテストの列挙

パッケージがLinuxをサポートする場合、テストを明示的に列挙する必要があります。swift package initが生成したLinuxMain.swiftとXCTestManifests.swiftが、この役割を担っています。

テストを追加するたびにこれらのファイルを更新するのは煩わしいため、Swift 5.1ではswift testコマンドに--enable-test-discoveryオプションが追加されました。このオプションを指定すると、LinuxMain.swiftとXCTestManifests.swiftの内容によらず、すべてのテストが列挙されます。

17.3 テストコードの基本

本節では、テストコードの基本的な書き方を説明します。

定義方法

テストは、XCTestCabseクラスを継承したクラス内に記述します。testで始まる名前のメソッドが、それぞれテストとなります。なお、XCTestCaseクラスを利用するには、コアライブラリであるXCTestをインポートする必要があります。

```
import XCTest

class SomeTests : XCTestCase {
    func testSomeThing() {
        // ここにテストを記述する
    }
}
```

動作の検証は、XCTestが提供するアサーションによって行います。たとえば、1 + 1という式が2を返すことを検証するには、XCTAssertEqual(_:_:)関数の引数に、その式と期待する値を指定します。

Demo/Tests/DemoTests/SomeTests.swift
```
import XCTest

class SomeTests : XCTestCase {
    func testSomeThing() {
        XCTAssertEqual(1 + 1, 2)
    }
}
```

もちろんこのテストは成功しますが、たとえば第2引数を3に変えることでテストが失敗することを確認できます。

テスト対象のモジュールのインポート

通常、テスト対象のコードは、テストコードとは別のモジュールです。したがって、テストコードでは、常にテスト対象のモジュールをインポートする必要があります。

第11章で説明したように、モジュール外からアクセスできるコードはアクセルレベルがpublicのものに限られます。しかし、これではテスト対象の要素すべてをモジュール外に公開することになり、本来期待されているような形でアクセスレベルを利用できません。このような状況に対処するには、import文の@testable属性を利用します。import文に@testable属性を追加すると、アクセスレベルinternalの要素がpublicと同等の扱いになり、テストからアクセスできるようになります。

たとえば、アクセスレベルがinternalのスタティックプロパティwaterBoilingPointが、テスト対象のモジュールDemoに定義されていたとします。

Demo/Sources/Demo/WaterBoilingPoint.swift
```
extension Temperature {
    internal static var waterBoilingPoint: Temperature {
        return Temperature(celsius: 100)
    }
}
```

テストモジュールから通常のimport文でDemoモジュールをインポートしても、このスタティックプロパティにアクセスすることはできません。

Demo/Tests/DemoTests/WaterBoilingPointTests.swift
```
import XCTest
import Demo

final class WaterBoilingPointTests : XCTestCase {
    func testWaterBoilingPoint() {
        let temperature = Temperature.waterBoilingPoint // コンパイルエラー
        XCTAssertEqual(temperature.celsius, 100)
        XCTAssertEqual(temperature.fahrenheit, 212)
    }
}
```

一方、@testable属性を追加してインポートすると、このプロパティのアクセスレベルはpublicと同等となり、アクセス可能になります。

Demo/Tests/DemoTests/WaterBoilingPointTests.swift
```
import XCTest
@testable import Demo

final class WaterBoilingPointTests : XCTestCase {
    func testWaterBoilingPoint() {
        let temperature = Temperature.waterBoilingPoint
        XCTAssertEqual(temperature.celsius, 100)
        XCTAssertEqual(temperature.fahrenheit, 212)
    }
}
```

アサーション —— 値の検証

これまでにも登場したXCTAssertEqual(_:_:)関数のように、値の検証にはXCTestが提供するアサーションを利用します。XCTestは用途ごとにさまざまなアサーションを提供しており、次の4つに分類できます。

- **単一の式を評価するアサーション**
- **2つの式を比較するアサーション**
- **エラーの有無を評価するアサーション**
- **無条件に失敗するアサーション**

単一の式を評価するアサーション

表17.1は式の値を評価するアサーションの一覧です。

それぞれのアサーション関数は、次のように使用します。次の例では、すべてのアサーションが成功します。

```
Demo/Tests/DemoTests/SingleExpressionAssertionTests.swift
import XCTest

final class SingleExpressionAssertionTests : XCTestCase {
    func testExample() {
        let value = 5
        XCTAssert(value == 5)
        XCTAssertTrue(value > 0)
        XCTAssertFalse(value < 0)

        let nilValue = nil as Int?
        XCTAssertNil(nilValue)

        let optionalValue = Optional(1)
        XCTAssertNotNil(optionalValue)
    }
}
```

なお、表17.1で紹介したように、XCTAssert(_:)関数とXCTAssertTrue(_:)関数の機能は同じです。どちらを使っても問題ありませんが、読みやすさに影響しない限りは、より簡潔なXCTAssert(_:)関数を使うと良いでしょう。

2つの式を比較するアサーション

表17.2は2つの式を比較するアサーションの一覧です。

それぞれのアサーション関数は、次のように使用します。次の例では、すべてのアサーションが成功します。

表17.1 式の値を評価するアサーション

アサーション関数	式の型	テストが成功する条件
XCTAssert(_:)関数	Bool型	引数の式がtrueを返す
XCTAssertTrue(_:)関数	Bool型	引数の式がtrueを返す
XCTAssertFalse(_:)関数	Bool型	引数の式がfalseを返す
XCTAssertNil(_:)関数	Optional<Wrapped>型	引数の式がnilを返す
XCTAssertNotNil(_:)関数	Optional<Wrapped>型	引数の式がnilでない値を返す

```
Demo/Tests/DemoTests/TwoExpressionAssertionTests.swift
import XCTest

final class TwoExpressionAssertionTests : XCTestCase {
    func testExample() {
        XCTAssertEqual("abc", "abc")
        XCTAssertEqual(0.002, 0.003, accuracy: 0.1)
        XCTAssertNotEqual("abc", "def")
        XCTAssertLessThan(4, 7)
        XCTAssertLessThanOrEqual(7, 7)
        XCTAssertGreaterThan(6, 4)
        XCTAssertGreaterThanOrEqual(4, 4)
    }
}
```

エラーの有無を評価するアサーション

エラーの有無を評価するアサーションは、式がthrowキーワードによるエラーを発生させるかどうかを評価します。**表17.3**はエラーの有無を評価するアサーションの一覧です。

それぞれのアサーション関数は、次のように使用します。次の例では、すべてのアサーションが成功します。

表17.2 2つの式を比較するアサーション

アサーション関数	式の型	テストが成功する条件
XCTAssertEqual(_:_:)関数	Equatableプロトコルに準拠した型	2つの式の結果が等しい
XCTAssertEqual(_:_:accuracy:)関数	FloatingPointプロトコルに準拠した型	2つの式の差分が第3引数で指定された値よりも小さい
XCTAssertNotEqual(_:_:)関数	Equatableプロトコルに準拠した型	2つの式の結果が等しくない
XCTAssertLessThan(_:_:)関数	Comparableプロトコルに準拠した型	第1引数が第2引数より小さい
XCTAssertLessThanOrEqual(_:_:)関数	Comparableプロトコルに準拠した型	第1引数が第2引数以下
XCTAssertGreaterThan(_:_:)関数	Comparableプロトコルに準拠した型	第1引数が第2引数より大きい
XCTAssertGreaterThanOrEqual(_:_:)関数	Comparableプロトコルに準拠した型	第1引数が第2引数以上

表17.3 エラーの有無を評価するアサーション

アサーション関数	式の型	テストが成功する条件
XCTAssertThrowsError(_:)関数	任意	エラーが発生した
XCTAssertNoThrow(_:)関数	任意	エラーが発生しなかった

Demo/Sources/Demo/SomeError.swift
```
struct SomeError : Error {
}
```

Demo/Sources/Demo/ThrowableFunction.swift
```
func throwableFunction(throwsError: Bool) throws {
    if throwsError {
        throw SomeError()
    }
}
```

Demo/Tests/DemoTests/ErrorAssertionTests.swift
```
import XCTest
@testable import Demo

final class ErrorAssertionTests : XCTestCase {
    func test() {
        XCTAssertThrowsError(
            try throwableFunction(throwsError: true))
        XCTAssertNoThrow(
            try throwableFunction(throwsError: false))
    }
}
```

それぞれのアサーション関数の引数の型は、autoclosure属性とthrowsキーワードが付いたクロージャです。エラーはそれぞれのアサーション関数の内部で処理されるため、テスト内でエラーを処理する必要はありません。

無条件に失敗するアサーション

XCTFail()関数は無条件に失敗するアサーション関数です。

無条件に失敗するアサーションは、テストが特定のパスを通らないことを保証したい場合などに使用します。次のテストは、Int?型の定数optionalValueに値が存在することを期待しており、値が存在しない場合はテストを失敗とみなします。

```
func test() {
    let optionalValue = Optional(3)
    guard let value = optionalValue else {
        XCTFail()
        return
    }

    // valueを使ったテストを書く
}
```

17.4
テストケース
テストをまとめる

先述のとおり、個々のテストはXCTestCaseクラスを継承したクラスのメソッドとして定義されます。同じクラス内に定義されたテストの集まりをテストケースと呼び、関連するテストは同じテストケース内に配置します。

テストはXCTestCaseクラスを継承したクラスのメソッドとして実行されるため、XCTestCaseクラスにはテストの開始や終了のイベントを受け取ったり、テストの実行をコントロールする機能があります。本節では、これらの機能を説明します。

テストの事前処理と事後処理

同じテストケース内の複数のテストの間には、共通の事前処理や事後処理が必要になることがあります。たとえば、データベースを使用するテストでは、テストの実行前にテスト用のデータを作成する事前処理や、作成したデータを削除する事後処理などが考えられます。

XCTestCaseクラスでは、共通の事前処理をsetUp()メソッドで、共通の事後処理をtearDown()メソッドで定義できます。

setUp()メソッド —— テストの事前処理を行うメソッド

setUp()メソッドはテストの事前処理を行うメソッドです。テスト対象の状態のリセットや、一時ファイルの作成など、テストの前に必要な処理を実行します。

setUp()メソッドには、インスタンスメソッドとクラスメソッドの両方があります。インスタンスメソッドではテストごとの事前処理を行い、クラスメソッドではテストケース全体の事前処理を行います。次の例では、両方のsetUp()メソッドが定義されたテストケースを実行しています。

Demo/Tests/DemoTests/SetUpTests.swift

```
import XCTest

class SomeTestCase : XCTestCase {
    override class func setUp() {
        super.setUp()
```

```
        print("テストケース全体の事前処理")
    }

    override func setUp() {
        super.setUp()
        print("テストごとの事前処理")
    }

    func test1() {
        print("テスト1")
    }

    func test2() {
        print("テスト2")
    }
}
```

実行結果

```
Test Suite 'SetUpTests' started at 2020-01-02 23:05:14.974
テストケース全体の事前処理
Test Case '-[DemoTests.SetUpTests test1]' started.
テストごとの事前処理
テスト1
Test Case '-[DemoTests.SetUpTests test1]' passed (0.001 seconds).
Test Case '-[DemoTests.SetUpTests test2]' started.
テストごとの事前処理
テスト2
Test Case '-[DemoTests.SetUpTests test2]' passed (0.003 seconds).
```

実行結果から、クラスメソッドのsetUp()メソッドはテストケースに対して一度だけ実行され、インスタンスメソッドのsetUp()メソッドは個々のテストごとに実行されていることがわかります。

tearDown()メソッド ―― テストの事後処理を行うメソッド

tearDown()メソッドはテストの事後処理を行うメソッドです。一時ファイルの削除など、テストのあとに必要な処理を実行します。

tearDown()メソッドにも、インスタンスメソッドとクラスメソッドの両方があります。インスタンスメソッドではテストごとの事後処理を行い、クラスメソッドではテストケース全体の事後処理を行います。次の例では、両方のtearDown()メソッドが定義されたテストケースを実行しています。

Demo/Tests/DemoTests/TearDownTests.swift

```
import XCTest

class TearDownTests : XCTestCase {
    override class func tearDown() {
        super.tearDown()
        print("テストケース全体の事後処理")
    }

    override func tearDown() {
        super.tearDown()
        print("テストごとの事後処理")
    }

    func test1() {
        print("テスト1")
    }

    func test2() {
        print("テスト2")
    }
}
```

実行結果

```
Test Suite 'TearDownTests' started at 2020-01-02 23:05:16.011
Test Case '-[DemoTests.TearDownTests test1]' started.
テスト1
テストごとの事後処理
Test Case '-[DemoTests.TearDownTests test1]' passed (0.001 seconds).
Test Case '-[DemoTests.TearDownTests test2]' started.
テスト2
テストごとの事後処理
Test Case '-[DemoTests.TearDownTests test2]' passed (0.001 seconds).
テストケース全体の事後処理
Test Suite 'TearDownTests' passed at 2020-01-02 23:05:16.011.
```

実行結果から、クラスメソッドのtearDown()メソッドはテストケースに対して一度だけ実行され、インスタンスメソッドのtearDown()メソッドは個々のテストごとに実行されていることがわかります。

テストの実行のコントロール

テストケースクラスに定義されたテストは、XCTestによって順次実行されます。XCTestCaseクラスにはテストの実行をコントロールする機能があり、テストを中断したり、非同期処理を待ち合わせたりすることができます。

失敗時のテストの中断

デフォルトでは、テストの途中でアサーションが失敗しても、後続の処理は実行されます。しかし、後続の処理が事前のアサーションの結果に依存している場合や、実行に時間のかかるテストなどでは、この挙動が問題になることがあります。その場合、1つのアサーションの失敗をもってして、テスト全体を中断することができます。

次の例では、Int!型の定数optionalValueの値がnilであるため、XCTAssertNotNil(_:)が失敗します。後続の処理は継続して実行されるため、optionalValue + 7の評価時に実行時エラーが発生します。

```
class SomeTestCase : XCTestCase {
    func testWithNil() {
        let optionalValue: Int! = nil
        XCTAssertNotNil(optionalValue)
        XCTAssertEqual(optionalValue + 7, 10)
    }
}
```

実行時エラーが発生するとユニットテスト全体が停止してしまうため、以降のテストが実行されません。これを避けるには、XCTestCaseクラスのcontinueAfterFailureプロパティにfalseを指定します。そうすると、アサーションが失敗した時点でテストの実行が中断されます。次の例では、XCTAssertNotNil(_:)関数によるアサーションが失敗した時点でテストが中断されるため、実行時エラーが発生しません。

```
Demo/Tests/DemoTests/StopOnFailureTests.swift
import XCTest

class StopOnFailureTests : XCTestCase {
    func testWithNil() {
        continueAfterFailure = false

        let optionalValue: Int! = nil
        XCTAssertNotNil(optionalValue)
        XCTAssertEqual(optionalValue + 7, 10)
    }
}
```

エラーによるテストの中断

テストメソッドにthrowsキーワードを付与すると、テストメソッドでエラーを発生させることができます。この場合、エラーが発生した時点でそのテストは中断され、失敗したとみなされます。

次の例では、testThrows()メソッドの実行中にエラーが発生します。テストはその場で中断され、後続のXCTAssert(_:)関数は実行されないまま失敗となります。

Demo/Sources/Demo/SomeError.swift

```
struct SomeError : Error {
}
```

Demo/Sources/Demo/ThrowableIntFunction.swift

```
func throwableIntFunction(throwsError: Bool) throws -> Int {
    if throwsError {
        throw SomeError()
    }
    return 7
}
```

Demo/Tests/DemoTests/FailByErrorTests.swift

```
import XCTest
@testable import Demo

class FailByErrorTests : XCTestCase {
    func testThrows() throws {
        let int = try throwableIntFunction(throwsError: true)
        XCTAssert(int > 0)
    }
}
```

非同期処理の待ち合わせ

テストは同期的に行われるため、非同期処理が含まれる場合、その完了を待つ必要があります。たとえば次のように、非同期にセットされた値を後続のアサーションで利用することはできません。

Demo/Sources/Demo/GetIntAsync.swift

```
import Dispatch

func getIntAsync(completion: @escaping (Int) -> Void) {
    DispatchQueue.main.asyncAfter(deadline: .now() + 1) {
        completion(4)
    }
}
```

Demo/Tests/DemoTests/GetIntAsyncTests.swift

```
import XCTest
@testable import Demo

class GetIntAsyncTests : XCTestCase {
    func testAsync() {
        var optionalValue: Int?
        getIntAsync { value in
            optionalValue = value
        }

        XCTAssertEqual(optionalValue, 4)
    }
}
```

実行結果

```
Test Case '-[DemoTests.GetIntAsyncTests testAsync]' started.
/SwiftPracticalGuide/xcode/17_unit_testing/Demo/Tests/DemoTests/GetIntAsyncTe
sts.swift:11: error: -[DemoTests.GetIntAsyncTests testAsync] : XCTAssertEqual
failed: ("nil") is not equal to ("Optional(4)")
Test Case '-[DemoTests.GetIntAsyncTests testAsync]' failed (0.005 seconds).
```

このようなテストを実現するには、XCTestCaseクラスが提供する非同期処理の完了を待つしくみを利用します。

非同期処理を待ち合わせるには、まず、expectation(description:)メソッドを呼び出します。このメソッドは、非同期処理の結果を表現するXCTestExpectationクラスの値を返却します。この値を引数にしてwait(for:timeout:)メソッドを呼び出すことで、その場所でtimeoutで指定された時間、非同期処理の待ち合わせを行うことを宣言します。timeoutで指定した時間内にXCTestExpectationクラスの値に対してfulfill()メソッドが実行されない場合、テストが失敗したとみなされます。次の例では、先の例と同じく非同期に値がセットされていますが、wait(for:timeout:)メソッドによって適切に待ち合わせを行っているため、テストが成功します。

```
    func testAsync() {
      let asyncExpectation = expectation(description: "async")
      var optionalValue: Int?
      getIntAsync { value in
          optionalValue = value
          asyncExpectation.fulfill()
      }

      wait(for: [asyncExpectation], timeout: 3)
      XCTAssertEqual(optionalValue, 4)
  }
}
```

実行結果

```
Test Case '-[DemoTests.GetIntAsyncTests testAsync]' started.
Test Case '-[DemoTests.GetIntAsyncTests testAsync]' passed (1.014 seconds).
```

17.5 スタブ テスト対象への入力を置き換える

スタブとは、テスト対象の依存先を置き換え、テスト用の入力を与えるためのテクニックです。スタブは、主に外部システムとの連携部をテストする際に利用されます。

たとえば、サーバとの通信を行う箇所に対するテスト内で実際に通信を行うことには、次のような問題があります。

- **ネットワークの状態にテスト結果が左右される**
- **サーバの状態にテスト結果が左右される**
- **実行に時間がかかる**

ユニットテストはあくまでアプリケーション単体の動作を保証するためのテストです。テスト結果が外部システムに依存すると問題の切り分けが困難となり、ユニットテスト本来の目的が損なわれます。

こうした問題を解消するには、スタブを利用して外部システムからの入力を置き換えます。たとえば、サーバとの通信では、実際には通信を行わず固定のレスポンスを返すスタブを作成します。

なお、スタブのようにテスト対象の依存先を置き換えるものを総称して、テストダブルと呼びます。本書では扱いませんが、テストダブルにはスタブのほかに、ダミー、フェイク、スパイ、モックなどの種類があります。これらは、テストのための仮の実装や、呼び出し結果の記録など、スタブとは異なる目的で利用されます。

プロトコルによる実装の差し替え

スタブにはさまざまな実現方法がありますが、プロトコルを用いる方法が一般的です。まず、テスト対象に依存する型のプロパティやメソッドをプロトコルとして切り出します。そして、テスト対象を、依存する型とプロトコルを通じてやりとりするように書き換えます。そうすることで、実際に依存する型を同じプロトコルに準拠した型と自由に置き換えることができます。

例として、URLSessionクラスを利用してHTTPステータスコードを取得する、次のようなクラスを使用します。

```
class StatusFetcher {
    private let urlSession: URLSession

    init(urlSession: URLSession) {
        self.urlSession = urlSession
    }

    func fetchStatus(of url: URL, completion: @escaping (Result<Int, Error>) -> Void) {
        let task = urlSession.dataTask(with: url) { urlResponse, data, error in
            switch (urlResponse, data, error) {
            case (_, let urlResponse  as HTTPURLResponse, _):
                completion(.success(urlResponse.statusCode))
            case (_, _, let error?):
                completion(.failure(error))
            default:
                fatalError()
            }
        }

        task.resume()
    }
}
```

このままではテスト結果はネットワークやサーバの状態に左右されてしまうので、スタブを用いてテスト可能にしてみましょう。

依存先のプロトコル化

まず、URLSessionクラスが担っている通信機能をスタブ化することを考えます。

StatusFetcherクラスが使っているURLSessionクラスの機能は、URL型の値を使用して非同期的にData?型とHTTPURLResponse?型とError?型の値を取得するものです。通信が成功すればData型とHTTPURLResponse型の値が存在し、失敗すればError型の値が存在するため、これはResult<(Data, HTTPURLResponse), Error>型として表せます。このメソッドを持つプロトコルをHTTPClientプロトコルとして定義します。

```
Demo/Sources/Demo/HTTPClient.swift
import Foundation

public protocol HTTPClient {
    func fetchContents(of url: URL, completion: @escaping
        (Result<(Data, HTTPURLResponse), Error>) -> Void)
}
```

そして、URLSessionクラスをHTTPClientクラスに準拠させます。

```
Demo/Sources/Demo/URLSession+HTTPClient.swift
import Foundation

extension URLSession : HTTPClient {
    func fetchContents(of url: URL, completion: @escaping
        (Result<(Data, HTTPURLResponse), Error>) -> Void) {
        let task = dataTask(with: url) { urlResponse, data, error in
            switch (urlResponse, data, error) {
            case (let data?, let urlResponse  as HTTPURLResponse, _):
                completion(.success((data, urlResponse)))
            case (_, _, let error?):
                completion(.failure(error))
            default:
                fatalError()
            }
        }

        task.resume()
    }
}
```

続いて、StatusFetcherクラスでURLSessionクラスを使っている箇所を、HTTPClientプロトコルを使うように変更します。

Demo/Sources/Demo/StatusFetcher.swift
```
import Foundation

class StatusFetcher {
    private let httpClient: HTTPClient

    init(httpClient: HTTPClient) {
        self.httpClient = httpClient
    }

    func fetchStatus(of url: URL, completion: @escaping
        (Result<Int, Error>) -> Void) {
        httpClient.fetchContents(of: url) { result in
            switch result {
            case .success(_, let urlResponse):
                completion(.success(urlResponse.statusCode))
            case .failure(let error):
                completion(.failure(error))
            }
        }
    }
}
```

これで、StatusFetcherクラスの内部で行われている通信機能が差し替え可能となりました。

プロトコルに準拠したスタブの実装

次に、通信を代用するためのスタブを定義します。スタブは各メソッドが任意の値を返せるように実装し、テストでの利用時に結果を自由にコントロールできるようにします。

今回はHTTPClientプロトコルに準拠したStubHTTPClientクラスを定義し、固定のResult<(Data, HTTPURLResponse)>の値を返す実装をします。

Demo/Tests/DemoTests/StubHTTPClient.swift
```
import Foundation
@testable import Demo

final class StubHTTPClient : HTTPClient {
    let result: Result<(Data, HTTPURLResponse), Error>

    init(result: Result<(Data, HTTPURLResponse), Error>) {
        self.result = result
    }
```

```
    func fetchContents(of url: URL, completion: @escaping
        (Result<(Data, HTTPURLResponse), Error>) -> Void) {
        DispatchQueue.main.asyncAfter(deadline: .now() + 1)
            { [result] in
            completion(result)
        }
    }
}
```

これで、任意の結果を返すHTTPクライアントの代用品が用意できました。

テストにおけるスタブの使用

最後にスタブを用いて、「HTTPクライアントが200を返したときに、StatusFetcherクラスが200を結果として返す」というテストを書きます。

まず、ステータスコード200の結果を返すStubHTTPClientクラスのインスタンスを使って、テスト対象のStatusFetcherクラスのインスタンスをセットアップします。続いて、fetchStatus(of:)メソッドを呼び出し、XCTestExpectationクラスで非同期処理の待ち合わせを行います。fetchStatus(of:)メソッドの結果を受け取るクロージャでは、結果のステータスコードが200になっているかどうかを検証します。

Demo/Tests/DemoTests/StatusFetcherTests.swift

```
import XCTest
@testable import Demo

class StatusFetcherTests : XCTestCase {
    let url = URL(string: "https://example.com")!
    let data = Data()

    func makeStubHTTPClient(statusCode: Int) -> StubHTTPClient {
        let urlResponse =  HTTPURLResponse(
            url: url, statusCode: statusCode,
            httpVersion: nil, headerFields: nil)!

        return StubHTTPClient(result: .success((data, urlResponse)))
    }

    func test200() {
        let httpClient = makeStubHTTPClient(statusCode: 200)
        let statusFetcher = StatusFetcher(httpClient: httpClient)
        let responseExpectation = expectation(description: "waiting for response")
```

```
        statusFetcher.fetchStatus(of: url) { result in
            switch result {
            case .success(let statusCode):
                XCTAssertEqual(statusCode, 200)
            case .failure:
                XCTFail()
            }
            responseExpectation.fulfill()
        }

        waitForExpectations(timeout: 10)
    }
}
```

これで、外部システムの状態に依存しないStatusFetcherクラスのテストを書くことができました。

17.6 まとめ

本章では、テストターゲット、アサーション、テストケースなどのユニットテストに関する基本的な事柄から、スタブを用いて対象のプログラムをテスト可能にする方法までを説明しました。

プログラムの挙動を保証することがユニットテストの主目的ですが、ユニットテストから得られる恩恵はそれだけではありません。開発者はテストがあることで、自信を持ってプログラムを変更できます。また、テストを書くことで、テスト対象のプログラムの構造を整理することにもつながります。テストに時間を割くことが、結果的にはあとあとの開発を円滑にします。

第18章

実践的なSwiftアプリケーション

Web APIクライアントを作ろう

本章では、ここまでの章で説明したことを用いて、実践的なSwiftアプリケーションを実装します。

なお、本章のサンプルコードは複数のファイルに分割されており、これらをコンパイルして1つの実行ファイルを生成します。そのため、Playgroundではなく、Swift Package Managerを使用します。

18.1 GitHub Search APIクライアントを作ろう

本章で実装するのは「GitHubでリポジトリを検索する」アプリケーションです。GitHubは外部にAPIを公開しており、APIを通じてGitHubが提供する多くの機能を利用できます。GitHub APIは、標準的な設計になっていることと、十分にドキュメントが整備されていることから、学習に適したWeb APIです。また、サンプルコードで使用するAPIは認証不要であるため、特別な手続きなしで利用できます。

18.2 実装の下準備

本節では、実装に取りかかる前に確認するべき内容について説明します。

API仕様と動作の確認

今回はGitHub APIの中から、Search APIを使用します。Search APIではGitHub上のさまざまなリソースの検索APIを提供しており、このアプリケーションではリポジトリ検索APIを利用します。

リポジトリ検索APIの詳細な仕様は公式ドキュメント[注1]で確認できます。ドキュメントを確認すると、APIのURLが`https://api.github.com/search/`

注1　https://developer.github.com/v3/search/#search-repositories

repositoriesであること、qというパラメータを通じて検索キーワードを指定できること、per_pageというパラメータでレスポンスに含まれる最大件数を指定できることなどがわかります。

APIからのレスポンスのヘッダやボディを確認するには、curlコマンドに-iオプションを付けて実行します。次の例では、リポジトリ検索APIのqパラメータにswiftを、per_pageパラメータに1を指定してリクエストを送信し、結果を出力しています。出力結果の空行以降がレスポンスのボディであり、GitHub APIではJSONでデータが構造化されています。

```
$ curl -i 'https://api.github.com/search/repositories?q=swift&per_page=1'
HTTP/1.1 200 OK
Server: GitHub.com
（省略）

{
  "total_count": 157854,
  "incomplete_results": false,
  "items": [
    {
      "id": 44838949,
      "name": "swift",
      "full_name": "apple/swift",
      （省略）
    }
  ]
}
```

リポジトリ検索APIで取得できる結果は、GitHubの検索欄から検索キーワードを入力したときと同じになります(**図18.1**)。

コマンドラインアプリケーションのパッケージの作成

コマンドラインアプリケーションのパッケージを準備します。本章では、次の3つのビルドターゲットを使用します。

- **GitHubSearch**
  GitHub APIを操作する処理をまとめたライブラリのビルドターゲット
- **GitHubSearchTests**
  GitHubSearchのテストターゲット

図18.1 GitHub上での検索結果

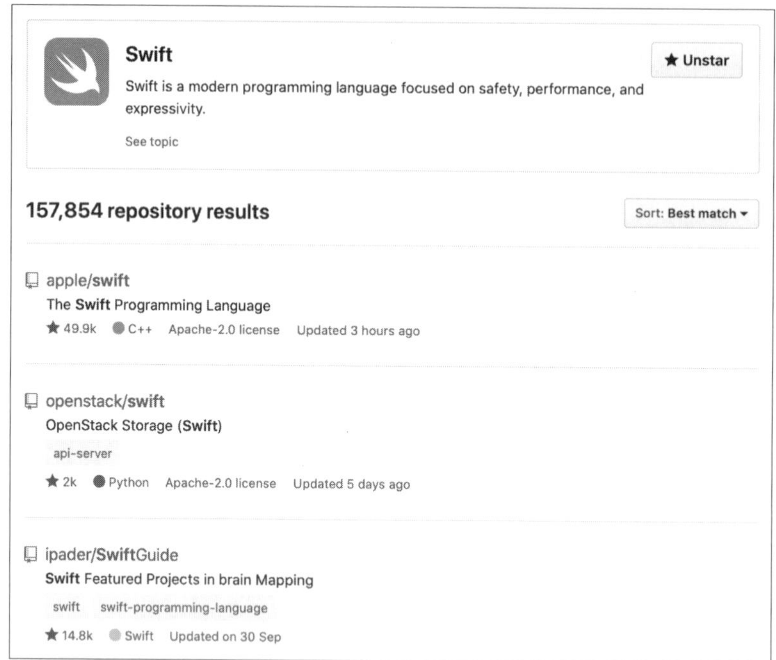

- **github_search_repository**
  GitHubSearchを利用する実行ファイルのビルドターゲット

ビルドターゲットをライブラリと実行ファイルに分ける目的は、ユニットテストを行うためです。実行ファイルに含まれる型や関数にはほかのビルドターゲットからアクセスできないため、型を使用したテストができません。一方、ライブラリでは公開されている型を使用したテストができます。したがって、本章のロジックの大部分はライブラリであるGitHubSearchに追加し、それに対するテストをGitHubSearchTestsに追加します。そして、最終的にGitHubSearchの処理を実行ファイルであるgithub_search_repositoryから呼び出します。

パッケージをセットアップするには、まず必要なディレクトリやファイルを作成します。

```
$ mkdir github_search_repository
$ cd github_search_repository
$ mkdir -p Sources/GitHubSearch
$ mkdir -p Tests/GitHubSearchTests
$ mkdir Sources/github_search_repository
$ touch Package.swift
```

続いて、Package.swiftファイルを次のように編集します。

```
// swift-tools-version:5.1

import PackageDescription

let package = Package(
    name: "github_search_repository",
    targets: [
        .target(
            name: "GitHubSearch"),
        .testTarget(
            name: "GitHubSearchTests",
            dependencies: ["GitHubSearch"]),
        .target(
            name: "github_search_repository",
            dependencies: ["GitHubSearch"]),
    ]
)
```

GitHubSearchTestsとgithub_search_repositoryではGitHubSearchを使用するため、引数dependenciesに["GitHubSearch"]を指定しています。

現時点ではまだソースファイルを追加していないので実行できませんが、テストの実行はswift testコマンド、実行ファイルgithub_search_repositoryの実行はswift runで行えます。また、パッケージのディレクトリをXcodeで開いて実行することも可能です。

実装方針の確認

GitHub APIは通信プロトコルにHTTPSを、レスポンスのデータフォーマットにJSONを採用しています。GitHubはHTTPヘッダやJSONのフィールドを通じて情報を伝えますが、これらの情報は表現できる幅が狭いため、Swiftのアプリケーションから直接操作することは望ましくありません。

そこで、本章ではまずAPIの仕様をSwiftの型でモデル化し、GitHub APIで定義されている情報をSwiftらしい型で表現します。続いて、それらの型と通信処理をつなぎこみ、最後にこれらを使用した検索アプリケーションを実装します。

18.3
API仕様のモデル化

APIの仕様の主となる構成要素は次の3つです。

- **リクエスト**
- **レスポンス**
- **エラー**

本節では、これらをSwiftの型でモデル化する方法について説明します。各々の関連性を考慮して、レスポンス、エラー、リクエストの順に説明します。

レスポンス —— サーバ上のリソースの表現

本項では、Web APIがレスポンスとして返すリソースのデータ構造を表す型の実装方法について説明します。

まず、公式ドキュメントを参照して、検索結果として返ってくるJSONのデータ構造を確認しましょう。

```
{
  "total_count": 40,
  "incomplete_results": false,
  "items": [
    {
      "id": 3081286,
      "name": "Tetris",
      "full_name": "dtrupenn/Tetris",
      "owner": {
        "login": "dtrupenn",
        "id": 872147,
        "avatar_url": (省略),
        "gravatar_id": "",
        "url": (省略),
        "received_events_url": (省略),
        "type": "User" // User型として表現されている
      },
       (省略)
    },
    { "id": (省略),
```

```
        (省略)
      }
    ]
}
```

"items": [{要素1},{要素2}] というように、itemsの中の要素の一つ一つが単一のリポジトリを表現しています。また、それぞれのリポジトリがownerプロパティを持っており、その型はWebアプリケーション上ではUser型として表現されていることがわかります。これらのリソースに対応した型を、クライアント側でも実装する必要があります。それぞれRepository型とUser型としましょう。

構造体の定義

まずはUser型を定義します。紙幅の都合上、一部のプロパティだけを定義しています。

```
Sources/GitHubSearch/User.swift
public struct User {
    public var id: Int
    public var login: String
}
```

次にRepository型を定義します。同じく、一部のプロパティだけを定義します。

```
Sources/GitHubSearch/Repository.swift
public struct Repository {
    public var id: Int
    public var name: String
    public var fullName: String
    public var owner: User
}
```

JSONから構造体へのマッピング

JSONから構造体を生成するには、16.2節で説明したDecodableプロトコルとJSONDecoderクラスを使用します。

まず、User型のデコードから始めましょう。User型のプロパティに対応したJSONを抜粋すると、次のようになっています。

```
{
    "login": "dtrupenn",
    "id": 872147
}
```

このJSONのキーはUser型のプロパティ名と一致しており、プロパティの型であるInt型とString型はDecodableプロトコルに準拠しています。したがって、単にDecodableプロトコルへの準拠を宣言すれば、デコードの実装はコンパイラによって自動生成され、デコードが可能となります。

Sources/GitHubSearch/User.swift
```
public struct User : Decodable {
    public var id: Int
    public var login: String
}
```

続いて、Repository型のデコードです。Repository型のプロパティに対応したJSONを抜粋すると、次のようになっています。

```
{
    "id": 3081286,
    "name": "Tetris",
    "full_name": "dtrupenn/Tetris",
    "owner": {
        "login": "dtrupenn",
        "id": 872147,
    }
}
```

プロパティの型はInt型、String型、User型の3つともDecodableプロトコルに準拠しているため、Repository型もDecodableプロトコルへの準拠を宣言すれば、デコード可能となります。

Sources/GitHubSearch/Repository.swift
```
public struct Repository : Decodable {
    public var id: Int
    public var name: String
    public var fullName: String
    public var owner: User
}
```

JSONのキーのうち、full_nameはRepository型のプロパティ名fullNameと一致しません。このようなケースでは、列挙型のCodingKeys型をネスト型として定義し、ケース名とString型のローバリューによって、プロパティ名とJSONのキーの対応関係を記述します。列挙型については8.5節で説明しました。

Sources/GitHubSearch/Repository.swift
```
public struct Repository : Decodable {
    public var id: Int
    public var name: String
    public var fullName: String
    public var owner: User

    public enum CodingKeys : String, CodingKey {
        case id
        case name
        case fullName = "full_name"
        case owner
    }
}
```

JSONから構造体へのマッピングに対するテスト

User型およびRepository型がJSONを正しくデコードできるかをテストしてみましょう。

まず、テスト用のJSONをテストターゲットに追加します。型とJSONの対応関係をわかりやすくするため、それぞれの型のエクステンションでスタティックプロパティexampleJSONを定義しています。

Tests/GitHubSearchTests/ExampleJSON.swift
```
import GitHubSearch

extension User {
    static var exampleJSON: String {
        return """
        {
          "login": "apple",
          "id": 10639145
        }
        """
    }
}

extension Repository {
    static var exampleJSON: String {
```

```
        return """
        {
          "id": 44838949,
          "name": "swift",
          "full_name": "apple/swift",
          "owner": {
            "login": "apple",
            "id": 10639145
          }
        }
        """
    }
}
```

続いて、JSONで表現されているデータがSwiftの型に反映されているかをテストします。たとえば、上記のユーザーを表すJSONではidが10639145、loginが"apple"となっていました。これらのデータがSwiftのUser型のプロパティにも反映されているかをXCTAssertEqual(_:_:)関数で確認します。

Tests/GitHubSearchTests/UserTests.swift

```
import Foundation
import XCTest
import GitHubSearch

class UserTests : XCTestCase {
    func testDecode() throws {
        let jsonDecoder = JSONDecoder()
        let data = User.exampleJSON.data(using: .utf8)!
        let user = try jsonDecoder.decode(User.self, from: data)
        XCTAssertEqual(user.id, 10639145)
        XCTAssertEqual(user.login, "apple")
    }
}
```

Tests/GitHubSearchTests/RepositoryTests.swift

```
import Foundation
import XCTest
import GitHubSearch

class RepositoryTests : XCTestCase {
    func testDecode() throws {
        let jsonDecoder = JSONDecoder()
        let data = Repository.exampleJSON.data(using: .utf8)!
        let repository = try jsonDecoder.decode(Repository.self, from: data)
        XCTAssertEqual(repository.id, 44838949)
        XCTAssertEqual(repository.name, "swift")
```

```
        XCTAssertEqual(repository.fullName, "apple/swift")
        XCTAssertEqual(repository.owner.id, 10639145)
    }
}
```

テストはswift testコマンドで実行します。

```
$ swift test
Test Suite 'RepositoryTests' started at 2020-01-02 23:17:26.643
Test Case '-[GitHubSearchTests.RepositoryTests testDecode]' started.
Test Case '-[GitHubSearchTests.RepositoryTests testDecode]' passed (0.071 seco
nds).
Test Suite 'RepositoryTests' passed at 2020-01-02 23:17:26.643.
     Executed 1 test, with 0 failures (0 unexpected) in 0.071 (0.071) seconds
```

実行結果から、すべてのXCTAssertEqual(_:_:)関数のテストが成功し、JSONのデータがSwiftの型に反映されていることが確認できます。もしテストが失敗する場合、プロパティの値が想定どおりに反映できていないことを意味します。失敗した型のCodingKeys型がJSONのキーと一致しているどうかや、プロパティの型とJSONの値の型が対応しているかどうかなどを確認してください。

ジェネリック型による検索結果の表現

検索結果のJSONを構造体として表現することを考えてみましょう。GitHubの検索APIは今回利用するリポジトリの検索だけでなく、ユーザーやコードなどさまざまなものを検索できます。いずれのレスポンスもtotal_countプロパティとitemsプロパティを持っており、検索対象に応じてitemsプロパティの配列の要素のデータ型が変わります。

```
{
  "total_count": 40,
  "incomplete_results": false,
  "items": [
     (省略)
  ]
}
```

本章で扱うのはリポジトリの検索ですが、Search APIはリポジトリ以外の検索にも対応しています。10.4節で説明したジェネリック型を利用すれば、1つの型でさまざまな種類の検索結果を汎用的に扱えます。検索結果の要素の型を表す型引数Itemを持つ、SearchResponse<Item>型を定義しましょう。

Sources/GitHubSearch/SearchResponse.swift
```
public struct SearchResponse<Item> {
    public var totalCount: Int
    public var items: [Item]
}
```

今回の検索対象はリポジトリなので、型引数にRepository型を与えたSearchResponse<Repository>が検索結果を表す型となります。型引数に別の型を与えれば別の検索結果を表すことができ、たとえばユーザー検索の結果はSearchResponse<User>型として表せます。

SearchResponse<Item>型もJSONからインスタンス化する必要があるため、Decodableプロトコルに準拠させましょう。JSONのキーのうち、total_countはSearchResponse<Item>型のプロパティ名totalCountと一致しないため、列挙型CodingKeysでキーの対応関係を記述します。また、プロパティの型の[Item]型もDecodableプロトコルに準拠させるため、型引数ItemにDecodableプロトコルへの準拠の型制約を追加します。こうして、SearchResponse<Item>型もデコード可能となりました。

Sources/GitHubSearch/SearchResponse.swift
```
public struct SearchResponse<Item : Decodable> : Decodable {
    public var totalCount: Int
    public var items: [Item]

    public enum CodingKeys : String, CodingKey {
        case totalCount = "total_count"
        case items
    }
}
```

JSONからジェネリック型へのマッピングに対するテスト

リポジトリの検索結果を表すJSONを用いて、SearchResponse<Repository>型のデコードをテストしましょう。

まず、User型やRepository型と同様にエクステンションにテスト用のJSONを返すプロパティを定義します。SearchResponse<Repository>型はジェネリック型であるSearchResponse<Item>型を特殊化したものであるため、型制約付きエクステンションにプロパティを追加します。

Tests/GitHubSearchTests/ExampleJSON.swift

```
(省略)

extension SearchResponse where Item == Repository {
    static var exampleJSON: String {
        return """
        {
          "total_count": 141722,
          "items": [
            {
              "id": 44838949,
              "name": "swift",
              "full_name": "apple/swift",
              "owner": {
                "id": 10639145,
                "login": "apple"
              }
            },
            {
              "id": 790019,
              "name": "swift",
              "full_name": "openstack/swift",
              "owner": {
                "id": 324574,
                "login": "openstack",
              }
            },
            {
              "id": 20822291,
              "name": "SwiftGuide",
              "full_name": "ipader/SwiftGuide",
              "owner": {
                "id": 373016,
                "login": "ipader",
              }
            }
          ]
        }
        """
    }
}
```

続いて、このJSONを用いたデコードのテストを書きます。SearchResponse<Item>型のtotalCountプロパティや、itemsプロパティ、そしてitemsプロパティの要素が正しく反映されているかを確認します。

Tests/GitHubSearchTests/SearchResponseTests.swift

```
import Foundation
import XCTest
import GitHubSearch

class SearchResponseTests : XCTestCase {
    func testDecodeRepositories() throws {
        let jsonDecoder = JSONDecoder()
        let data =
            SearchResponse<Repository>.exampleJSON
            .data(using: .utf8)!
        let response = try
            jsonDecoder.decode(SearchResponse<Repository>
            .self, from: data)
        XCTAssertEqual(response.totalCount, 141722)
        XCTAssertEqual(response.items.count, 3)

        let firstRepository = response.items.first
        XCTAssertEqual(firstRepository?.name, "swift")
        XCTAssertEqual(firstRepository?.fullName,
            "apple/swift")
    }
}
```

エラー ―― APIクライアントで発生するエラーの表現

本項では、APIクライアントの内部で発生するエラーを表す型の実装方法について説明します。

APIクライアントでは、URLが不正だったり、通信に失敗したり、通信に成功しても結果が不正だったりと、アプリケーションの中でも特にさまざまなエラーが発生します。それらのエラーを正しく定義しておくことで、ユーザーに適切なメッセージを表示したり、デバッグに役立てたりできます。

エラーの分類

APIクライアントがモデル化されたレスポンスを取得するまでに発生し得るエラーを3つに分類し、Errorプロトコルに準拠した列挙型GitHubClientErrorとして定義します。Errorプロトコルに準拠した連想値を持たせることで、各ケースにはより詳細なエラー情報を付与しています。

Sources/GitHubSearch/GitHubClientError.swift

```
public enum GitHubClientError : Error {
    // 通信に失敗
    case connectionError(Error)

    // レスポンスの解釈に失敗
    case responseParseError(Error)

    // APIからエラーレスポンスを受け取った
    case apiError(GitHubAPIError)
}
```

.connectionErrorは、通信が失敗したことを表すエラーです。通信の失敗の原因はさまざまであり、たとえば端末がオフラインになっているケースや、URLのホストが見つからないケースなどがあります。.connectionErrorの連想値には、こういったより詳細なエラー情報を指定します。

.responseParseErrorは、APIからレスポンスを受け取ることができたものの、データの解釈に失敗した場合のエラーです。通信の失敗と同様に、データの解釈の失敗の原因もさまざまです。たとえば、データがJSONの仕様に沿わない形式になっているケースや、期待したJSONのプロパティが欠けているケースなどがあります。.responseParseErrorの連想値には、そのようなエラー情報を指定します。

.apiErrorは、サーバから受け取ったエラーを表します。.apiErrorとその連想値の型GitHubAPIErrorについて詳しくは後述します。

エラーを表すレスポンスのモデル化

Web APIでは、サーバ側でエラーが発生した場合にエラーを表すレスポンスを返します。GitHub APIでも、HTTPステータスコードが400番台(クライアントエラー)または500番台(サーバエラー)の場合、エラーレスポンスを返すようになっています。たとえば、定義されていないURLに対してリクエストを送信すると、HTTPステータスコード404の次のようなレスポンスが返ります。

```
$ curl -i 'https://api.github.com/undefined'
HTTP/1.1 404 Not Found
Server: GitHub.com
（省略）

{
```

```
  "message": "Not Found",
  "documentation_url": "https://developer.github.com/v3"
}
```

GitHub APIのエラーレスポンスのJSONは、共通してmessageプロパティを持っています。このようなエラーレスポンスは、messageをプロパティに持つ、Decodableプロトコルに準拠したGitHubAPIError型として次のようにモデル化できます。

Sources/GitHubSearch/GitHubAPIError.swift
```swift
public struct GitHubAPIError : Decodable, Error {
    public var message: String
}
```

また、リクエストが不正な場合には、errorsプロパティから、リクエストの誤りに関する詳細な情報を取得することができます。たとえば、リポジトリ検索APIで検索キーワードのqを付けずにリクエストを送った場合、qが不足しているという旨のエラーレスポンスが返ります。

```
$ curl -i 'https://api.github.com/search/repositories'
HTTP/1.1 422 Unprocessable Entity
Server: GitHub.com
（省略）

{
  "message": "Validation Failed",
  "errors": [
    {
      "resource": "Search",
      "field": "q",
      "code": "missing"
    }
  ],
  "documentation_url": "https://developer.github.com/v3/search"
}
```

リクエストが不正となる原因は複数存在する可能性があるので、errorsプロパティは配列として定義されています。errorsプロパティの要素をモデル化するために、resource、field、codeをプロパティに持つ、Decodableプロトコルに準拠した構造体GitHubAPIError.Errorを定義します。さらに、errorsプロパティ自体を表す、[GitHubAPIError.Error]型のプロパティerrorsをGitHubAPIError型に追加します。

Sources/GitHubSearch/GitHubAPIError.swift
```
public struct GitHubAPIError : Decodable, Error {
    public struct Error : Decodable {
        public var resource: String
        public var field: String
        public var code: String
    }

    public var message: String
    public var errors: [Error]
}
```

JSONからエラーの型へのマッピングに対するテスト

続いて、このエラーレスポンスのデコードのテストを書きます。

ほかのレスポンスと同様に、テスト用のJSONの例を返すスタティックプロパティをエクステンションに追加します。

Tests/GitHubSearchTests/ExampleJSON.swift
```
(省略)

extension GitHubAPIError {
    static var exampleJSON: String {
        return """
        {
          "message": "Validation Failed",
          "errors": [
            {
              "resource": "Search",
              "field": "q",
              "code": "missing"
            }
          ],
          "documentation_url": "https://developer.github.com/v3/search"
        }
        """
    }
}
```

デコードのテストは次のように書きます。GitHubAPIError型やGitHubAPIError.Error型の各プロパティにJSONの値が正しく反映されているかを確認しています。

Tests/GitHubSearchTests/GitHubAPIErrorTests.swift
```
import Foundation
import XCTest
```

```
import GitHubSearch

class GitHubAPIErrorTests : XCTestCase {
    func testDecode() throws {
        let jsonDecoder = JSONDecoder()
        let data = GitHubAPIError.exampleJSON.data(using: .utf8)!
        let error = try jsonDecoder.decode(GitHubAPIError.self, from: data)
        XCTAssertEqual(error.message, "Validation Failed")

        let firstError = error.errors.first
        XCTAssertEqual(firstError?.field, "q")
        XCTAssertEqual(firstError?.code, "missing")
        XCTAssertEqual(firstError?.resource, "Search")
    }
}
```

リクエスト ——サーバに対する要求の表現

本項では、APIクライアントのサーバに対するリクエストを表す型の実装方法について説明します。

リクエストとは、クライアントがサーバに送信するデータや処理の依頼のことです。通常、Web APIではどのようなリクエストを送ればどのようなレスポンスが得られるのかを仕様として定義し、その仕様に沿ってクライアントとサーバで連携を行います。本項では、そのような仕様をリクエストの型として表現することを考え、リクエストの型に必要なものをGitHubRequestプロトコルにまとめていきます。

GitHubRequestプロトコルに準拠する型はWeb APIの仕様を表現することになるので、そのプロパティは書き換え不可能であるべきです。たとえば、Web APIを呼び出す側のアプリケーションが、Web APIのURLを変更するということはあり得ません。このような理由から、GitHubRequestプロトコルが要求するプロパティは必然的にゲッタのみとなります。

ベースURLとパスの定義

GitHub APIのURLには共通の部分が多くあるため、URLをベースURLとパスの2つのプロパティに分けて、GitHubRequestプロトコルに定義します。

ベースURLとは、相対パスの基準となるURLです。リポジトリ検索APIのURLがhttps://api.github.com/search/repositoriesとなっているように、GitHub APIのベースURLはhttps://api.github.comです。ベースURLは

URLなので、型はFoundationで定義されているURL型となります。

Sources/GitHubSearch/GitHubRequest.swift
```
import Foundation

public protocol GitHubRequest {
    var baseURL: URL { get }
}
```

baseURLプロパティはすべてのリクエストに共通のものであるため、プロトコルエクステンションにbaseURLプロパティのデフォルト実装を定義します。デフォルト実装によって、GitHubRequestプロトコルのプロパティbaseURLの値が一元管理できるようになるだけでなく、リクエストの型がGitHubRequestプロトコルに準拠するたびに同じ定義を繰り返し記述する必要がなくなります。

Sources/GitHubSearch/GitHubRequest.swift
```
import Foundation

public protocol GitHubRequest {
    var baseURL: URL { get }
}

public extension GitHubRequest {
    var baseURL: URL {
        return URL(string: "https://api.github.com")!
    }
}
```

パスは、ベースURLからの相対パスです。このサンプルでは/search/repositoriesが相対パスにあたり、型はStringで表現されます。

Sources/GitHubSearch/GitHubRequest.swift
```
import Foundation

public protocol GitHubRequest {
    var baseURL: URL { get }
    var path: String { get }
}

public extension GitHubRequest {
    var baseURL: URL {
        return URL(string: "https://api.github.com")!
    }
}
```

HTTPメソッドの定義

Web上のリソースを「どのように」操作するかを指定するのがHTTPメソッドです。種類が事前に決まっており、かつ排他的な概念なので、列挙型HTTPMethodとして定義します。

Sources/GitHubSearch/HTTPMethod.swift
```
public enum HTTPMethod : String {
    case get = "GET"
    case post = "POST"
    case put = "PUT"
    case head = "HEAD"
    case delete = "DELETE"
    case patch = "PATCH"
    case trace = "TRACE"
    case options = "OPTIONS"
    case connect = "CONNECT"
}
```

GitHubRequestプロトコルにも、HTTPMethod型のプロパティmethodを追加します。

Sources/GitHubSearch/GitHubRequest.swift
```
import Foundation

public protocol GitHubRequest {
    var baseURL: URL { get }
    var path: String { get }
    var method: HTTPMethod { get }
}

public extension GitHubRequest {
    var baseURL: URL {
        return URL(string: "https://api.github.com")!
    }
}
```

パラメータの定義

Web APIに対して条件を指定したり、特定のデータを送信したりする際、それらをリクエストのパラメータとして渡します。

GitHub APIのGETリクエストでは、パラメータをURLのクエリ文字列として表現します。今回利用するリポジトリ検索APIでも、このクエリ文字列を使用します。前述したようにリポジトリ検索APIは、検索キーワードを表すqや結果の最大件数を表すper_pageなどのパラメータを持っています。これらのパラメータは、URLの末尾にクエリ文字列として?q=swift&per_page=1のように指定します。

Foundationにはクエリ文字列を表すためのURLQueryItem型が用意されています。URLQueryItem型はnameプロパティとvalueプロパティを持っており、1つのキーと値のペアを表現します。GitHubRequestプロトコルには、この型の値を複数持てるように[URLQueryItem]型のプロパティを追加します。

Sources/GitHubSearch/GitHubRequest.swift
```
import Foundation

public protocol GitHubRequest {
    var baseURL: URL { get }
    var path: String { get }
    var method: HTTPMethod { get }
    var queryItems: [URLQueryItem] { get }
}

public extension GitHubRequest {
    var baseURL: URL {
        return URL(string: "https://api.github.com")!
    }
}
```

GitHub APIのGETリクエストのパラメータにはクエリ文字列を使用しましたが、POSTリクエストやPUTリクエストなどでは、パラメータをJSONとして表現し、HTTPボディにセットしてサーバに送信します。たとえば、リポジトリのタイトルや説明を含むJSONをPOSTリクエストで送信することで新規のリポジトリを作成できます。今回の例ではPOSTリクエストやPUTリクエストを利用しないため、HTTPボディのためのプロパティは追加しませんが、もし必要な場合は次のように、Encodableプロトコルに準拠したプロパティを用意するとよいでしょう。

```
import Foundation

public protocol GitHubRequest {
    var baseURL: URL { get }
    var path: String { get }
    var method: HTTPMethod { get }
    var queryItems: [URLQueryItem] { get }
    var body: Encodable? { get }
}
```

```
public extension GitHubRequest {
    var baseURL: URL {
        return URL(string: "https://api.github.com")!
    }
}
```

リクエストとレスポンスの紐付け

Web APIでは、リクエストに応じてレスポンスの構造があらかじめ決められています。本節ではレスポンスの型はDecodableプロトコルに準拠した構造体でモデル化していましたが、ここではそれらのレスポンスの型をリクエストの型に紐付けて、リクエストの型からレスポンスの型を決定できるようにします。これは連想型Responseによって実現可能です。

Sources/GitHubSearch/GitHubRequest.swift

```
import Foundation

public protocol GitHubRequest {
    associatedtype Response: Decodable

    var baseURL: URL { get }
    var path: String { get }
    var method: HTTPMethod { get }
    var queryItems: [URLQueryItem] { get }
}

public extension GitHubRequest {
    var baseURL: URL {
        return URL(string: "https://api.github.com")!
    }
}
```

リポジトリ検索APIの実装

GitHubRequestプロトコルに準拠したリポジトリ検索用のリクエストを表す型SearchRepositoriesを実装しましょう。baseURLプロパティにはデフォルト実装が存在しているので、GitHubRequestプロトコルに準拠するために必要となるのは、連想型Responseとmethod、path、queryItemsの3つのプロパティだけです。これにより、GitHubRequestプロトコルに準拠した型の実装は、APIの仕様の要点をSwiftのコードとして表現したようなものとなります。

また、Swiftでは7.8節で説明したように型をネストできるので、リクエストを表す型はGitHubAPIクラスでグルーピングすることにし、SearchRepositories型はその中に定義します。このようにネストを利用するメリットについては後述します。

Sources/GitHubSearch/GitHubAPI.swift
```
public final class GitHubAPI {
    public struct SearchRepositories : GitHubRequest {
        public let keyword: String

        // GitHubRequestが要求する連想型
        public typealias Response = SearchResponse<Repository>

        public var method: HTTPMethod {
            return .get
        }

        public var path: String {
            return "/search/repositories"
        }

        public var queryItems: [URLQueryItem] {
            return [URLQueryItem(name: "q", value: keyword)]
        }
    }
}
```

リポジトリ検索のキーワードの指定は、ストアドプロパティkeywordをもとにqueryItemsを組み立てることで実現されています。keywordはメンバーワイズイニシャライザの引数にもなるため、リクエストの生成時に検索キーワードの指定漏れが起こることはあり得ません。

```
let request = GitHubAPI.SearchRepositories(keyword: "swift")
```

ところで、リクエストを表す型をGitHubAPIクラスを用いてグルーピングしました。このように型のネストを利用することで、論理的な階層構造を表現できます。たとえば、新たにユーザー検索のリクエストを表すSearchUsers型を定義するとします。このとき、SearchRepositories型やSearchUsers型にアクセスする場合は、GitHubAPI.SearchRepositoriesやGitHubAPI.SearchUsersというように表記する必要があります。これによって、それぞれのリクエストがGitHub APIに属していることが一目瞭然です。特に、アプリケーションの内部で複数のサービスが提供するAPIを使用する場合などには、より効果的でしょう。

Sources/GitHubSearch/GitHubAPI.swift

```
public final class GitHubAPI {
    public struct SearchRepositories : GitHubRequest {
        public let keyword: String

        // GitHubRequestが要求する連想型
        public typealias Response = SearchResponse<Repository>

        public var method: HTTPMethod {
            return .get
        }

        public var path: String {
            return "/search/repositories"
        }

        public var queryItems: [URLQueryItem] {
            return [URLQueryItem(name: "q", value: keyword)]
        }
    }

    public struct SearchUsers : GitHubRequest {
        public let keyword: String

        public typealias Response = SearchResponse<User>

        public var method: HTTPMethod {
            return .get
        }

        public var path: String {
            return "/search/users"
        }

        public var queryItems: [URLQueryItem] {
            return [URLQueryItem(name: "q", value: keyword)]
        }
    }
}
```

なお、GitHubAPIクラスはオーバーライドを想定しないため、8.4節で説明したfinalキーワードを追加し、オーバーライドを禁止しています。

18.4 APIクライアント
Web API呼び出しの抽象化

APIクライアントは、リクエストの情報をもとにWeb APIを呼び出し、そのレスポンスを呼び出し元に返します。ここまででリクエストを表す型とレスポンスを表す型を実装しましたが、APIクライアントはリクエストを表す型から実際のリクエストを生成し、受け取ったレスポンスをレスポンス表す型へと変換する役割を果たします。Web APIとのやりとりはHTTPで行われるため、APIクライアント内部では、Foundationが提供するHTTPクライアントを使用します。

本節では、リクエストを表す型から実際のリクエストを生成する部分と、受け取ったレスポンスをレスポンス表す型へと変換する部分について説明します。

API仕様をモデル化した型とFoundationの型の変換

前節で、APIの仕様であるリクエストやレスポンスを型として実装しました。しかし、FoundationのURLSessionクラスは、リクエストとしてURLRequest型を受け取り、レスポンスとしてData型とHTTPURLResponse型を返すものです。したがってそのままでは、リクエストを表すGitHubAPI.SearchRepositories型を渡して、レスポンスを表すSearchResponse<Repository>型を受け取ることはできません。そこで本項で、API仕様をモデル化した型とFoundationの型の変換部分を実装します。

リクエストを表す型のURLRequest型へのマッピング

リクエストを表す型のインタフェースは、GitHubRequestプロトコルに定義しました。このプロトコルに準拠した型をURLRequest型に変換するため、GitHubRequestプロトコルのエクステンションにbuildURLRequest()メソッドを実装します。

Sources/GitHubSearch/GitHubRequest.swift
```
// 前掲コードと同じ

public extension GitHubRequest {
    var baseURL: URL {
        return URL(string: "https://api.github.com")!
```

```
    }

    func buildURLRequest() -> URLRequest {
    }
}
```

FoundationではURL型の構成要素を表現するURLComponents型が提供されています。はじめに、GitHubRequestプロトコルのbaseURLプロパティとpathプロパティの値を結合した値をappendingPathComponent(_:)メソッドを通じて取得します。この値を用いて、URLComponents型の値を生成します。

Sources/GitHubSearch/GitHubRequest.swift

```
// 前掲コードと同じ

public extension GitHubRequest {
    var baseURL: URL {
        return URL(string: "https://api.github.com")!
    }

    func buildURLRequest() -> URLRequest {
        let url = baseURL.appendingPathComponent(path)
        var components = URLComponents(
            url: url, resolvingAgainstBaseURL: true)
    }
}
```

続いて、methodプロパティの値が.getであれば、GitHubRequestプロトコルのqueryItemsプロパティの値をURLComponents型のqueryItemsプロパティにセットします。こうすることで、URLComponents型の値からURL型の値を得る際に、適切なエンコードを施したクエリ文字列が付与されます。

Sources/GitHubSearch/GitHubRequest.swift

```
// 前掲コードと同じ

public extension GitHubRequest {
    var baseURL: URL {
        return URL(string: "https://api.github.com")!
    }

    func buildURLRequest() -> URLRequest {
        let url = baseURL.appendingPathComponent(path)
        var components = URLComponents(
            url: url, resolvingAgainstBaseURL: true)

        switch method {
```

```
        case .get:
            components?.queryItems = queryItems
        default:
            fatalError("Unsupported method \(method)")
        }
    }
}
```

なお、今回の例では.get以外のHTTPメソッドは考慮しないため、デフォルトケースは15.5節で説明したfatalError(_:)関数で処理を終了しています。

最後に、URLRequest型の値を生成して戻り値として返却します。urlプロパティにはURLComponents型の値から取得可能なURL型の値を、HTTPMethodプロパティにはGitHubRequestプロトコルのmethodプロパティのローバリューをセットします。

Sources/GitHubSearch/GitHubRequest.swift

```
// 前掲コードと同じ

public extension GitHubRequest {
    var baseURL: URL {
        return URL(string: "https://api.github.com")!
    }

    func buildURLRequest() -> URLRequest {
        let url = baseURL.appendingPathComponent(path)
        var components = URLComponents(
            url: url, resolvingAgainstBaseURL: true)

        switch method {
        case .get:
            components?.queryItems = queryItems
        default:
            fatalError("Unsupported method \(method)")
        }

        var urlRequest = URLRequest(url: url)
        urlRequest.url = components?.url
        urlRequest.httpMethod = method.rawValue

        return urlRequest
    }
}
```

こうして、GitHubRequestプロトコルに準拠する型をURLRequest型の値に変換できるようになりました。

Data型とHTTPURLResponse型のレスポンスを表す型へのマッピング

URLSessionクラスを通じてサーバから受け取ったData型とHTTPURLResponse型の値をもとに、レスポンスの型を表す連想型Responseの値を生成します。

JSONとして解釈可能なData型の値は、JSONDecoderクラスを使用してResponse型の値へと変換できます。また、HTTPURLResponse型の値を確認することで、サーバから受け取った値をどのように解釈するべきかを決定できます。

はじめに、HTTPURLResponse型の値から取得できるHTTPステータスコードに応じて処理を分岐します。HTTPステータスコードが200番台（成功）の場合は正常なレスポンスが返ってきていることが期待できるので、JSONDecoderクラスのdecode(_:from:)メソッドを使用してResponse型の値をインスタンス化し、戻り値として返します。HTTPステータスコードが200番台でない場合はエラーレスポンスが返ってきていることが想定されるので、同じくJSONDecoderクラスのdecode(_:from:)メソッドを使用してGitHubAPIError型のエラーを発生させます。

Sources/GitHubSearch/GitHubRequest.swift
```
// 前掲コードと同じ

public extension GitHubRequest {
    var baseURL: URL {
        return URL(string: "https://api.github.com")!
    }

    func buildURLRequest() -> URLRequest {
        // 前掲コードと同じ
    }

    func response(from data: Data,
                  urlResponse: HTTPURLResponse) throws -> Response {
        let decoder = JSONDecoder()

        if (200..<300).contains(urlResponse.statusCode) {
            // JSONからモデルをインスタンス化
            return try decoder.decode(Response.self, from: data)
        } else {
            // JSONからAPIエラーをインスタンス化
            throw try decoder.decode(GitHubAPIError.self, from: data)
        }
    }
}
```

こうして、Data型とHTTPURLResponse型の値からResponse型を生成できるようになりました。Responseは連想型であるため、response(from:urlResponse:)メソッドの戻り値の型はリクエストの型に応じて適切な型となります。

APIクライアントの構成要素間の接続

本項では、ここまでで説明したAPIクライアントの構成要素を協調させ、GitHub APIのリクエストを受け取って通信を行い、レスポンスを解釈するまでの一連の流れを管理するGitHubClient型を実装します。

HTTPクライアントの実装

Web APIの呼び出しにはHTTPクライアントが必要です。第16章で紹介した通り、FoundationにはHTTPを含む各種通信に対応したURLSessionクラスがあります。

前章でも説明した通り、実際のアプリケーションではURLSessionクラスを使うとしても、テストで実際の通信を行うことは望ましくありません。したがって、ここではHTTPクライアントの最小限の機能をプロトコルとして定義し、スタブを用いたテストができるようにします。

HTTPクライアントの最小限の機能は、HTTPリクエストを受け取り、HTTPレスポンスもしくはエラーを返すことです。FoundationではHTTPリクエストはURLRequest型で表し、HTTPレスポンスはHTTPボディのData型とHTTPURLResponse型のペアで表します。これをコードで表現すると、次のsendRequest(_:completion:)メソッドのようになります。

Sources/GitHubSearch/HTTPClient.swift

```
import Foundation

public protocol HTTPClient {
    func sendRequest(_ urlRequest: URLRequest,
        completion: @escaping (Result<(Data, HTTPURLResponse), Error>) -> Void)
}
```

続いて、URLSessionクラスをHTTPクライアントとして使えるようにするため、HTTPClientプロトコルに準拠させます。

Sources/GitHubSearch/HTTPClient.swift

```
(省略)

public extension URLSession : HTTPClient {
    func sendRequest(_ urlRequest: URLRequest, completion: @escaping
        (Result<(Data, HTTPURLResponse), Error>) -> Void) {
        let task = dataTask(with: urlRequest) { data, urlResponse, error in
            switch (data, urlResponse, error) {
            case (_, _, let error?):
                completion(Result.failure(error))
            case (let data?, let urlResponse as HTTPURLResponse, _):
                completion(Result.success((data, urlResponse)))
            default:
                fatalError("invalid response combination
                    \(String(describing: (data, urlResponse, error))).")
            }
        }

        task.resume()
    }
}
```

タプル(data, response, error)のマッチングの最後のケースは、errorがnilでない状況にも、dataとresponseの両方がnilでない状況にもマッチしないケースです。このケースはURLSessionクラスを用いてHTTPリクエストを送信している限りは発生しないことがFoundationの実装によって保証されているので、考慮しません。switch文の網羅性を満たすためにデフォルトケースを追加し、fatalError(_:)関数によってこのケースに到達しないことを明示します。

続いて、HTTPClientプロトコルに準拠するスタブをStubHTTPClientクラスとして実装します。StubHTTPClientクラスにはResult<(Data, HTTPURLResponse), Error>型のresultプロパティを用意し、sendRequest(_:)メソッドは0.1秒後にその値を返すように実装します。

```
import Foundation
import GitHubSearch

class StubHTTPClient : HTTPClient {
    var result: Result<(Data, HTTPURLResponse), Error> = .success((
        Data(),
```

```
        HTTPURLResponse(
            url: URL(string: "https://example.com")!,
            statusCode: 200,
            httpVersion: nil,
            headerFields: nil)!))

    func sendRequest(_ urlRequest: URLRequest,
        completion: @escaping (Result<(Data, HTTPURLResponse), Error>) -> Void) {
        DispatchQueue.main.asyncAfter(deadline: .now() + 0.1) { [unowned self] in
            completion(self.result)
        }
    }
}
```

以上で、スタブ化可能なHTTPクライアントが用意できました。あとはGitHubClientクラスの内部で使用できるように、イニシャライザの引数にHTTPClientプロトコルに準拠した型を取り、ストアドプロパティで保持します。

```
Sources/GitHubSearch/GitHubClient.swift
import Foundation

public class GitHubClient {
    private let httpClient: HTTPClient

    public init(httpClient: HTTPClient) {
        self.httpClient = httpClient
    }
}
```

APIクライアントのインタフェースの定義

APIクライアントは、リクエストの型から実際のHTTPリクエストを作成し、非同期的に通信を行います。結果を受け取ったら、それらをレスポンスの型へと変換して、呼び出し元に渡します。したがって、呼び出し元が利用するメソッドのインタフェースは次のようになります。

```
Sources/GitHubSearch/GitHubClient.swift
import Foundation

public class GitHubClient {
    private let httpClient: HTTPClient

    public init(httpClient: HTTPClient) {
```

```
        self.httpClient = httpClient
    }

    public func send<Request : GitHubRequest>(
        request: Request,
        completion: @escaping (Result<Request.Response, GitHubClientError>) -> Void) {
    }
}
```

このメソッドでは非同期的に発生するエラーに対処する必要があるため、エラー処理の方法として15.3節で説明したResult<Success, Failure>型を採用しています。

コールバックのクロージャの引数の型はResult<Request.Response, GitHubClientError>となっており、成功時には型引数Requestの連想型Responseの値を受け取ることができます。したがって、send(request:completion:)メソッドに渡すリクエストの型に応じて、クロージャの引数の型も変わります。たとえばリクエストの型がGitHubAPI.SearchRepositories型であればクロージャの引数の型はResult<SearchResponse<Repository>, GitHubClientError>となり、GitHubAPI.SearchUsers型であればクロージャの引数の型はResult<SearchResponse<User>, GitHubClientError>となります。

```
let client = GitHubClient()

let searchRepositoriesRequest = GitHubAPI.SearchRepositories(
    keyword: "swift")
client.send(request: searchRepositoriesRequest) { result in
    // resultの型はResult<SearchResponse<Repository>, GitHubClientError>
}

let searchUsersRequest = GitHubAPI.SearchUsers(keyword: "swift")
client.send(request: searchUsersRequest) { result in
    // resultの型はResult<SearchResponse<User>, GitHubClientError>
}
```

コールバックのクロージャの型を型引数の連想型で表すことにより、リクエストを渡してからモデルのインスタンスを受け取るまでの一連の処理を、型情報を保ったまますべて1つのメソッドで行えます。

HTTPリクエストの送信

続いて、HTTPリクエストを送信する部分を実装します。

はじめに、引数requestのbuildURLRequest()メソッドを通じてURLRequest型のインスタンスを生成し、内部的に保持しているHTTPClientプロトコルに準拠したインスタンスに渡してHTTPリクエストを送信します。

Sources/GitHubSearch/GitHubClient.swift
```
import Foundation

public class GitHubClient {
    private let httpClient: HTTPClient

    public init(httpClient: HTTPClient) {
        self.httpClient = httpClient
    }

    public func send<Request : GitHubRequest>(
        request: Request,
        completion: @escaping (Result<Request.Response, GitHubClientError>) -> Void)
    {
        let urlRequest = request.buildURLRequest()

        httpClient.sendRequest(urlRequest) { result in
        }
    }
}
```

HTTPレスポンスの処理

続いて、HTTPレスポンスの処理を実装します。HTTPレスポンスは通信が成功した場合のみ受け取れるため、ここではまず通信結果の扱いを説明し、次にHTTPレスポンスのモデルへのマッピングを説明します。

通信の成否は、クロージャの引数のResult<(Data, HTTPURLResponse), Error>から判別します。この値がパターン.failure(let error)にマッチする場合は通信に失敗しているので、Result.failure(.connectionError(error))を呼び出し元に返します。.connectionErrorの連想値にerrorを渡すことで、どのようなエラーが原因となって通信に失敗したのかを呼び出し元に伝えています。

Sources/GitHubSearch/GitHubClient.swift
```
import Foundation

public class GitHubClient {
    private let httpClient: HTTPClient
```

```
    public init(httpClient: HTTPClient) {
        self.httpClient = httpClient
    }

    public func send<Request : GitHubRequest>(
        request: Request,
        completion: @escaping (Result<Request.Response,
            GitHubClientError>) -> Void) {
        let urlRequest = request.buildURLRequest()

        httpClient.sendRequest(urlRequest) { result in
            switch result {
            case .failure(let error):
                completion(.failure(.connectionError(error)))
            }
        }
    }
}
```

値がパターン.success(let data, let urlResponse)にマッチする場合は通信に成功しているので、連想値をresponse(from:urlResponse:)メソッドに渡してモデルへのマッピングを行います。

Sources/GitHubSearch/GitHubClient.swift

```
import Foundation

public class GitHubClient {
    private let httpClient: HTTPClient

    public init(httpClient: HTTPClient) {
        self.httpClient = httpClient
    }

    public func send<Request : GitHubRequest>(
        request: Request,
        completion: @escaping (Result<Request.Response,
            GitHubClientError>) -> Void) {
        let urlRequest = request.buildURLRequest()

        httpClient.sendRequest(urlRequest) { result in
            switch result {
            case .success(let data, let urlResponse):
                do {
                    let response = try
                        request.response(from: data,
                        urlResponse: urlResponse)
```

```
                completion(Result.success(response))
            } catch let error as GitHubAPIError {
                completion(Result.failure(.apiError(error)))
            } catch {
                completion(Result.failure(.responseParseError(error)))
            }
        case .failure(let error):
            completion(.failure(.connectionError(error)))
        }
    }
  }
}
```

前述のとおり、GitHubRequestプロトコルのresponse(from:urlResponse:)メソッドのデフォルト実装では、HTTPステータスコードが200番台であればモデルRequest.Response型の値を返し、それ以外であればGitHubAPIError型のエラーを発生させます。したがって、response(from:urlResponse:)メソッド内で発生する可能性のあるエラーの型は、GitHubAPIError型とそれ以外の型に分類できます。前者の場合はエラーレスポンスを受け取ったという状況を表す.apiError(error)を返し、後者の場合はレスポンスが想定どおりの構成をしていなかったという状況を表す.responseParseError(error)を返します。いずれの場合も内部で発生したエラーを連想値に指定することで、具体的に何が起きたのかを呼び出し元に伝えることができます。

APIクライアントではさまざまなタイミングでエラーが発生する可能性がありますが、いずれのエラーもResult<Request.Response, GitHubClientError>型のケース.failure(GitHubClientError)としてクロージャに渡されます。したがって、呼び出し側でのエラー処理は1ヵ所だけで済みます。

また、次のようにパターンマッチを用いてエラーを処理することで、エラーの種類に応じた処理の切り替えを容易に実装できます。

```
let client = GitHubClient()
let request = GitHubAPI.SearchRepositories(keyword: "swift")

client.send(request: request) { result in
    switch result {
    case .success(let value):
        // 成功
    case .failure(.connectionError(let error)):
        // 通信に失敗した場合
```

```
    case .failure(.responseParseError(let error)):
        // レスポンスの解釈に失敗した場合
    case .failure(.apiError(let error)):
        // エラーレスポンスを受け取った場合
        // errorの型はGitHubAPIErrorとなる
    }
}
```

通信結果の処理に対するテスト

APIの呼び出し結果は次の4つに分類でき、Result<Request.Response, GitHubClientError>型によって表現されています。

- **成功した場合**
- **通信に失敗した場合**
- **レスポンスの解釈に失敗した場合**
- **エラーレスポンスを受け取った場合**

HTTPクライアントが返した結果に応じて、GitHubClientクラスが正しく4種類の結果を返せているかをテストしてみましょう。テストのリクエストには、リポジトリ検索を行うGitHubAPI.SearchRepositories型を使用します。

まず、テストケースをセットアップします。任意の通信結果を返すためにStubHTTPClientクラスを用意し、それをGitHubClientクラスに渡します。

```
import Foundation
import XCTest
import GitHubSearch

class GitHubClientTests : XCTestCase {
    var httpClient: StubHTTPClient!
    var gitHubClient: GitHubClient!

    override func setUp() {
        super.setUp()
        httpClient = StubHTTPClient()
        gitHubClient = GitHubClient(httpClient: httpClient)
    }
}
```

これで、任意の通信結果を返せるGitHubClientクラスのインスタンスを用意できました。

続いて、通信の成功時の結果を指定しやすくするため、Result<(Data, HTTPURLResponse), Error>型のファクトリメソッドを用意します。HTTPステータスを表す引数statusCodeと、HTTPボディのJSONを表す引数jsonを取り、それらを含むHTTPレスポンスを返します。

```
import Foundation
import XCTest
import GitHubSearch

class GitHubClientTests : XCTestCase {
    (省略)

    private func makeHTTPClientResult(statusCode: Int,
        json: String) -> Result<(Data, HTTPURLResponse),
        Error> {
        return .success((
            json.data(using: .utf8)!,
            HTTPURLResponse(
                url: URL(string:
                    "https://api.github
                    .com/search/repositories")!,
                statusCode: statusCode,
                httpVersion: nil,
                headerFields: nil)!
        ))
    }
}
```

今度は、テストの実装に入ります。まずはAPIの呼び出しが正常に完了したケースをシミュレートするため、StubHTTPClientクラスのresultプロパティに、HTTPステータスコード200とリポジトリ検索のJSONの例であるGitHubAPI.SearchRepositories.Response.exampleJSONを指定します。

```
import Foundation
import XCTest
import GitHubSearch

class GitHubClientTests : XCTestCase {
    (省略)

    func testSuccess() {
        httpClient.result = makeHTTPClientResult(
            statusCode: 200,
            json: GitHubAPI.SearchRepositories.Response.exampleJSON)
    }
```

このとき、GitHubClientクラスのsend(request:)メソッドの実行結果は、成功を表すパターン.successにマッチすることが期待されます。また、ケースの連想値には、JSONに含まれる情報が反映されていることも併せて期待されます。これらをテストコードとして表現すると、次のようになります。

```
import Foundation
import XCTest
import GitHubSearch

class GitHubClientTests : XCTestCase {
    (省略)

    func testSuccess() {
        httpClient.result = makeHTTPClientResult(
            statusCode: 200,
            json: GitHubAPI.SearchRepositories.Response.exampleJSON)

        let request =
            GitHubAPI.SearchRepositories(keyword: "swift")
        let apiExpectation = expectation(description: "")
        gitHubClient.send(request: request) { result in
            switch result {
            case .success(let response):
                let repository = response.items.first
                XCTAssertEqual(repository?.fullName,
                    "apple/swift")
            default:
                XCTFail("unexpected result: \(result)")
            }
            apiExpectation.fulfill()
        }

        wait(for: [apiExpectation], timeout: 3)
    }
```

同様にして、失敗が正しく扱われているかについてもテストを書くことができます。次の例では、通信に失敗した場合、レスポンスの解釈に失敗した場合、エラーレスポンスを受け取った場合について、GitHubClientクラスが正しくエラーを伝えているかのテストを行っています。

```
import Foundation
import XCTest
import GitHubSearch

class GitHubClientTests : XCTestCase {
    (省略)
```

```
// 通信に失敗した場合
func testFailureByConnectionError() {
    httpClient.result = .failure(URLError(.cannotConnectToHost))

    let request =
        GitHubAPI.SearchRepositories(keyword: "swift")
    let apiExpectation = expectation(description: "")
    gitHubClient.send(request: request) { result in
        switch result {
        case .failure(.connectionError):
            break
        default:
            XCTFail("unexpected result: \(result)")
        }
        apiExpectation.fulfill()
    }

    wait(for: [apiExpectation], timeout: 3)
}

// レスポンスの解釈に失敗した場合
func testFailureByResponseParseError() {
    httpClient.result = makeHTTPClientResult(
        statusCode: 200,
        json: "{}")

    let request =
        GitHubAPI.SearchRepositories(keyword: "swift")
    let apiExpectation = expectation(description: "")
    gitHubClient.send(request: request) { result in
        switch result {
        case .failure(.responseParseError):
            break
        default:
            XCTFail("unexpected result: \(result)")
        }
        apiExpectation.fulfill()
    }

    wait(for: [apiExpectation], timeout: 3)
}

// エラーレスポンスを受け取った場合
func testFailureByAPIError() {
    httpClient.result = makeHTTPClientResult(
        statusCode: 400,
```

```
            json: GitHubAPIError.exampleJSON)

        let request =
            GitHubAPI.SearchRepositories(keyword: "")
        let apiExpectation = expectation(description: "")
        gitHubClient.send(request: request) { result in
            switch result {
            case .failure(.apiError):
                break
            default:
                XCTFail("unexpected result: \(result)")
            }
            apiExpectation.fulfill()
        }

        wait(for: [apiExpectation], timeout: 3)
    }
}
```

18.5 プログラムの実行

本節では、本章で実装したプログラムの実行方法を説明します。

エントリポイントの準備

1.3節で説明したとおり、実行ファイルのエントリポイントはmain.swiftです。実行ファイルのビルドターゲットgithub_search_repositoryにmain.swiftを追加し、次のような内容に書き換えます。

Sources/github_search_repository/main.swift

```
import Foundation
import GitHubSearch

print("Enter your query here> ", terminator: "")

// 入力された検索クエリの取得
guard let keyword = readLine(strippingNewline: true) else {
    exit(1)
}
```

```
// APIクライアントの生成
let client = GitHubClient(httpClient: URLSession.shared)

// リクエストの発行
let request = GitHubAPI.SearchRepositories(keyword: keyword)

// リクエストの送信
client.send(request: request) { result in
    switch result {
    case .success(let response):
        for item in response.items {
            // リポジトリの所有者と名前を出力
            print(item.owner.login + "/" + item.name)
        }
        exit(0)
    case .failure(let error):
        // エラー詳細を出力
        print(error)
        exit(1)
    }
}

// タイムアウト時間
let timeoutInterval: TimeInterval = 60

// タイムアウトまでメインスレッドを停止
Thread.sleep(forTimeInterval: timeoutInterval)

// タイムアウト後の処理
print("Connection timeout")
exit(1)
```

ここではまず、本章でこれまでに実装してきたライブラリであるGitHubSearchをインポートしています。そして、標準入力から受け取ったキーワードをリクエストに指定してサーバに送信し、レスポンスを標準出力に書き込んでいます。

実行ファイルのビルドと実行

実行ファイルのビルドと実行は、swift runコマンドで行います。

```
$ swift run
Enter your query here>
```

標準入力に検索したいクエリを入力し Enter を押すことで、検索結果を確認できます。

```
Enter your query here> swift
apple/swift
carlbtrn/Swift
openstack/swift
HunkSmile/Swift
facebook/swift
（省略）
```

swiftというキーワードに関連したリポジトリと、そのリポジトリの所有者名が列挙されていることがわかります。

18.6 まとめ

本章では、ここまでの章で学んできた内容を活かして、Web APIクライアントを実装しました。静的型付け、ジェネリクス、プロトコル、プロトコルエクステンションなど、APIクライアントはSwiftの特徴をフルに発揮できるテーマです。

実際のアプリケーションでは、APIごとにヘッダをカスタマイズしたり、より多くのHTTPメソッドに対応したりする必要があります。また、ユーザーに適切なメッセージを表示するには、より細かくエラーを定義する必要があるでしょう。しかし、そのような場合であっても、基本的にはここで示したコードをベースに実装していけるはずです。

あとがき

本書では、Swiftの基本的な言語仕様と、それらを用いていかにして実践的なプログラムを記述するかを解説しました。本書を通じて、「はじめに」で述べたSwiftの「なぜ」や「いつ」を解消できたのではないでしょうか。

Swiftは慎重にデザインされた言語なので、核となる部分がこれから大きく変わることはないでしょう。しかし、その登場からはまだ5、6年しか経っておらず、プログラミング言語としてはまだまだ若いと言えます。そのため、登場からこれまでの間にさまざまな変化があったように、これからも変化していくことが予想されます。それに伴い、Swiftのエコシステムもどんどんと進化していくことでしょう。

本書はあくまで、Swiftの「いま」をとらえた書籍です。本当にSwiftに精通するためには、Swiftの「これから」についても理解する必要があります。Swiftはオープンソースの言語です。ソースコードだけでなく、仕様策定の議論も公開されています。たとえば、Swift Evolution[注1]にアクセスすれば、Swiftに対して行われている議論や、次のバージョンで予定されている変更をリアルタイムに追うことができます。

Swiftのような比較的新しい言語を使って開発していると、時には苦労することもあるでしょう。言語のバージョンアップに追随するためにソースコードを更新し続けなければなりませんし、ほかの言語には存在するライブラリがSwiftでは見つからないこともあります。しかし、このような現在進行形の言語で開発することは大きなチャンスでもあります。オープンソースプロジェクトに貢献したり、ベストプラクティスの提唱者となったりする機会がたくさんあります。読者のみなさんにとって、本書がSwiftの変化を楽しむ助けとなることを願っています。

注1　https://apple.github.io/swift-evolution/

索引

記号

数字

A

B

C

D

E

F

G

H

I

J

L

M

N

O

P

Q

R

S

T

U

V

W

X

あ

い

え

お

か

き

く

け

す

せ

そ

た

ち

て

と

な

は

ひ

ふ

へ

ま

む

め

著者プロフィール

石川 洋資（いしかわ ようすけ）

大学在学中からiOSアプリ開発に取り組み、面白法人カヤック、LINE株式会社、株式会社メルカリでiOSアプリの開発に携わる。現在は株式会社10Xの取締役CTOとして、開発全般を担当する。APIKit、DIKit、DataSourceKitなどのSwift製ライブラリの作者でもある。

GitHub ishkawa

西山 勇世（にしやま ゆうせい）

大学では文学を専攻するも、論理学を経て計算機科学に関心を持つようになり、プログラマを志す。クックパッド株式会社のイギリス支社を経て、現在はドイツ・ベルリンにてSoundCloudに勤務。文理の垣根を超えた、芸術・哲学・科学の関連性に関心がある。

GitHub yuseinishiyama

装丁・本文デザイン……………… 西岡 裕二
レイアウト……………………… 酒徳 葉子（技術評論社制作業務部）
本文図版………………………… スタジオ・キャロット
編集アシスタント……………… 北川 香織（WEB+DB PRESS編集部）
編集……………………………… 稲尾 尚徳（WEB+DB PRESS編集部）

WEB+DB PRESS plusシリーズ

［増補改訂第3版］Swift実践入門

直感的な文法と安全性を兼ね備えた言語

2017年2月21日　初　版　第1刷発行
2018年1月30日　第2版　第1刷発行
2020年4月28日　第3版　第1刷発行
2023年8月 9日　第3版　第3刷発行

著者………………………… 石川 洋資、西山 勇世

発行者……………………… 片岡 巖
発行所……………………… 株式会社技術評論社
東京都新宿区市谷左内町21-13
電話　03-3513-6150　販売促進部
　　　03-3513-6175　第5編集部
印刷／製本………………… 日経印刷株式会社

ISBN 978-4-297-11213-4 C3055
Printed in Japan

●お問い合わせ

本書に関するご質問は記載内容についてのみとさせていただきます。本書の内容以外のご質問には一切応じられませんので、あらかじめご了承ください。なお、お電話でのご質問は受け付けておりませんので、書面または小社Webサイトのお問い合わせフォームをご利用ください。

〒162-0846
東京都新宿区市谷左内町21-13
株式会社技術評論社
『［増補改訂第3版］Swift実践入門』係
URL https://gihyo.jp/（技術評論社Webサイト）

ご質問の際に記載いただいた個人情報は回答以外の目的に使用することはありません。使用後は速やかに個人情報を廃棄します。